文化的力量
REV.
改變全世界

政府正在監控你

史諾登揭密

格倫・格林華德 Glenn Greenwald 著
林添貴 譯

No Place to Hide:
Edward Snowden,
the NSA,
and the U.S.
Surveillance State

目次

推薦序／司馬文武《蘋果日報》主筆

沒有隱私，就沒有自由

許多人以為，有事要隱瞞的人才講隱私，不做虧心事，何必怕人監看，乍聽之下，似乎有道理，但是且慢，想像一下，假設別人在你家偷裝攝影機，二十四小時監看你的電話、電郵、手機、臉書和信用卡，你會怎麼想。

不幸的是，這不是假設，而是正在發生的事，去年史諾登揭發美國國安局監看全球的祕密，整個過程，讀起來像是超現實的科技小說，在網路時代的今天，我們每天的生活都留下電子足跡，政府像獵人一樣，電子足跡讓我們無所遁形。

大家都知道自由的重要，卻常常忘記隱私是做為自由人的核心條件，沒有隱私，就沒有自由。沒有隱私，永遠在別人注視的眼光下，我們的思考、感情、創作，行為、說話和實務都會受到扭曲，受到嚴密的限制。

遺憾的是，刺探別人的隱私，也是人類天性的一部分，更是權力和控制的主要工具，極權國家特別有這種需要，但民主國家也有這種衝動，雖然目標不同，但心態差不多。美國網站技術特別高明，可以穿越國界對全球監看，對人類自由與隱私構成另一種層次的威脅。

揭發這個祕密的史諾登，是網路世代的產品，他看得很高，從小沉迷於網路遊戲，喜歡動畫，電算機技術是他生活中心。他特立獨行，對學校沒興趣，高中沒唸完，卻從網路上找到自己所需要的知識、思想和價值觀。他透過網路中尋找自己、實現自己。十七歲就有自己的網站，在網路中學習中文、武術、佛教。他自視不凡，充滿離經叛道的精神，夢想自己有機會改變世界。

這擁有才華的駭客，正是國安單位求才若渴的對象，他很容易找到CIA工作，從「九一一」後，國家安全局（NSA）大規模擴張，他加入國安局，以各種身分派到海外工作，他知道太多祕密，去年他幻想完全破滅，決定成為「揭密者」，當時他二十九歲，和二十五歲一等兵曼寧走上同一條路。

史諾登看不起《紐約時報》和《華盛頓郵報》，因為這些主流報社與當權者太接近，住同一社區，讀同一個學校，思想理念大同小異，本質上故為體制的構成部分，他找到英國衛報記者格林華德，因為格林華德也是一位特立獨行的人，長期對隱私、監視一類的問題很多研究。

格林華德出身好家庭，很會唸書，在紐約唸法律，也在紐約當了幾年律師，很有機會擠身上流社會，但他是同性戀，又是猶太人，天生有邊緣人性格，對主流社會有疏離感。後來興趣轉向網路，二〇〇五年開設自己的博客，加入衛報當記者，與他的男伴搬到巴西里約熱內盧海邊，後院有一片樹林，猴子在其中玩鬧，他養了十多隻狗，都是從街上撿來的。

格林華德現在已離開衛報，加入一家新媒體，他最想做的事，去巴西買一個農場，養很多小狗，與他的同性戀人米蘭達在那裡自由自在。

但從維基解密到史諾登所揭發的稜鏡計畫，媒體自由、國家安全和網路監看，三者發生劇烈衝突，改變了一世代的價值觀念。如今刊登報告的媒體得到普立茲新聞獎，但史諾登和曼寧兩人才是真正揭密大英雄，他們應該得到諾貝爾和平獎。

推薦序／夏珍／風傳媒總主筆

改變，來自一點一滴勇氣的累積

他，還在逃亡；但是，由他所揭露的「機密」而建構的新聞報導，獲得二〇一四普立茲獎；對比同樣因為揭密而遭捕的阿桑傑（維基解密）說：「記者是讓他人冒風險而自己獲取聲名的人。」史諾登很明白離開了記者，他未必能竟其功，因此在普立茲獎頒布後聲明：「有一些僅靠個人良知無法改變的東西，自由媒體可以改變。」

是的，媒體存在的價值就在用一點努力「改變些什麼」。和史諾登合作的記者格林華德新著《政府正在監控你》，完整還原從一封電郵件開始的奇異揭發旅程。

相對於阿桑傑做為高段數的「駭客」，號召全球駭客侵入美國情報網站截取資訊，史諾登遭到「叛國」罪追捕的風險更高，畢竟他是任職於美國國安局的高技術正職人員，他如此直接而毫不猶疑地將經手資料暴露於陽光下，對美國政府如此振振有詞的「國家安全」與「國家利益」嗤之以鼻，這不只需要勇氣，還需要正確的認知：沒有一絲一毫的空間可以國家安全、國家利益之名，侵犯人民隱私、人民利益。尤其是如果政府的手段、行動完全非關國家安全，甚至只是經濟利益。

美國政府監聽的天羅地網，讓他們占盡國際經貿和外交談判之利，被監聽的國家甚至也接受指導開發其監聽技術，史諾登洋洋灑灑列舉的國家名單中，台灣赫然在列，這不禁讓人苦笑，莫怪319兩顆子彈案發生時，台灣會有這麼一大群人指望美國老大哥「揭密」。

阿桑傑是駭客，是獨立網站；史諾登卻不折不扣是「深喉嚨」，但他不當深喉嚨，他要站在陽光下讓世人知道，「就是我。」他拒絕被定義；也拒絕選擇可能和政府合作而取得爆料的媒體，或者取得資料卻要與政府官員「會商」何者能登何者不能登，包括國際大報《紐約時報》和《華盛頓郵報》，但華郵終究還是投入報導並與《衛報》同獲普立茲獎。

或許這就是媒體獨立公正的永恆拉鋸。這很難不讓我聯想到當年「國安祕帳」案爆發時，台灣各媒體的表現，而「國安祕帳」比諸史諾登揭發的材料，何其微不足道，的確讓人唏噓慨嘆不已。

其實，吹哨者需要犧牲的勇氣，記者同樣要有無畏壓力的勇氣。這本書值得每個人讀，看看別人，想想自己，找回可能被我們遺忘很久的那一點點勇氣。改變，往往就靠勇氣一丁點、一丁點的累積。

推薦序／鄭國威／PanSci泛科學總編輯

一根針，戳破虛構的現實泡泡

或許，在我們目睹民主制度逐漸被一%的人控制，而政府以人民自由做為貢品，樂於以不透明手段換取不明「成果」的此時此刻，史諾登冒死揭露出的稜鏡計畫，以及其他美國政府以「國安」為名的全面資訊監控，不會是二十一世紀最駭人、或唯一成真的反烏托邦預言，但本書作者，前衛報記者葛林華德與其報導團隊的掙扎，足以成為所有新聞媒體工作者的當頭棒喝。或許，媒體是政府墮落頭號幫凶，但也是扭轉頹勢的強力角色。

現四十七歲的葛林華德是《衛報》美國版的政治記者，在本書之前已寫過四本書，也曾在《紐約時報》、《洛杉磯時報》等媒體書寫政治，是位暢銷作者、專欄作者，也是位部落客。他在二〇〇九年獲得伊利獨立新聞獎（Izzy Award），二〇一〇年獲線上新聞獎（Online Journalism Award）的最佳評論獎，二〇一三年因報導史諾登揭露的大規模監聽計畫，獲得電子先鋒基金會（EFF）頒布的先鋒獎，同年又獲得美國新聞界最重要獎項的喬治・帕克（George Polk）最佳調查報導獎，更在最近由於同樣的原因（二〇一四年四月）獲得普立茲獎的公共服務獎。除此之外，他多次被美國媒體選為「前二十五大」或「前五十大」的專欄作家，看似……一帆風順？

但現在的他，被很大一部分的美國人視為叛國者，認為他與史諾登同罪。二〇一三年八月，格林華德的同志伴侶大衛・米蘭達（David Miranda）在英國希斯羅機場轉機時被倫敦警察廳以反恐法逮捕，理由是他可能攜帶美國政府機密文件，要帶給當時人在巴西的格林華德。他在巴西國會跟歐洲議會上都曾作證，直批美國國安局跟英國政府通信總部（GCHQ）聯手建立的監聽黑幕，表面上是反恐，為的其實是經濟目的，而且不惜犧牲所有人的隱私。

像格林華德這樣的角色，或許在每個社會都不多，但絕對不能缺。在台灣，我們也有少數的獨立記者跟為數不多，但影響力日益增加的獨立媒體，或新媒體創業。在環境議題上有環境資訊中心、在農業議題上有上下游新聞市集、在勞工跟社運議題上有苦勞網、在調查新聞上有 WeReport、在科學與社會公益議題上則有我參與的 PanSci 泛科學和 NPOst 公益交流站。在政治這一主流議題上，則有包括新頭殼、關鍵評論網、風傳媒、民報等許多。許多獨立記者選擇性地跟上述這些網路原生的媒體合作，也與其他品質較好，較有資源的商業主流媒體合作，就如同格林華德所做的。

新聞媒體在我們的民主演進上扮演非常重要的角色，然而如今，整個產業陷入了龐大的焦慮跟困境。我們在調查報導的傳統還沒長成之前，就漠然允許資本從上碾過，而在民主國家制度漸漸失靈，甚至陷入存續危機時，獨立報導者跟獨立媒體就像是一根針，向外戳破虛構的現實泡泡，讓我們看見天空真實的顏色。

然而，像史諾登這樣提供一手證據的吹哨者，或是格林華德這樣的獨立報導者，一向是組織所不見容的。我們都能想像得到，還有太多像需要阻止或監督的政府濫權行為，在吹哨者不存在或媒體噤聲的情形下持續著。我們或許不需要很多很多的獨立報導者或獨立媒體，但絕對需要更多社會的支持。

現在格林華德定居巴西，是Firstlook.org的成員，在這個網站上，他的新專欄名為《攔截》（The Intercept）。這個新網路媒體由知名的電子海灣（ebay）共同創辦人與慈善家皮埃爾・奧米迪（Pierre Omidyar）資助成立，目的就是為了讓專業的調查報導與動搖國本的爆炸性資料得見天日，不因不景氣的媒體行業或越來越敏感的政治打壓手段而逐漸消失。台灣鮮少有資本家在乎民主，若投資媒體，目的通常是利用其力量去反民主，這是台灣的悲哀，但也是我等獨立媒體人永遠不畏懼的挑戰。

前言

二〇〇五年秋天，我關建了一個評議時政的部落格，當時並沒太遠大的抱負，而且完全沒料到這個決定，將如何影響我日後的生活。當時的主要動機，是驚覺九一一事件之後，美國政府日益採行激進、極端的權力理論，而我希望就這類議題寫作，或許會比當時做為一個憲法及民權律師會對社會有更大的影響。

我開始在部落格上發表文章，才七個星期，《紐約時報》就丟出一題震撼炸彈。報導說，小布希政府在二〇〇一年未依循相關刑事法規定取得許可，祕密下令國家安全局監聽美國人民的電子通訊。新聞爆出時，這種未經許可的監聽作業已經進行了四年多，並且至少鎖定數千名美國人為目標。

這個議題完全吻合我的熱情與專長。政府下令國安局祕密監聽，其所根據的行政權極端理論，正是我開始寫作的主要原因；基於恐怖主義的威脅，政府為了「確保國家安全」，總統實質上具有不受限制的權力，可以採取一切作為，甚至有權違法。這個議題所引起的辯論，涉及特別複雜的憲政法律及各種法律解釋，我的法學背景正好可以派上用場。

往後兩年，我在我的部落格上撰文，還在二〇〇六年出了一本暢銷書，窮追國安局非法監聽的醜聞。我的立場很清楚：總統下令非法監聽，已經違法、犯罪，必須究責。在美國越來越好戰和高壓的政治環境下，這是非常有爭議的立場。

由於此一背景，幾年之後，愛德華・史諾登選擇我來揭露國安局更大規模的違法監聽行為。他說，他相信我可以了解大規模監聽及國家極端祕密作業的危險，也深信我在面對政府、以及政府在媒體和其他領域的盟友排山倒海的壓力時，不會退縮。

史諾登交給我的絕密文件數量驚人，加上史諾登本人際遇的高度戲劇張力，引爆全世界對大規模電子偵監的威脅；對於數位時代隱私權的價值，也產生史無前例的關注。然而，箇中的問題其實早已在黑暗中醞釀多年。

目前國安局此一爭議，其實有許多層面值得討論。以往，全面偵監只存在於科幻小說作家的腦海中，然而科技的進步，已經使得國家得以無所不在的全面偵監；甚且，九一一事件之後，美國人極度關切國家安全，這也特別助長了濫權的環境。拜史諾登的勇敢，以及複製數位資訊相對容易之助，我們得以第一手窺見偵監系統實際運作的詳情。

可是，就許多方面而言，國安局事件所引起的爭議其實與過去無數事件相互呼應，甚至可以上溯到好幾百年前。的確，反對政府侵犯隱私正是美利堅合眾國獨立建國的一項重要因素，當時美洲的殖民者抗議法令允許英國官員可以任意搜索任何家宅。殖民者同意，若是國家有證據顯示某人確有犯罪之嫌，申請明確、特定的許可予以搜查，是合法的。但是不分青紅皂白、全民搜索，這種全面性的許可乃是非法的。

美國憲法第四條修正案將這個原則奉為圭臬。文字清晰、簡潔：「人民的人身、住宅、文件和財產不受無理搜查和扣押的權利，不得侵犯。除依照合理根據，以宣誓或代誓宣言保證，並具體說明搜查和扣押的人或物，不得發給搜查和扣押狀。」用意即在永久禁絕政府有權對公民進行普遍、無罪嫌的偵監。

十八世紀對偵監的爭議集中在對住宅的搜索，但是科技進展，偵監也跟著有了演進。十九世紀中葉，鐵路興起，郵資逐漸平價、遞送速度加快，而英國政府偷開信件在英國造成重大醜聞。到了二十世紀初期，美國調查局——聯邦調查局前身——利用竊聽、信件檢查、線民密報的手法，箝制反對美國政府政策的人士。

不論是用什麼樣的技術偵監，自古以來一直有幾個不變的特點。首先，會受到偵聽的，一向是異議份子和邊緣份子，因此，支持政府者或是不關心這個議題的人士，誤以為自己不會受到偵監。而歷史顯示，只要有大規模偵監單位存在，不必問運作為何，偵監單位本身便足以扼殺異議。公民曉得自身一直受到監視，很快地就會心生恐懼、成為順民。

一九七〇年代中期，針對聯邦調查局國內偵監作業的一項調查，令人震驚，聯邦調查局竟然把五十萬名美國公民列為「潛在的顛覆份子」，持續偵監他們的依據，純粹是依據他們的政治信念（偵監名單從馬丁路德・金恩到約翰・藍儂；婦女解放運動組織到反共的約翰・柏奇社，無所不包）。但是違法偵監之弊並非美國所特有。相反地，大規模偵監對任何寡廉鮮恥的權力者，一直都是極大的誘惑。而且就每個事例而言，動機都一樣：壓制異議、要求順從。

儘管政治信念完全相異，所有的政府統統都愛採用偵監。十九、二十世紀之交，英、法兩大帝國都設立專門的偵監機構來對付反殖民主義運動的威脅。第二次世界大戰之後，通稱 Stasi 的東德國家安全部成為政府侵犯人民私生活的同義詞。最近幾年，阿拉伯之春掀起的群眾抗議運動挑戰獨裁者的權力，使得敘利亞、埃及和利比亞政府設法偵察國內異議份子使用互聯網。

彭博通訊社和《華爾街日報》的調查顯示，這些獨裁政權被抗議者嚇壞了，找上西方科技公司選購偵監工具。敘利亞的阿塞德政府從義大利請來監視設備公司 Area SpA 的專家，告訴他們敘利亞政府「迫切需要跟監人民」。埃及方面，穆巴拉克的祕密警察購買器材，要滲透Skype加密系統及監聽民運人士的電話。《華爾街日報》報導，記者和利比亞叛軍在二〇一一年進入政府一座監聽中心，發現「一整面牆、排滿了像黑色冰箱式的設備」，那是法國監視設備公司Amesys的產品。這套設備檢查利比亞主要的網路服務供應商的「互聯網活動」，「打開電子郵件、拆解密碼、竊聽網路聊天，並且連結各個嫌犯的關係網絡」。

竊聽人民通訊的能力，使得竊聽者掌握極大的力量。除非這股力量受到嚴格監督，否則幾乎肯定會被濫用。期待美國政府在完全祕密之下運作大規模偵監機器、還不會受到誘惑，可說是違反每一個歷史先例、也不符合人性。

即使史諾登爆料之前，情勢已很清楚；認為美國在偵監這件事上，會有不同的態度，是十分天真的想法。二〇〇六年，美國國會舉行一項題為「中國的互聯網：自由或鎮壓的工具？」聽證會，各個發言者紛紛譴責美國科技公司協助中國在互聯公網上壓制異議。聽證會主席、紐澤西州共和黨籍眾議員克里斯多福・史密斯（Christopher Smith），拿雅虎與中國祕密警察合作比擬為把安妮・法蘭克（Anne Frank，譯按：二次世界大戰期間死於納粹集中營的猶太裔少女，留下的《安妮日記》詳述集中營中生活點滴，後來成為傳世名著）交給納粹。這是非常強烈的抨擊，這也是美國官方人士談到非美國盟國的政權時典型的表現。

但是，即使聽證會的出席者也不得不注意：就在兩個月前，《紐約時報》才剛揭露小布希政府未申請許可就在國內大肆進行偵監竊聽。有鑒本身才剛遭到爆料，就來譴責其他國家在其國內進行偵監，豈不是相當虛偽？緊接著史密斯之後發言的加州民主黨籍眾議員布瑞德・薛曼（Brad Sherman）指出，已經被提醒不能聽命於中國政府的美國科技公司，也得小心提防自己的政府。他頗有先見之明地提醒說：「否則，中國或許有人發現其隱私遭到最嚴重的侵犯，而我們在美國可能也會發覺未來某位總統，竟對憲法有這種十分寬鬆的解釋，也來讀我們的電子郵件。我當然希望未經法院裁可，絕不能有這種事。」

過去數十年，對於恐怖主義的恐懼，經由一再誇大實際威脅而火上加油，也被美國領導人拿來當藉口，合理化一系列的極端政，已經導致侵略其他國家的戰爭、也在全球布建刑訊體制，並且未經起訴就監禁（甚至謀殺）外國人及美國公民。無所不包、祕密偵監的體系，很有可能長久存活下去，儘管歷史殷鑑未遠，目前國安局此一偵監醜聞還有一個嶄新的面向：互聯網在我們日常生活中已居於十分重要的地位。

特別是對年輕世代而言，互聯網絕對不是單純、個別的領域，許多生活機能透過網路來進行。網路不只是我們的郵局、我們的電話，還是我們的整個世界，幾乎大大小小任何事都得透過網路來進行。這是我們交朋友、選擇讀物和電影的地方，也是我們組織政治活動的地方，更是最私密的資料製作和儲存的地方。網路是我們開發及表達自我性格和意識的地方。

把這樣一個網路變成大規模偵監體系，其影響絕對和過去任何的國家偵監作業絕不相同。過去，所有的偵監作業有其限制、也比較容易避免；一旦允許偵監在網路上生根，將意味著人類一切的互動行為、計畫，甚至思想，全都遭到國家全面檢視。

打從互聯網最先開始普及之時，即就被許多人認為具備非比尋常的潛力：得以透過民主化的政治討論解放數億人民，也能在掌權者及無權者之間拉近競爭條件。不受體制侷限、沒有社會或國家控制，不必心存恐懼，這是互聯網的自由意義，也是實現此一許諾的核心條件。把互聯網化為偵監系統等於割除掉核心潛力。更糟糕的是，偵監系統會把互聯網變成鎮壓的工具，很可能成為人類史上前所未見最極端、最高壓的國家侵犯武器。

正是因為以上種種原因，史諾登的爆料才會如此駭人聽聞、如此重要。膽敢揭發國安局驚人的偵監能力，以及國安局更加駭人聽聞的雄心壯志，史諾登讓我們看清楚，我們站在歷史的十字路口上。數位時代會帶給我們互聯網所能釋放的個人解放和政治自由嗎？或是促成一個連過去最殘暴的君王都不敢企求的無所不在的監視、控制系統呢？現在，兩者都有可能出現。我們的行動將會決定我們未來世界的面貌。

第一章　前往香港之路

二〇一二年十二月一日，我收到愛德華・史諾登給我的第一封通訊，不過當時我並不知道這是他發給我的。

這封電子郵件來自一位自稱辛辛納圖斯（Cincinnatus）的男子——羅馬農夫盧基烏斯・昆克提斯・辛辛納圖斯（Lucius Quinctius Cincinnatus），在西元前五世紀被推為羅馬最具權力的獨裁官，領軍抵抗來犯敵人。後人最記得的事蹟是：他在擊敗羅馬的敵人之後，立刻自願放棄政治權力，回鄉務農。辛辛納圖斯被譽為「公民美德的典範」，成為將政治權力用在公共利益的象徵，樂意為了大我限制或甚至放棄個人權力的表率。

電子郵件開頭就說：「我非常重視人們通訊的安全。」他促請我開始使用ＰＧＰ加密系統，他才願意與我溝通他確信我會感興趣的東西。ＰＧＰ代表「相當完備的隱私」（pretty good privacy），發明於一九九一年，現已發展為繁複的工具，可以防護電子郵件及其他形式的線上通訊不受監聽或被侵入。

這個程式基本上就是把每一封電子郵件包在防護盾裡，它是由數百個、甚至數千個隨機產生的數字和字母所構成的編碼。全世界最先進的情報機關具有破解這類編碼的軟體，能每秒鐘猜出十億個不同的組合，而美國國家安全局當然是這些情報機關當中的佼佼者。但是這些ＰＧＰ加密密碼既長又隨機產生，即使最精明的軟體也需要好幾年功夫才能破解它們。最擔憂通訊受到監聽的人，如情報員、間諜、國家安全記者和駭客，都仰賴這種加密程式來保護訊息。

「辛辛納圖斯」在這封電子郵件中提到，他到處搜尋我的ＰＧＰ「公共鑰匙」（允許人們接收電郵的一組特定編碼）卻找不到，因此他下了結論：我沒有使用ＰＧＰ。他告訴我說：「這使得和你通訊的每個人都陷入危險。我沒有主張你的每一封通訊都要加密，但是你至少應該提供這種選擇。」

「辛辛納圖斯」接下來提到大衛．裴卓斯將軍（General David Petraeus）的外遇醜聞，他和新聞記者寶拉．布洛維兒（Paula Broadwell）的婚外情曝光，就是因為調查人員發現兩人以谷歌通訊，這下子斷送了他的大好前程。他寫說，如果裴卓斯在發出信件之前先把訊息加密或儲存在『草稿』資料夾，調查人員就無法讀取它們。「加密很重要，並不只是對間諜和搞婚外情的人才如此。」他說：「安裝加密電子郵件，對希望和你通訊的任何人，都是極其必要的安全措施。」

為了鼓勵我接受他的建議，他說：「你肯定希望某些人和你說話，可是他們若非確知他們的訊息在傳輸過程中不會被別人截讀，他們絕不會和你接觸。」

然後他表示願意幫我安裝程式：「如果你在這件事上需要幫忙，請告訴我，或者你也可以在推特上求助。你有很多熟諳技術的追隨者，他們樂於立即幫忙。」他落款：「謝謝你，C。」

我長久以來就有心使用加密軟體。我多年來跑維基解密（WikiLeaks）、吹哨人（whistleblowers，是為使公眾注意到政府或企業的弊端，而採取某種糾正行動）、被集體稱為無名氏的駭客積極主義者及相關議題的新聞，也不時與美國國家安全機構內部的人士通訊往來。他們大都十分關切通訊安全，避免不必要的監視。因此，使用加密軟體是我長久以來一直想做的事。但是這套程式很複雜，尤其是像我這樣對於程式、電腦技巧很不熟的人，更是望之生畏。因此我也就一直蹉跎不辦。

C的電郵也沒能讓我馬上行動。我經常聽到各方人士要告訴我「驚天動地的大消息」，可是結果往往不是那麼一回事。而且我手上經常同時有好幾條線索在挖新聞，因此必須掌握某些具體事物，我才會拋下手邊的事去探索新線索。儘管我希望別人告訴我內幕消息，可是C的電郵裡並沒有引起我的興趣。我讀完信就置之不理。

三天之後，C又找我，確認我是否收到第一封電子郵件。這次我立刻回覆：「收到。立即行動。我沒有PGP，不曉得怎麼做，但我會想辦法找人幫忙。」

他當天稍晚回信，附上詳盡的、有如「傻瓜加密入門」的PGP說明。我讀完說明，不得不承認自己太外行，覺得太複雜。他在說明的末尾又說：「這只是最基礎的入門。如果你找不到人協助你安裝、啟動、使用，請告訴我。我幾乎可以和世界上任何地方懂得加密的人士取得聯繫。」

這封電郵的落款更加明確：

密件　辛辛納圖斯

儘管我有心，卻一直沒找時間去做。七個星期過去了，我毫無行動，其實心裡也有點過意不去。萬一這位仁兄真的握有重大消息，只因為我沒有安裝電腦程式就錯失了，哪豈不扼腕？我也曉得，即使辛辛納圖斯這條線沒什麼料，加密在未來對我也會頗有幫助。

二〇一三年一月二十八日，我發電郵給他，表示會找人幫我搞定加密，希望一兩天內辦妥。

他在次日回信：「太棒了！如果你需要進一步幫忙，或未來有什麼疑問，請儘管說。請接受我由衷感謝你對通訊隱私的支持！辛辛那圖斯。」

可是，我再一次什麼也沒做，因為我當時有太多要處理的新聞，並且仍不相信C有什麼值得說的新聞。並非有意識地不做任何事。只是有太多需要做的事情，一個不知名人士要我安裝加密軟體還沒迫切到讓我停下手邊其他東西，趕快加裝它。

C和我陷入僵局。他不肯明白告訴我他手上掌握什麼，甚至也不說他是誰、在哪裡高就，除非我先安裝加密軟體。但是沒有明確內容的激勵，我就拖拖拉拉沒去安裝程式。

看到我這頭沒有動靜，C更加把勁，他製作一份十分鐘的影片〈新聞記者的PGP〉。這一段影片附上圖表和影像說明，又使用有聲軟體以一步一步簡易步驟指示我如何安裝加密程式。

我還是沒有動作。C後來告訴我，這時候他開始抓狂。他心想：「我這裡甘願承擔失去自由、甚至性命的危險，交給這傢伙數千頁來自全國最機密機構的絕密文件，光憑這些文件就會引爆數十、數百個重大獨家新聞。他竟然連安裝個加密程式都懶得去做。」

我就這樣差一點錯失了全美國歷史上最大條、影響最深遠的國家安全揭密事件。

夥伴

我再次理會這件事，已經又過了十個星期。四月十八日，我從巴西里約熱內盧住家飛往紐約，預備演講有關在反恐戰爭名義之下的政府機密和民權受侵犯的危險。我在約翰甘迺迪國際機場降落，見到紀錄片製作人蘿拉・波伊特拉（Laura Poitras）給我的電郵：「你這個星期會到紐約來嗎？有事商量，最好是當面談。」

我一向對蘿拉・波伊特拉的留言不敢掉以輕心。她是我所認識最專心、最勇敢、最獨立的新聞工作者，在最危險環境下，沒有組員或任何新聞機構的支援，光憑有限的預算、一部攝影機和她的決心，拍出一部又一部的影片。在伊拉克戰爭打得最慘烈的時候，她涉險進入「遜尼派三角」（Sunni Triangle，以巴格達、提克裡特和費盧傑三地所構成的三角地帶，是遜尼派的聚居地，也是美軍傷亡慘烈的地帶）、拍出〈我國、我國〉（*My Country, My Country*），毫不退縮地觀察在美軍佔領下伊拉克人民的生活狀況。

接下來的影片〈誓言〉（The Oath），蘿拉則前往葉門，花了好幾個月時間追蹤兩個葉門男子——歐薩瑪・賓拉登（Osama bin Laden）的保鑣和他的司機。然後，蘿拉就進行一部有關國家安全局監聽作業的紀錄片，這三部影片成為美國反恐戰爭下所作所為的三部曲，這一來使她每次出入國門，都遭到政府當局的騷擾。

因為蘿拉，我學到寶貴教訓。二〇一〇年，我們初次認識之前，她進出美國國門已被國土安全部扣押近四十次，盤問、威脅、沒收資材，包括她的筆電、照相機和筆記本。可是她一再決定隱忍，不揭露這些無休無止的騷擾，因為擔心大力反彈反而壞事，使她無法工作。但有一次在紐瓦克機場遭到不尋常苛待，蘿拉受夠了。「情況愈來愈過份，我保持沉默，反而更糟。」她預備讓我把這一切公諸於世。

我在網路雜誌《沙龍》（*Salon*）上發表文章，詳載蘿拉遭受的持續盤查，引起各方極大重視，激發支持言論，並抨擊官方的騷擾。文章刊出後，蘿拉從美國出境，再沒被攔下盤問或查扣資料。往後幾個月，也不再有騷擾。多年來蘿拉首次可以自由旅行。

我們得到一個共同結論：國家安全官員不喜歡見光。他們只在自認安全下，也就是黑暗之中才會胡作妄為。我們發現，保密反而助長濫權，透明化才是唯一的解藥。

揭秘者

我在約翰甘迺迪國際機場一讀到蘿拉的電郵，立刻回覆：「我恰好今天上午剛抵達美國……你在哪裡啊？」我們約好次日在我下榻的永克市（Yonker）萬豪（Marriot）旅館大廳碰頭。我們在餐廳坐下後，在蘿拉堅持下，換了兩次座位，以免有人聽到我們談話。蘿拉說，她有「極端重要、非常敏感的事」要討論，安全十分重要。

由於我隨身帶著手機，蘿拉要我取出電池，或把手機留在房間。她說：「聽起來挺像妄想症。」但政府有能力遙控操作來啟動你我的手機或手提電腦當竊聽工具。把手機或手提電腦關掉並不能去除這項能力，只有卸下電池才行。我以前就聽朋友和駭客說過類似的事，但總是認為他們太過緊張，哪有這麼厲害。但是這話出自蘿拉之口，我不敢掉以輕心。我發現我手機上的電池卸不下來，乖乖聽話把它擺在房裡，再回到餐廳。

現在蘿拉開口說話。她收到某人發給她的一系列電郵，這位無名氏顯然誠實又認真，他聲稱掌握某些關於美國政府偵伺自己的公民以及全世界各地人士的極端機密以及可揭發罪證的材料。他決心向她揭露這些文件，並明白要求她和我合作來揭露、報導消息。這時候我還沒把辛辛納圖斯前幾個月發來的電郵與這件事連結在一起。它們被我置諸腦後，想都沒想到。

蘿拉從她包包裡掏出幾頁紙，那是無名氏給她的兩封電郵。我當場從頭讀完，它們非常有吸引力。

第一封電郵寄出數週之後，又寄出第二封電郵。這封電郵寫著：「還在這裡。」至於蘿拉最關注的問題：你打算什麼時候給我們文件？他寫道：「我只能說『很快』。」

催促她在談論敏感事情之前，務必取出手機的電池，或者至少把手機放進冰箱，降低其竊聽的能力。洩密者告訴蘿拉，她應該和我一起處理這些文件。然後，他寫到他使命的關鍵所在：

> 第一波爆料的衝擊將提供建立更平等的網路所需的支持，但是，除非科學超過法律，這對一般人並沒有優勢。
>
> 了解侵犯我們隱私的機制，我們就可以取勝。我們可以用普遍法來保障所有人都不會受到不合理的搜查，但前提是技術界必須願意面對威脅，並致力於實施過度設計（over-engineered）的解決方法。最後，我們必須加強一個原則，即有權者可享受隱私的唯一方法就是當普通人也享受同類的隱私：由自然法則所實施，

而非人類的政策。

讀完後，我說：「他講的是真的，我沒辦法說得上來為什麼，但是我直覺這是真的，他的確不是蓋我們。」

蘿拉說：「我也是這麼認為。我沒有太多懷疑。」

蘿拉和我從理性上分析，都曉得我們對這位洩密者真實性的信心，有可能並不恰當。我們根本不曉得是誰寫電郵給她，他有可能是任何人，他可能虛擬出整個故事；這也有可能是政府故佈陷阱想引誘我們和犯罪合作來洩漏機密；或是有人故意傳遞一些偽造材料讓我們發表，以便破壞我們的可信度。

我們討論了種種可能性。我們曉得美國陸軍二〇〇八年有一份祕密報告，宣布維基解密是國家敵人，提出「破壞及可能摧毀」該組織的方法，討論餵給它偽造文件的可能性。如果維基解密不疑有它、將偽造文件當真、捧為至寶予以發表，就可以嚴重打擊其可信度。

蘿拉和我了解種種陷阱，但是我們排除這種想法，反而憑直覺做判斷。電郵中某些無形而有力的部分使我們相信作者的真實。他提到他認為政府祕密到處監視人民的危險，我立即承認他的政治熱情。我覺得和這位仁兄心有戚戚，認同他的世界觀，以及令他焦急的急迫感。

過去七年我受到同樣信念的驅使，幾乎每天都在寫作討論美國國家祕密、激進行政權理論、拘留和監聽、軍國主義和侵犯民權的危險情勢。有一種獨特的性質和態度，將新聞記者、活躍份子和我的讀者們結合在一起，這些人同樣為這些情勢感到憂心。我推論，一般人若不是真正相信及感受這種危機意識，很難如此正確、真實地傳達。

蘿拉電郵的末段，這位仁兄提到他即將完成最後階段的工作，將可提供我們文件。他需要四到六個星期，請我們靜候消息。他保證會和我們聯繫。

三天後，我和蘿拉再次碰面，這次約在曼哈頓。無名氏又寄來一封電郵說明他為什麼願意冒長期牢獄之風險，來揭露這些文件。現在我更加肯定這位仁兄玩真的，但在我飛回巴西途中，我告訴我的夥伴大衛·米蘭達（David Miranda），我決定把整件事拋開。「這或許不會發生，他或許會變卦，他可能會被逮到。」大衛一向有很強烈的直覺，他不可思議地肯定。「這件事是真的，這人是真的，事情將會發生。」他宣稱：「這將會是驚天動地的大事。」

「說真話的人」

回到里約熱內盧後，三個星期沒有動靜。我幾乎沒有時間思考消息來源，因為我唯一能做是等待。然後，五月十一日，我收到蘿拉和我過去有過合作經驗的某位技術專家的一封電郵。他的用詞像猜謎，但意思很清楚。「格倫老兄，你學習使用PGP有什麼進展呀？你的地址是什麼？我好寄東西給你，方便你下星期開工啊！」

我相信他要寄給我的東西就是研讀揭密文件所需的東西。換句話說，無名氏又與蘿拉聯繫，蘿拉收到我們等候的東西了。

這位技術專家按我的地址透過聯邦快遞寄給我一個小包裹，預定兩天送達。我不曉得這會是什麼：一套軟體？或是文件？接下來四十八小時，我心神不寧地等候。可是，預定收件當天下午五點三十分過了，什麼小包裹也沒有。我打電話向聯邦快遞查詢，他們說，包裹被扣在海關，「原因不明」。又過了兩天、再五天、然後又是一整個星期。每天聯邦快遞說法都一樣，包裹被扣在海關，原因不明。

我短暫懷疑某個政府，不論是美國、巴西或其它政府，得為此延遲負責，因為他們已經風聞某些消息，因此攔下包裹檢查。但是我相信這應該只是官僚作業湊巧造成的不便。

這時蘿拉已經非常不願在電話或網路上討論這件事，因此我也不曉得包裹裡究竟是什麼。蘿拉只肯說，我們或許必須立刻動身前往香港去見我們的消息來源。

現在我可搞不懂了。能取得美國政府絕密文件的人，跑到香港去幹什麼？我猜想我們這位無名氏老兄在馬里蘭州或維吉尼亞州北部。香港跟這件事又怎麼扯上關係了？當然，我哪裡都肯去。但是我想知道為什麼我必須到香港去。可是蘿拉沒辦法暢所欲言，迫使我們延後討論。

最後，在包裹寄出十天後，聯邦快遞終於把它送達。我打開小包，發現裡面是兩支USB隨身碟，以及一張打字字條說明各種提供最大安全性的電腦程式，還有許多通關密句來替電郵帳號和其他我聽都沒聽過的程式加密。

我根本搞不清這是怎麼一回事。我從來沒聽過這些程式，不過我倒是知道通關密句，基本上它就是比較長的密碼，由整個句子組成，內含密語和標點符號，讓人難以破解。蘿拉不肯在電話或網路上討論，我可真是煩透了，我終於收到我等候的東西，卻不曉得會往哪個方向發展。

我即將從最棒的導師那裡找到答案。

包裹抵達的第二天，即五月二十日的那週，蘿拉告訴我，我們必須緊急通話，但只能經過OTR chat，一種線上安全通話的加密工具。我從前用過ORT，所以利用谷歌裝上談話軟體，開了新帳戶，把蘿拉的使用人暱稱加入「我的好友」，她立刻出現在網路上。

我問拿到祕密文件沒？她說它們還在消息來源那裡，她沒有。她問我是否會願意在未來幾天與她一起前往香港。我想確定這是否值得，也就是：她是否確定消息來源是真的。她含糊地回答：「當然，否則我也不會要求你一起前往香港。」我以為這表示她從消息來源得到一些重要的文件。

但她也告訴我一個正醞釀的麻煩，消息來源不高興事情的演變，特別是一個新發展：《華盛頓郵報》可能的介入。蘿拉說我必須和他直接通話，讓他放心、安撫他的關心的事。

不到一個小時，他發電郵給我。

這電郵來自Verax@ safe-mail.net。拉丁文Verax意即「說真話的人」。主旨欄是「亟需一談」。

電郵一開始就說，「我和我們一位共同朋友在幹一件大事」。他讓我知道他就是和蘿拉聯絡的無名氏。

他寫說：「近日內你必須推掉短期旅行，以便和我會面。你必須加入這則報導。我們可以當面談話嗎？我了解你沒有太多安全設備，但我會設法配合你的條件。」他建議我們利用OTR交談。

我不確定他所謂的『婉拒短期旅遊』之意：我不解他為何在香港，但並未拒絕前往香港。我將之歸為誤傳，並立刻回答他：「我願盡全力參與這件事。」他建議我們立刻用OTR談話，我把他的帳號暱稱加入我的好友，然後等待。

十五分鐘不到，我的電腦發出鈴聲，通知我他已經在線上。我有點緊張，敲進他的名字，打上「哈囉」。他回答了，然後我發現自己正在直接談話的對象，曾經揭露許多美國監聽計畫祕密文件，並且願意揭露更多的祕密。

我立刻告訴他我絕對參與這個報導。我說：「我願盡全力報導這個故事。」消息來源的姓名、工作地點、年齡及其他所有特徵我全都不知道，但他問我願不願意到香港跟他會面。我沒問他為什麼在香港，我不希望他覺得我在追問情資。

打從一開始我就決定讓他主導。如果他要我知道為什麼他在香港，他就會告訴我。如果他要我知道他有什麼文件、打算給我看什麼文件，他也會告訴我。這種被動姿勢對我來講是不容易的。對於過去幹過律師而目前是新聞記者的我，一向習慣積極追問答案，而且我已有好幾百個問題想問他。

但是我想他的處境很微妙。不論真相是什麼，我曉得這個人已經決心去做美國政府會認為非常嚴重的罪行。從他如此關心通信安全上可以清楚看出謹慎極其重要。既然我不知道他是誰，有什麼想法、動機和畏懼，顯然我必須謹言慎行、十分保留。我可不想把他嚇跑了，因此我強抑住自己，讓情資送上來，而不去搶它。

我說：「我當然可以到香港。」其實我還是不明白，天下之大，他為什麼會在香港，或者為什麼他要我到香港。

我們當天在網上交談了兩個小時。消息來源第一個關切的是蘿拉已經和《華盛頓郵報》（*Washington Post*）記者巴東．季爾曼（Barton Gellman）討論過他之前給蘿拉的一些國安局文件。這些文件涉及一個「稜鏡計畫」（PRISM），國安局利用它從全世界最大的網際網路公司，包括臉書、谷歌、雅虎和 Skype 搜集私人通訊。《華盛頓郵報》沒有快速積極地報導這則故事，卻召來一大票律師，提出種種要求、發出種種警告。在消息來源看來，這代表《華盛頓郵報》得到空前未有的新聞題材，卻害怕躑躅，而非秉持信念和決心去處理新聞。

他告訴我：「我不喜歡事情發展成這樣。我的確希望由你來報導這件事，我長久以來拜讀你的文章，我相信你會積極、無畏地報導。」

我告訴他：「我已經準備好了。我們現在就來決定我需要怎麼做吧！」

他說：「第一件事，就是過來香港。」他一再強調，立刻趕到香港。

我們第一次線上對話的重點即是他的目標。我從蘿拉給我的電郵曉得，他覺得有責任告訴全世界，美國政府正在祕密打造龐大的間諜架構。但是他希望達成什麼目的？

他說：「我希望點燃全世界關於隱私權、網路自由以及國家監聽安全的討論。我不怕自己會遭遇到什麼。我已經認清，我這麼做的話，那我這輩子恐怕就完了。我可以平靜接受後果。我知道這是該做的事。」

然後他吐露一段驚人的話：「我要挺身承認是我揭露這些事情的。我相信我有責任解說為什麼我要這麼做，以及我希望達到什麼目的。」他已經寫好一份文件，等他亮明揭密人士的身份後，就要在網路上貼文，這是一份支持隱私、反監聽的文告，號召全世界人民來連署，展現全球支持保護隱私權。

儘管亮明身份的代價極高，長期吃牢飯是一定免不了的，但消息來源一再表示他可以平靜接受這些後果。他說：「我做了這些事之後只怕一件事，那就是人們看到這些文件後，聳聳肩說：『本來就會這樣嘛！沒什麼好介意的。』我僅擔心我白白犧牲。」

我勸他放心：「不會這樣的。」其實我自己也不是這麼肯定的相信。從報導國安局濫權的經驗，我曉得很難讓人關心國家祕密監聽，侵犯隱私和濫權太過抽象，難以讓人打自內心地關心它。況且監視這個題目太複雜，更難以用簡單的方法讓公眾參與。

但是這次不太一樣，當絕密文件外洩時，媒體會注意到，而且警告來自國家安全機構裡面的人，而非通知美國公民自由聯盟（ACLU, American Civil Liberties Union）律師或民權人士，這將會嚴重得多。

當天晚上我和大衛談到香港之行。我仍然不太情願丟下手邊一切工作跑到地球另一頭去會見我根本不認識的人，我連他的名字都不知道，何況我沒有任何證明他是誰的真正證據。這可能完全浪費時間，或是陰謀或其他詭計呢？

大衛建議說：「你應該告訴他，你想要先看一些文件以便確認他是認真的，也值得你千里迢迢跑一趟。」

我照大衛的建議辦。第二天上午我打開OTR，我說我計畫近日內前往香港，但我要先看一些文件才知道他準備揭露什麼。

他再度要求我先安裝一些程式。接下來我在網上花了兩個多小時，消息來源耐心地一步一步帶領我安裝及使用每一程式，包括PGP加密軟體。他曉得我是百分百菜鳥，非常有耐心，等於是「按那藍色按鈕、再按OK，現在切換到下一個銀幕」，像帶著幼稚園小朋友一步一步來。

我不斷道歉自己實在太遜了，花了他好幾個小時教我最基本的通訊安全。他說：「別擔心，這些東西絕大多數沒什麼太大道理。何況現在我也有許多空閒時間。」

程式統統到位之後，我收到一個檔案，內含約二十五份文件，「這只能算是一道小菜，冰山一角而已。」

我打開檔案，看一下文件清單，隨意點選一份文件。文件上方的紅字出現：「TOPSECRET//COMINT/NOFORN/」。

這表示這份文件歸類為絕密，涉及到通訊情報（COMINT），而且不得給外國人、包括國際組織或同盟夥伴（NOFORN）過目。這是全世界最強大的美國政府底下一個最神祕的機關──國安局所發出的機密文件。國安局過去五十年歷史中從來沒有過如此重要的文件外洩。我現在手上掌握了十幾二十份文件，而過去兩天我和他交談了好幾小時的這位仁兄還有許許多多文件要交給我。

第一份文件是國安局官員訓練手冊，教導分析員監聽能力。廣泛討論分析師能問的資訊，例如電郵地址、IP位置資料、電話號碼等，以及他們在答覆中會收到的資料，例如電郵內容、電話「元資料」（metadata）、聊天紀錄。基本上我正在竊聽國安局官員，而他們指示分析員如何竊聽他們的目標。

我心跳加快。我必須停下閱讀，在房裡來回踱步，消化我剛讀到的資訊，然後冷靜下來再讀檔案。我又回到電腦前，信手點選另一份文件，這是一份絕密 Power Point 文件，題目〈PRISM/US-984XN 檢討〉。每一頁都有九大網際網路公司的 logo，包括谷歌、臉書、Skype 和雅虎等。

第一張幻燈片舉出一項計畫，列舉國安局向「美國服務供應商：微軟、雅虎、谷歌、臉書、Paltalk、美國線上、Skype、YouTube、蘋果等的伺服器，直接收集資料」。一張表列出每家公司加入方案的日期。

我太興奮了，必須再次暫停閱讀。

消息來源說他寄給一個大型文件，但必須等時候到了我才可以開啟。儘管他的說詞很重要，我決定暫時不動那個加密文件，我讓他來決定我什麼時候可以拿到資料，眼前的文件讓我非常興奮。

只略略一瞥這少許文件，我就明白兩件事：我必須立即趕到香港，而且我必須有充分的機構在背後支持我的報導。這表示要讓《衛報》及線上新聞網站涉入，我九個月前才投效《衛報》擔任日報專欄作家。現在我將邀他們加入我確信這是爆炸性大條新聞的採訪報導。

我用Skype聯繫《衛報》美國版的英籍總編輯珍妮．吉卜生（Janine Gibson）。我和《衛報》的協議，是我有完全的編輯自主權，換句話說沒有人可以事先編、審我的文稿。我寫文章，即可直接放上網頁發表。協議唯一的例外是，如果我的作品對報社將有法律後果的疑慮，必須事先告知。過去九個月只有少數一、兩次必須這麼做，也就是說我和《衛報》編輯的互動不多。

很顯然如果有任何一則報導必須事先說清楚、講明白，那就是現在這一件了。我也曉得我需要報社的資源和支援。

我開門見山就說：「珍妮，我有一條驚天動地的消息。我有個消息來源取得了國安局大量絕密文件。他已經給了我幾件，很震撼。可是他說他還有更多。他給了我的文件，我剛看了，十分震撼——」吉卜生打斷我的話：「你用什麼方法和我通話？」

「Skype」

她明智地說：「我不認為我們應該在電話裡，更不該在Skype上討論這件事。」她要我立刻搭飛機到紐約，好當面討論此事。

我告訴蘿拉，我計畫飛往紐約，讓《衛報》看看文件、讓他們興奮起來，然後讓他們派我到香港去見消息來源。蘿拉同意和我在紐約碰頭，然後一起飛往香港。

那晚，我通宵從里約飛到甘乃迪國際機場。次日，五月三十一日星期五上午九點，我住進曼哈頓一家旅社，然後和蘿拉碰面。我們先到一家商店買一台全新的手提電腦，也就是一台從未連上網際網路的新電腦（air gap）。監聽沒連結過網際網路的電腦，將會非常難，像國安局這樣的情報機關要監聽，唯一的方法是實質取得這部電腦，把監聽器裝到硬碟上。永遠不讓從未連上網際網路的新電腦離開身邊，就可以防止監聽。我將使用這台新手提電腦處理不願遭到監視的材料，像是國安局祕密文件，這樣就不怕會被監測。

我把新電腦塞進背包，和蘿拉在曼哈頓走了五個街廓，前往《衛報》在蘇活區的辦公室。

我們到達時，吉卜生已經等著我們。她和我直接走進她辦公室，她的副手史都華・米拉（Stuart Millar）參加討論。蘿拉坐在外頭等。吉卜生不認識蘿拉，而我希望能和他們暢所欲言詳細討論。我不曉得《衛報》編輯對我掌握的東西會有什麼反應，是害怕？還是興奮？我從前沒和他們合作過，尤其今天又是如此重大的消息。

我拿出筆電裡消息來源的文件，吉卜生和米拉湊到一張桌子閱讀文件，三不五時會「哇賽」、「天啊」慨嘆一聲。我坐在沙發，望著他們全神貫注閱讀，觀察他們臉上不時浮現的震撼。他們看完一份文件，我為他們打開下一份文件，他們更受震撼。

除了消息來源提供的二十多件國安局文件，也包括打算在網站上貼出的宣言，號召大家連署以示支持隱私權、反監聽的主張。他所做的宣言與決定是如此激烈、沉痛，勢必徹底改變他的一生。我可以體會他，當有人目睹這樣一個偷偷摸摸卻無所不在的國家監視系統，是這麼的不受監督與制衡，人們將會十分警惕，擔心它所構成的危險。他的語氣如此極端：他大為驚恐，所以決定做些勇敢且極端的事。我可以理解他的口氣。不過我也擔心吉卜生和米拉讀了宣言會有什麼反應，我不希望他們認為我們正在和不穩定的人打交道，特別是我花了許多時間和他談話，知道他非常理性和慎重的。

很快地，我的擔憂被證實了，吉卜生宣布：「這聽起來有點瘋狂。」

我附合地說：「是有點卡欽斯基味道（Ted Kaczynski，卡欽斯基是智商極高的數學家，波蘭裔美國人，綽號「大學炸彈客」，因為反對現代科技，在一九七八年至一九九五年期間一再寄炸彈包裹到各大學、大型公司及航空公司，造成三死二十三傷，在一九九六年被捕），但最重要的是文件，不在於他或是他要交給我們的動機。何況，任何人會走這種極端，有這樣極端的思想，也是無可避免的。」

除了宣言，史諾登將許多文件給記者，並寫了一封信給記者。他試圖解釋他的目的和目標，並預言他會被妖魔化：

我唯一的動機是告知大眾以他們之名所做的事，以及對他們所做的一切。美國政府與附庸國密謀，其中最重要的是五眼同盟（Five Eyes）——英國、加拿大、澳大利亞和紐西蘭，在全世界建構一套無孔不入的祕密、監視系統。他們用保密和謊言防止公民監督其國內制度；在揭密造成公眾憤怒的情況下，用強調他們選擇給予受統治者有限保障來保護自己……

所附文件是真實的原始檔，用來提供瞭解「魔眼」如何全球被動監測系統的工作原理，因而可開發出防止它的保護。在寫此信之日，系統吸收和編目的所有新通訊記錄皆預期保存若干年，而新的「海量資料庫」（或美其名為「任務」資料庫）則正在全球建立和部署，其中最大的新資料中心位於猶他州。雖然我冀望公眾意識和辯論能導致改革，但想到人類的政策經常改變，既使是憲法也在權力慾望之下被破壞了。歷史名言：讓我們不要再提人的信仰，而是用加密使他無法搗亂。

看完包括史諾登信件在內的所有文件，吉卜生和米拉終於被說服。吉卜生在我抵達兩個小時後下了結論：「基本上你必須儘快趕到香港。譬如，明天，對吧？」

《衛報》決定加入。我到紐約來的任務已經達成。現在我曉得吉卜生已經承諾積極挖這條新聞，至少目前是如此。當天下午蘿拉和我，與《衛報》主管差旅的總務人員設法儘快趕到香港。最快就是搭次日從約翰甘迺迪國際機場起飛，十六小時直飛香港的國泰航空班機。但是就在我們欣喜即將與消息來源會面時，卻又節外生枝。

當天下午，吉卜生宣稱他要派在《衛報》任職已有二十年的老記者艾文・麥卡斯奇（Ewen MacCaskill）一起參加本案。她說：「他是個一流的新聞記者。」鑒於我要展開的這項專案規模恐怕不小，我知道我必須另外有《衛報》記者支援，因此理論上並不反對。但是我並不認識麥卡斯奇，對於他在最後一分鐘被塞進來，也有點不痛快。接著吉卜生又說：「我要艾文跟你們一起去香港。」

不僅我不認識麥卡斯奇，更重要的是，消息來源也不知道他會出現，他只曉得我和蘿拉會到香港。而且每件事都規劃得絲絲入扣的蘿拉，對突然改變計畫一定大為生氣。

我猜對了，她馬上就跳起來：「不行！絕對不行！我們不能在最後一分鐘突然加人，何況我又完全不認識他。是誰讓他同行的？」

我試圖解釋我所猜想的吉卜生的動機，我還不是真正了解或信賴《衛報》，我猜他們對我也是同樣的感覺。鑒於《衛報》在這則報導所要投入的資源、所承擔的風險，我想像他們需要有個信得過的自己人告訴他們與消息來源的進展。何況吉卜生也需要《衛報》倫敦總社的支持與批准，而總社的人對我的了解比她更有限。她或許想加個人手，讓倫敦方面感覺安全。

蘿拉說：「我不管，與第三者，尤其是陌生人結伴同行，太招搖也會嚇壞消息來源。」她建議等我們在香港建立接觸並建立信任之後，隔幾天《衛報》才派艾文出發。「你有辦法制他們，告訴他們，在我們準備好之後才能派艾文上路。」

我回頭找吉卜生提出這個似乎挺聰明的折衷方案，但是她不接受。「我們派艾文和你們同行。但是在你們準備好之前，他不需要見到消息來源。」

很顯然，艾文和我們同行是重大決定。吉卜生需要對香港的進展有所掌握，這也是紓緩她在倫敦上級擔憂的做法。但是蘿拉也同樣頑固地堅持我們得自己走。「不行，如果消息來源在機場監視我們，而他發現有個他事先不知道的第三者出現，他一定會嚇壞，說不定會取消和我們的接觸。這樣行不通！」我像個國務院外交官穿梭在敵對各方之間試圖斡旋。我又回頭找吉卜生，她含糊應答，似乎同意艾文可以晚幾天出發，也或許是我一廂情願這樣以為。

總之，當天夜裡我從安排旅行的總務那裡聽到，艾文的機票已經買好，隔天，同一班飛機。

第二天上午前往機場路上，我和蘿拉在車上第一次、也是唯一一次的大吵。我們一出旅館，我就告訴她狀況，她當下爆發。她一口咬定我破壞了整個安排。在這個階段引入陌生人絕對不智，她不信任過去沒有處理如此敏感新聞經驗的人，她責怪我聽任《衛報》壞了我們大事。

我不能告訴蘿拉她的擔心沒有道理，我只能試圖說服她，《衛報》堅持，我們別無選擇，而艾文只會在我們準備好之後才和消息來源碰面。

蘿拉聽不進去，她甚至表示她不去了。車子困在車陣中，我們坐在車裡生悶氣，十分鐘不說話。

我曉得蘿拉是對的，事情不該是這樣的。我打破沉默，提議我們不理艾文、把他冰凍起來，當做沒這個人存在。我向蘿拉求情：「我們是一國的嘛！我們不要吵架嘛！何況事情這麼大條，以後一定還有超出我們控制的事會發生。」我求蘿拉專注在齊心協力克服困難，我們總算恢復和好。

我們快到機場時，蘿拉從她的背包拿出一根隨身碟。她帶著淘氣說：「猜猜看這是什麼？」

「是什麼？」

她說：「文件啊！全在這裡。」

第一批檔案

我們抵達時，艾文已在登機門，蘿拉和我對他很客氣，但很冷淡，讓他感到遭受排擠，要他識趣點，在我們同意下他才可以上場。他成了我們憎厭的對象，我們對待他猶如一件多餘的行李，這對他很不公平，可是這時候我滿腦子想的是蘿拉給我的隨身碟裡面到底有什麼，根本無心理會艾文。

蘿拉在車上花了五分鐘教我 Tails 作業系統，她說上了飛機她倒頭就要大睡。她交給我隨身碟，建議我開始做功課。她說，一到香港，消息來源會給我另一支隨身碟。

飛機起飛後我拿出新買的手提電腦，插上蘿拉的隨身碟，遵循她的指示下載文件。接下來十六個小時，儘管疲憊不堪，我拚命讀、拚命做筆記。許多檔案和我在里約熱內盧家中讀到的「稜鏡」一樣強烈、震撼，甚至有更多檔案更為駭人。

我最先閱讀的一份文件是神祕的「外國情報監視法」（FISA, Foreign Intelligence Surveillance Act）專案法庭下達的裁示。這個單位是國會邱池委員會（Church Committee）發現政府數十年的竊聽行徑後在一九七八年所設立。當時設置的主旨是，政府可以繼續從事電子偵監作業，但是為防止類似濫權行為，在監聽之前必須先取得法庭的批准。我過去從來沒有見過外國情報監視法專案法庭的裁，幾乎從沒人見過，這個法庭是美國政府裡最神祕的一個組織，它的一切裁決自動列為絕密，只有一小撮人有權接觸到它的決定。

我在前往香港的飛機上所看到的裁示令人咋舌，裁示命令威瑞森（Verizon Business）交出，「（1）美國與國外之間，（2）美國境內全部，包含本地電話」、「所有通話詳細紀錄」。這代表國安局祕密地、不分青紅皂白地至少蒐集數千萬美國人的電話通聯紀錄。實際上根本沒有人知道歐巴馬政府幹這種事。現在看到這個裁決，我不僅曉得有這件事，還握有法庭祕密裁示的證據。

甚且，法庭裁示文件還明示大舉蒐集美國人民電話通聯記錄是依據《愛國法案》二一五條規定辦理。如此激進詮釋《愛國法案》，幾乎與裁示本身同樣令人震驚。

《愛國法案》在九一一攻擊事件後通過立法，之所以頗有爭議即是因為它的二一五條，降低政府取得「商業紀錄」所需符合的標準，從「可能原因」降為「有關連」。這代表聯邦調查局要取得高度敏感和侵犯性的文件——如病歷、銀行交易或電話通聯記錄等，只需證明這些文件與調查案件「有關連」即可。

即使是二〇〇一年通過《愛國法案》的鷹派眾議院共和黨議員，也沒有人認為這項法律賦予美國政府權利，可以大量且不做任何區分地蒐集每一個人的紀錄。可是，我在飛往香港的機上，在我的手提電腦上所看到的這份外國情報監視法專案法庭祕密裁示，指示威瑞森把所有美國客戶一切的電話通聯記錄交給國安局。

民主黨籍的奧瑞崗州聯邦參議員隆．魏登（Ron Wyden）和新墨西哥州聯邦參議員馬克．尤達爾（Mark Udall）跑遍全國，警告美國人將會「震驚地發現」歐巴馬政府利用「對法律的祕密詮釋」給自己找來巨大、無人知曉的間諜權力。但是由於這些間諜活動和祕密詮釋列為機密，儘管他們有國會議員免責權的保護，兩位參議員也無法向民眾揭露他們所發現的驚人事實。

我一看到這份外國情報監視法專案法庭裁示，立刻明白至少它就是魏登和尤達爾在談的濫權、激進監聽活動。我立刻發覺到這項外國情報監視法專案法庭裁示的重要性。我幾乎恨不得當下就把它寫成報導，沒錯，這一曝光會造成大地震，肯定就會有人跟進要求透明化及責信。這才只是我在前往香港途中要讀的好幾百份絕密文件之一。

我再次對消息來源的作為肅然起敬，這已經是三度有這種感覺：第一次是讀到蘿拉收到的電郵，其次是我開始和消息來源通話，然後是我閱讀他以電郵傳給我的二十多份文件。直到這一刻我才感受到我肩上擔子之重，要面對如此巨大的揭密工作。

在飛機上每隔一兩小時蘿拉會來找我，我的座位朝向艙壁。我看到她立刻就站起來，我們站在艙壁旁的空間相對無言。

蘿拉多年來致力於挖掘國安局監聽，自身一再受到國安局的濫權騷擾。我一直在寫不受限制的國內監聽所構成的威脅，二〇〇六年還發表第一本書警告大家國安局目無法紀、行為激進。我們倆人都努力對抗那堵保護著政府間諜活動的機密大牆：你要怎麼記錄一個用官方保密藉口層層保護其行動的機構呢？現在這一刻我們找到這堵大牆的裂縫了。我們現在手中握有數千頁政府拚命要隱匿的文件，鐵證如山、機密在握，可以證明政府是如何在破壞美國及全世界人民的隱私。

我繼續埋首苦讀，感覺到這批檔案有兩個特色。第一，它井井有條，整理得十分清晰。消息來源分門別類設立許許多多檔案，然後再設立分檔、再分次級分檔。每一份文件秩序井然到位，我沒發現有位置誤擺的文件。

我花了幾年時間替我心目中的英雄布萊德雷・曼寧（Bradley Manning）辯護。這位美國大兵被自己政府的可怕行徑嚇倒，甘冒失去自由之險，透過維基解密向世人揭露機密文件。但是曼寧被批評（我個人認為不公平）他並沒讀過他所透露的文件，不像丹尼爾．艾斯伯格（Daniel Ellsberg，一九七一年任職蘭德公司時將美國參與越戰始末的「國防部文件」洩露給《紐約時報》，掀起政治風暴）有先讀過。這個論證經常被用來指稱曼寧不是英雄。

很顯然，現在這套論據不能套用在我們這位國安局消息來源身上。毫無疑問他已經仔細讀過他給我們的每一份文件，並且了解它們的意義，然後不厭其煩把每一份文件歸類整理好。

另一個特色是它揭露政府謊言的範圍極為巨大。消息來源把一份檔案命名為〈無限制的線民，國安局向國會說謊〉（Boundless Informant, NSA Lies to Congress）。這份檔案內含好幾十份文件，顯示國安局保持詳盡的統計數字，標示截聽過多少通電話和電郵，也證明了國安局每天蒐集數百萬美國人的電話和電郵。

「無限制的線民」是國安局某一計畫的名字，旨在量化該局每天的監聽活動。檔案中有一張地圖標示二〇一三年二月的三十天周期內，國安局從美國國內通訊系統內就蒐集了三十億筆以上通聯資料。

消息來源給了我們清楚的證明，國安局官員就該局活動直接地、一再地向國會說謊。

多年來，好多位聯邦參議員質詢國安局，要求大約估計有多少美國人的電話和電郵受到攔截。官員堅稱他們沒有、也無法保持這種資料；但是這些資料統統在〈無限制的線民〉文件中。

深具意義的是，這份檔案就和法庭給威瑞森的命令一樣，證明了歐巴馬政府高級國安官員，國家情報總監詹姆斯·克拉彼（James Clapper）向國會說謊。二〇一三年三月十二日，魏登參議員問他：「國安局有沒有針對數百萬或數億美國人蒐集任何型態的資料？」

克拉彼面不改色地回答：「沒有。閣下。」

真實身份

十六個小時不眠不休地閱讀，我只讀了大約百分之三十的文件。但是飛機在香港降落時，我心裡對兩件事已經有譜。第一，消息來源是個非常細膩而且政治敏銳的人，他能辨識大部分文件的重要性即是證明；他也十分理性。他挑選、分析和描述我目前手中數千頁文件的方式，可以證明這一點。第二，要否認他是典型的「吹哨人」將會十分困難。如果揭露國安高層官員就國內間諜活動大膽地向國會說謊，那這不是吹哨者，什麼才是吹哨者？

政府及其盟友愈難妖魔化消息來源，消息來源的行動效應就會更加強大；要妖魔化吹哨人最好用的兩句話：他不穩定、他太天真。但我曉得，這兩點都不適用在我們的消息來源。

降落前不久，我讀了最後一份檔案。雖然它的檔名是「先讀我」，但我把它壓到即將抵達香港才讀。這份文件說明消息來源為何決定採取行動及他預期會有何種後果，口氣和內容與我交給《衛報》編輯過目的宣言一樣。

但是這份文件不同之處，在於亮出了消息來源的姓名——這是我首次知道他的姓名，除此外，他也預言一旦他亮出姓名後，他可能的下場為何。這份檔案的結尾如下：

許多人會中傷我不懂國家相對主義，說我該不看（我們的）社會的問題，僅看那些我們既無權也無責任過問的遙遠、外面的邪惡。公民首要的責任在於監督自己的政府，遠遠比糾正別人重要。如今在國內遇到犯罪事件時，我們政府只允許有限監督，並拒絕問責。當被邊緣化的青少年輕微違法，我們這個社會視而不見，讓他們在世界上最大的監獄系統中遭受難以忍受的後果。然而，國內最富有和最強大為了的電信公司明知故犯數以千萬計的重罪，國會為他們的精英朋友所犯下史上判刑最長的罪行，通過了全國第一個可追溯的豁免權（民事和刑事）的法律。這些公司完全知道這是非法的：國內最優秀的律師為他們工作。然而，他們不受絲毫影響。當權位最高的官員，特別是包括副總統和他的顧問，被調查出親自指揮這樣的犯罪計畫，會發生什麼呢？如果你認為應停止調查，其結果列為極機密，放入一個被稱為STLW（STELLARWIND）的特殊『特殊控制的消息』（ECI）區，那麼未來任何調查那些濫用權力的人都會以違背國家利益而被否決。還有你認為我們必須「向前看，而不是向後看」。不關閉非法程式你反而用更多權職來擴張它，你在美國權力的殿堂上會廣受歡迎，因為事情變成就是這般。我交出的文件可以為證。

我明瞭我這麼做將招致麻煩，當這些消息公諸於世，也代表我的終結來臨。如果祕密法令、不公允的赦免和統治我熱愛的世界那些不受節制的行政力量，能被揭露，我就滿足了。如果你願幫助，請加入公開來源社群（open source community），為保衛新聞精神長存、網際網路自由而奮鬥。我曾經見識政府最黑暗的角落，他們害怕的就是光線。

團結為一，不為分化。

愛德華．約瑟夫．史諾登（Edward Joseph Snowden）

社會安全卡號碼：246-55 7074

中央情報局化名大維．邱治亞（Dave M. Churchyard），員工證號碼：2339176

國家安全局，前任高級顧問（以公司身份掩護）

中央情報局，前任外勤官員（以外交官身份掩護）

美國國防情報局，前任講師（以公司身份掩護）

第二章　在香港的十一天

我們在六月一日星期六夜裡抵達香港。原本，我們的計畫是一抵達旅館後立刻就和史諾登會面。一進到九龍鬧區旅館房間，我立刻打開電腦，透過網上加密程式找他。他已經等在那裡。

寒暄幾句話，言歸正傳。我們討論見面的方式。他說：「你們可以來我旅館。」我很驚訝他住在旅館。我依然不清楚他來香港的原因，但假設他想藏匿在香港。我想像他已無固定薪水進帳，只能躲在一戶廉價公寓小房間裡隱匿行蹤，而不是舒服地住在大飯店裡，公然進進出出。

我們決定最好別照原定計畫當天晚上就立即見面，而是改到第二天上午才碰面。事實上這是史諾登的主意，未來幾天，瀰漫的小心翼翼，宛如間諜電影情節那樣的氣氛。

他告訴我：「你們在夜裡走動比較容易招人注意。兩個老美夜裡住進旅館，立刻外出，是滿奇怪的。如果你們等到明天上午再來這裡，會比較自然。」

史諾登除了擔心美方的監視之外，也同樣擔心香港及中國當局的監視。他非常擔心我們會被本地情治人員跟蹤。我認為他與美國情報機關打過交道，肯定比我更清楚這方面的門道，因此該聽從他的判斷，但還是很失望不能當天夜裡立刻碰面。

香港和紐約正好相差十二個小時，也就是說這裡和美國東部正好晝夜顛倒。當天夜裡我根本睡不著，事實上在香港那幾天也都睡不著。一方面是時差作祟，一方面是太過亢奮，那幾天我每天只睡一個半小時，至多兩小時。

與史諾登碰面

第二天上午我和蘿拉在旅館大廳會合，坐計程車到史諾登下榻的旅館。蘿拉負責安排和史諾登碰面的細節。她很不願在計程車上講話，司機會不會是地下情報員？我們的對話會被監聽嗎？我已經不再覺得這種顧慮是妄想，但還是從蘿拉嘴裡問出會面的規劃。

我們要到史諾登下榻的旅館三樓，那裡有間會議室，他選了一處他認為完美的地方：足夠遠離「人交通」（human traffic）——這是他的用詞——但又不致於偏僻到我們到那兒等人時會引來不必要的注意。

蘿拉告訴我，一旦我們到了三樓，靠近指定房間時所碰到的第一個旅館員工，就要問他：「有那個餐廳現在營業嗎？」這就是給史諾登的訊號，表示我們沒被跟蹤，而他顯然就在附近等著。進入指定房間後，我們要在「一隻巨大的鱷魚」旁邊的沙發等候。我向蘿拉問清楚了，鱷魚只是裝飾品，不是活生生的動物。

我們有兩個碰面時間：上午十點五分和上午十點二十分。如果史諾登沒在第一個約定時間的兩分鐘內出現，我們就立刻走人，先去別的地方，等到第二個約定時間再回來，他會來找我們。

「我們怎麼曉得那是他？」我問蘿拉，我們根本不知道他的相貌特徵、年齡、種族等等。

她回答說：「他手上會拿著俄羅斯方塊。」

我一聽，禁不住大笑出來。這個情境太詭異、太極端了。我覺得自己像是在香港參與演出一齣懸疑緊張、超現實的國際驚悚電影。

計程車把我們送到美麗華酒店（Mira Hotel）大門口。我注意到酒店位於九龍一個繁華商業區，附近有許多光鮮高樓和精品店，這是一個非常顯目的地方。一進到大廳，我再次感到震驚。史諾登不僅住在旅館，而且還是一家相當豪華的大酒店，一晚就得花費好幾百塊美元。我心想，為什麼一個打算揭露國家安全局內幕、需要盡可能低調的人，會跑到香港躲藏在最繁華鬧區的五星級酒店？當時我沒有必要去推敲這些問題，因為再過一會兒我就會見到他本人，到時候我就會明白為什麼了。

和香港的許多大樓一樣，美麗華酒店大得像個小村莊，蘿拉和我至少花了十五分鐘在迷宮般的走廊搜尋，才找到預定見面的房間。我們必須換乘好幾次電梯、走內部天橋，以及一再問路。當我們覺得已經接近會面地點時，我們看到一位旅館員工。我有點侷促不安，開口問了那個暗號問題，他告訴我們有好幾個餐廳可以挑選，一一給了方位指示。

轉過彎，我們看到一個敞開的門，一頭巨大的綠色塑膠鱷魚趴在地上。我們依指示坐在空蕩房間中央的沙發上，緊張並且默默地等候。這間小房間顯然沒有什麼實際的功能，一間似乎不會有人走進來的房間，因為那裡除了沙發和鱷魚以外，什麼也沒有。我們默默坐了非常漫長的五分鐘，沒人來。我們就走了，在附近找個地方逗留十五分鐘。

上午十點二十分，我們回去，又在鱷魚旁邊的沙發坐下來。沙發面對房間的後牆，牆上有面大鏡子。兩分鐘之後，我聽見有人走進來。

我沒有回頭看是誰，我繼續盯著後牆那面大鏡子，鏡子裡出現一個男子的倒影進入房間，朝我們走過來。直到他距離沙發只有幾英尺，我才轉頭。

進入我眼簾的第一樣東西，就是他左手上還在轉動的俄羅斯方塊。愛德華．史諾登說聲哈囉，伸手和我們打招呼。整個會面過程一再峰迴路轉，而會面的這一刻是整個過程中最令我震驚的一刻。

史諾登當時二十九歲，但是看來至少還要年輕個幾歲。他身穿一件白色T恤、牛仔褲，戴著一副眼鏡，臉上還有鬍渣，看起來像剛剛才刮過鬍子。基本上，他的相貌乾淨俐落，體格健壯有若軍人，但他很清瘦、面色蒼白（我們三個人當時都面色蒼白），明顯懷有戒心。他看來像個二十來歲的標準書呆子，在大學校園電腦教室或是在旅館櫃檯暑期打工的年輕人。

當時，我實在沒辦法把一切連結起來。我並沒有刻意去猜想，可是我以為史諾登年紀比較大，可能有五、六十歲。我這麼想，有幾個原因。首先，他能夠接觸到那麼多絕密文件，使我認定他在國家安全機構中位居高職。而且他的見識和策略十分精細，使我以為他是政壇老手。最後，我知道他預備拋棄性命，或許餘生都要坐牢，以便揭露他覺得全世界都應該知道的事情。因此，我猜想他已走到職涯盡頭。我以為有人會做出如此極端和自我犧牲的決定，他們一定已經歷許多年、甚至好幾十年之久的深沉失望。

看到手上掌握令人瞠目結舌的國家安全局絕密資料的消息來源，竟是如此年輕，我困惑了。我的腦子開始迅速檢視各種可能性：這會是騙局嗎？我這麼大老遠飛過半個地球來這，是在浪費時間嗎？像他這樣年輕的人怎麼可能接觸得到我們之前看到的文件呢？這個人怎麼會對情報世界及間諜技術如此經驗老到呢？我想，或許他是消息來源的兒子、助手或情人，現在要帶我們去會見消息來源本人。各種想得到的可能性統統浮現在我腦裡，但沒有一項有道理。

他也很生硬地說：「請跟我來。」蘿拉和我跟著他走。我們行進時也略做寒暄。我太震驚，講不出話來，我相信蘿拉也和我一樣。史諾登看來也很警覺，似乎在搜尋躲在暗處的監視人，因此我們幾乎默默無語跟著他走。

不曉得他要把我們帶到哪裡去，我們進入電梯，乘坐到十樓，走向他的房間。史諾登從皮包裡掏出卡片鑰匙，開了門。他說：「歡迎。房裡有點亂，抱歉，但我已經一、兩個星期沒踏出房門了。」

房間的確是有夠亂，用過的杯盤堆在桌上，髒衣服也丟得到處都是。史諾登把一些衣服從椅子上挪開，邀我坐下，然後他自己坐在床上。由於房間很小，我們彼此相距不到五英尺，我們的對話緊繃、侷促和拘謹。

史諾登立刻提起安全問題，問我是否有手機。我的手機只能在巴西通話，史諾登還是堅持要我拆下電池或放進冰箱，這樣可以將我們的對話消音，使得有心人難以竊聽。

就和四月間蘿拉跟我會面時說的一樣，史諾登說，美國政府現在有能力遙控啟動手機，把它們轉化為監聽器。我相信有這種技術存在，但是當時卻笑他們太杞人憂天，近乎妄想！後來證明我錯了，美國政府多年來的確多次使用這種技術進行罪案調查。二〇〇六年，美國有位聯邦法官審理紐約一批罪犯時，裁定聯邦調查局使用所謂「轉動竊聽器」——透過遠端啟動某人的手機作為竊聽器——是合法的。

我把手機放進冰箱後，史諾登從床上拿了枕頭塞入門縫底下。他解釋說：「這是為了防止有人經過走道聽到我們對話。」他又半開玩笑地說：「或許房裡藏了攝影機，但是我們即將討論的事，遲早也都要上報。」

我沒什麼能力就這方面表示意見，我還不曉得史諾登是何許人、在哪個單位服務、促使他要這麼做的動機，或是他有過什麼經歷，因此我完全不曉得我們究竟會面臨什麼樣的監聽威脅。我只曉得一切都很不確定。

蘿拉既不坐下、也不說話，或許是為了紓緩緊張氣氛，開始拿出攝影機、架起三角架，然後過來替我和史諾登裝上麥克風。

我們曾經討論過來到香港後她打算錄影，畢竟她是記錄片製作人，而且正在製作一部有關國安局的影片。無可避免地，我們現在進行的事，將成為她的影片的重要骨幹。我雖然心裡有底，卻沒有準備好這麼快就要錄影。知道我們將與一個被美國政府認定為嚴重犯罪的消息來源祕密會面，是一回事，但要全程錄影，又是另一回事，我無法馬上進入狀況。

蘿拉幾分鐘內就準備妥當，她宣布：「好啦，現在即將開始錄影。」彷彿這件事再自然不過。發覺我們即將開錄，氣氛立刻緊張起來。

史諾登和我的初步互動已經很僵硬，一被告知即將錄影，我們倆人立即更加拘謹，姿勢僵硬、說話速度變慢、不再輕鬆。多年來我曾經多次發表演講，談到監視會如何影響人們的行為。我經常指出，當人類曉得別人正在觀察他們時，會變得更加侷促、變得不自在。現在，我看到、也感覺到這種狀態的鮮明展現。

此刻，箭在弦上，只有一路向前，直接切入主題了。我宣布：「我有許多問題要問你，我即將開始發問。」

史諾登說：「好吧！」顯然也因為我直接切入主題，稍微減緩緊張感。

當時，我有兩大目標。第一是盡量了解史諾登這個人，他的生活、工作，以及是什麼原因導致他痛下決心行動。他怎麼取得這些文件、為什麼他要帶走資料、他來香港的目的。

第二，我決心要搞清楚他是否誠實、全面吐實，或者他是否對他個人及所作所為隱瞞了重大消息。

我當政治寫作者已將近八年之久。但是我即將要做的事，卻與我早先當律師的經驗更有關係。律師在打官司時最重要的一件事就是錄取證人供詞。律師在錄供時，與證人相處數小時、甚至數日之久。證人受法律約束必須到場，必須誠實回答每一個問題。律師的關鍵目標是揭發謊言、找出他們故事前後不一致的地方，突破他們製造的虛構情節，找出真相。我做律師時最喜歡的就是錄取供詞。我設計出許多技術來突破證人心房，進而挖掘真相。我總是不斷追問，而且同樣的問題以不同的脈絡、從不同的角度提問，以測試證人說法的堅實性。

我和史諾登在網路上交談時，我願意被動、多聽少問，但是當天和他談話時，我咄咄逼人地運用這些技術。我花了整整五個小時盤問他，不怎麼上廁所或吃點心。我從他童年開始問起，問到上小學的經驗一直到進入政府工作之前的經歷。我追問他所能記得的一切枝微末節。我得知，史諾登在北卡羅萊納州出生，在馬里蘭州長大，父親幹了三十年的中下階層聯邦政府職員（他父親曾是海巡人員）。史諾登覺得中學課程非常沒有挑戰性，從中學輟學，喜愛網路勝過上課。

我幾乎立刻就看清楚我從網上談話所觀察的這位仁兄：史諾登非常聰明、理性，思路清晰有條理，回答簡潔，令人信服。幾乎在每方面，他都能深思熟慮地直接回應我的發問。沒有奇怪的閃避，也沒有情緒不穩定，或是心理毛病的人典型的不可信的故事。他的穩定和專注讓人對他產生信心。

雖然我們從網路互動可以立即對人產生印象，我們仍須面對面交談才能確實了解他們是什麼樣的人。我很快就放了心，不再像一開始不知與何人打交道而有所疑慮。不過我還是抱著相當的疑惑，因為我明白，我們即將要做的每一件事是否能取信於人，全看史諾登自稱是什麼人的可靠性而定。

我花好幾個小時問他的工作經歷，和學識演進。和許多美國人一樣，史諾登的政治觀點在九一一攻擊事件之後起了重大變化，他變得相當「愛國」。他告訴我，二〇〇四年，他二十歲，應徵加入美國陸軍，以便到伊拉克作戰。他當時以為那是拯救伊拉克人民脫離暴政的高尚行動。可是，經過幾週基本訓練，他發現，討論如何殺阿拉伯人竟然多過要如何解放他們。這時候，訓練時發生意外，他摔斷雙腿，被迫退役，他已經對戰爭的本質十分失望。

但是史諾登依然相信美國政府本質善良，因此，他決定效法許多家人的先例，加入聯邦政府工作。雖然沒有高中文憑，他早早就學會替自己創造機會，不到十八歲，已經拿時薪三十美元從事技術工作；二〇〇二年起，他即是微軟認證的系統工程師。他認為替聯邦政府工作很光榮，事業前程也看好，因此他先在國家安全局祕密管理所使用的「馬里蘭大學語言高深研究中心」這棟大樓擔任保安警衛。他說，他打算先通過安全考核，然後才好從事技術工作。

雖然史諾登只是高中輟學生，可是從青少年時期即展現出對科技的天賦異稟。結合他的才智，儘管年紀輕、缺乏正式教育，這些特質使得史諾登很快獲得晉升，二〇〇五年從保安警衛被拔擢為中央情報局的科技專家。

他說明給我聽，整個情報界已經轉變成極為龐大的體系，對精嫻科技的員工求才若渴，要找到適當人才非常不易，因此，各個情報機關必須到非傳統的人才庫去求才。擁有高深電腦技能的人往往年紀都不大，有時候還與社會格格不入，也經常不能在主流正規教育有亮麗的成績。他們經常覺得互聯網文化比起正規教育體制和人際互動更具刺激性。史諾登在局裡的資訊科技小組成為重要成員，明顯比大部分年長的、大學畢業生同事知識更淵博、技術更純熟。史諾登覺得他已經找到確實可以一展長才、又不在意學歷低下的理想環境。

二〇〇六年，他從中情局的承包商員工變成全職職員，前程更加看好。二〇〇七年，他獲悉中情局有一份工作，要派駐國外、從事電腦系統方面的工作。他在經理高度推薦下得到這份工作，被中情局派往瑞士，派駐日內瓦三年，直到二〇一〇年。這段期間還得到外交官身份、掩護他的實際任務。

史諾登描述他在日內瓦的工作給我聽，他不只是「系統管理師」。他被認定為派駐瑞士的高級技術及資安專家，奉命到處出差，解決別人搞不來的疑難雜症。他被中情局挑中，於二〇〇八年北約組織在羅馬尼亞舉行高峰會議時，前往支援總統。儘管成績斐然，史諾登在替中情局工作這段期間，開始對美國政府的行徑感到極度失望。

史諾登告訴我：「由於身為技術專家，接觸到電腦系統，我看到很多機密。許多事相當惡劣。我開始了解到我的政府實際上對世界的作為，和我一向被告知的，大不相同。這份認知反過來引導我，開始重新評估看待事情的角度，也對事物抱持質疑的態度。」

他舉一個例子：中央情報局一名官員要吸收某個瑞士銀行家替該局工作，以便提供機密資訊。他們希望知道美方有興趣的對象的財務交易資訊。史諾登告訴我，中情局這位特務刻意交好這個銀行家，有一天夜裡把他灌醉了，又鼓勵他開車回家。這位銀行家被警察攔下，要以酒醉駕駛罪名羈押他；這名中情局探員表示可以提供種種幫忙，條件是他必須和中情局合作，但沒有成功吸收這名銀行家。史諾登說：「他們毀了這個對象的生活，卻達成不了心願，然後一走了之。」除了受不了中情局設局坑人之外，史諾登更受不了的是這個探員講到他用的手法時，居然還洋洋得意。

另一個倍覺挫折的因素是，史諾登努力要讓上級明白電腦安全或系統有逾越倫理界限的現象，可是問題都被置之不理。

他說：「他們會說，這不關你的事，或是說，你沒有足夠的資訊可以這樣斷言。基本上他們指示你不用擔心。」他在同僚中以「經常唱反調」而出名，上司非常不喜歡他。「我開始真正感受到權力和責任分家，權力越高，就越少受到監督、越少被要求責信。」

接近二〇〇九年底，史諾登已經失望透頂，準備離開中情局。在這個階段，也就是在日內瓦工作的末期，他開始思考要當吹哨者，揭露他認為不當行為的機密。

「那你當時為什麼沒有做？」我問他。

他說，當時他以為，或者至少盼望，歐巴馬當選總統，或許會改革某些他所見到的違法亂紀、濫權作為。歐巴馬上台時，誓言改變國家安全單位以反恐為理由而犯下的過當行為。史諾登期望至少軍、情單位能夠稍為收斂。

他說：「可是事情後來更明顯，歐巴馬不僅繼續這些濫權行為，有時甚至還變本加厲，擴張濫權行為，我才體會到我不能等待某個領導人來修正這種事。領導應該是身先士卒，做他人表率，而不是等候別人先做。」

他也在意如果他揭露在中情局所知道的機密，會造成什麼傷害。他說：「當你揭露中情局的祕密，你就會傷到人。」（他指的是地下工作人員和線民）「我不願意傷害人。但是你若洩露國家安全局的機密，你只會傷害到制度。我會比較心安理得。」

因此史諾登回到國安局，這次是以戴爾公司（Dell Corporation）員工身份任職，戴爾和國安局簽約承包某些工作。二〇一〇年他被派駐到日本，比他以前的工作還有更高的職權接觸監聽的祕密。

史諾登說：「我看到的東西真的讓我很不安。我看到無人飛機實際飛行、監視，隨時可以奉令奪人性命。你可以看到整個村子、看到每個人在幹什麼。我看到國安局同步監視別人正在敲鍵盤的網路活動。我開始理解美國的監聽能力已經變得無所不能。我了解這個系統的無遠弗屆。可是幾乎沒有人知道有這一回事。」

他愈來愈迫切覺得有「責任」挺身而出揭露他所看到的內情。「我越是替國安局在日本工作，我越曉得不說不行了。我覺得，協助把這些事瞞著大眾，是不對的。」

史諾登身份曝光後，記者們試圖把他描寫為某種心思簡單、低階的「資訊人員」，湊巧碰上機密資訊罷了。但是實情完全不是如此。

史諾登告訴我，他在中情局和國安局工作期間，被逐步培訓為高階網路特工，駭入其他國家軍事及民間系統，竊取資訊或準備攻擊。在日本期間，培訓增強。他更為精通最先進方法以維護電子資料不受其他情報機關攔截，也得到認證成為高階「網軍」，有能力駭進其他國家軍用、民用系統以竊取資訊或準備攻擊，且不留下痕跡。後來他又被國防情報局聯合反情報學校選拔為教官，在「中國反情報」課程講授網路反情報技術。

他堅持我們遵循的保密方法，其實是他在中情局、國安局（尤其是國安局）所學來或參與設計的技術。

二〇一三年七月《紐約時報》一篇報導證實了史諾登告訴我的事。報導指出：「替國安局一家承包商工作時，愛德華．史諾登學會當駭客。」「他把自己改造成國安局極欲吸收的網路安全專家。」《紐約時報》報導，他所受到的訓練是「他變成更精通網路安全的關鍵」。這篇文章又說，史諾登接觸的文件顯示他「已經轉到電子間諜或網路戰的攻擊層面，國安局利用來檢視別國的電腦系統，以竊取資訊或準備攻擊。」

雖然我發問時極力試圖盯緊時間順序，可是我常常忍不住跳躍提問，大部分是因為我急著為某些問題找到答案。打從我開始和他交談以來，我一直迷惑不解、特別感興趣，是什麼原因使史諾登拋棄事業前途，使自己成為可能的罪犯，違背多年來已深鑄於他心中的守密、忠誠信念。

我用許多不同的方式一再問著同樣的問題，因此史諾登以不同的方式答覆我，但是我總覺得這些解釋太浮泛、太抽象、太缺乏熱情和信念。談到國安局系統和技術時，他相當從容；但是話題轉到他個人，他就侷促不安，特別是我若說他做出一件勇敢的事，需要從心理層面再深入說明，他的回答似乎就更加抽象，這讓我覺得沒有說服力。他告訴我，他覺得世界有權利知道隱私受到侵犯；他覺得有道德責任反抗不公不義；他若是對於他所珍惜的價值所受到的威脅沉默不語，有違他的良知。

我相信他的確珍惜這些政治價值，但是我要知道究竟是什麼使他願意犧牲他的生命和自由，來捍衛這些價值。我覺得我沒有得到真實的答案。或許他自己也不曉得，也或許就和許多美國人一樣，習於重視國家安全的文化，他不願太深入挖掘自己的心理深層，但我需要知道。

我需要知道他是在真正理性了解後果之下所做出的選擇：除非我完全信服他是在百分之百自主下所做出的決定，否則我並不願意協助某人冒偌大的風險。

最後，史諾登給的答案引起我的共鳴，相信他所言屬實。他說：「我覺得衡量一個人，不是以他說他相信什麼去評斷，而要以他做了什麼、他以什麼行動去捍衛這些信念來做評斷。如果你沒有為你的信念行動，那麼這些信念就不是真的。」

他是如何發展出這種方式來衡量自己的價值？他是從哪裡得出信念，認為為了大善、甘於犧牲本身利益，發揮道德勇氣呢？

史諾登說：「從許多不同的地方、不同的經驗發展出來的。」他年幼時讀了許多希臘神話故事，深受約瑟夫・坎貝爾的《千面英雄》（Joseph Campbell, *The Hero with a Thousand Faces*）的影響。他從這本書學到的主要教訓是：「我們自己才能透過行動為自己的生命灌注意義。」一一個人的評價完全要看他的實際行動而定。「我不希望成為一個怯懦於捍衛原則而裹足不前的人。」

以道德意義評估一個人的身份和價值，這個想法一直盤旋在史諾登心頭。他有點尷尬地說，連玩電玩也擺脫不了這個想法。史諾登說，他從沉浸在電玩中學到的教訓是，即使一個力量最薄弱的人，也可以有所作為、對抗不公不義。「主人翁通常是個平凡人，突然發覺身陷強大勢力所造成的嚴重不公不義，他要嘛是畏懼而逃，要嘛是為信念而戰。歷史也在在顯示，平凡的人如果對正義有充分決心，也可以戰勝最強大的敵人。」

他不是第一個表示世界觀深受電玩影響的人。如果是幾年前，我或許會嗤之以鼻，但我現在已經可以接受了。對史諾登這個世代的人而言，一個人的政治意識、道德推理，以及個人之於世界地位的了解，電玩扮演的角色完全不遜於文學、電視和電影的影響。電玩也經常提出複雜的道德兩難，刺激人們去思考，尤其是那些開始質疑過去所受教導意義何在的人。

史諾登小時候從遊戲中學到的道德意識，演化為倫理責任和心理限制的嚴正內省。他解釋說：「人們躑躅不前、消極、順服，是因為害怕反彈，但是一旦你拋棄無謂的牽掛，像是金錢、事業、自身安全等等，你就無懼無畏了。」

網路史無前例的價值，和他的世界觀同樣重要。和他那一世代的許多人相同，「網路」並不是用來從事互不相干的工作的一種孤立的工具。這是人們心智與人格得以發展的世界，能給予人們自由、探索和智性成長、了解的地方。

對史諾登而言，網路的獨特性是無可比擬的可貴，應該不惜一切代價去維護。他青少年時期利用網際網路探索思想，與他在別的情況下根本不會碰上的遠方的人、背景完全不同的人交談。「基本上，網路給了我經驗自由、探索我做為一個人類的充分能力。」談到網路的價值時，史諾登渾身帶勁、甚至充滿熱情，他說：「對許多小孩來講，互聯網是個自我實現的工具，網路讓人們探索自己的能力、思索未來要成為什麼樣的人，但那只有在我們能保持隱私和匿名之下才有可能，在沒有別人追蹤我們的情形下，去充分體驗。我很擔心，我是能夠享受這種自由的最後一個世代。」

我開始明白網路為何影響他的決定。史諾登告訴我：「我不想活在沒有隱私、沒有自由的世界，這樣網際網路的獨特價值會被消滅掉。」他覺得他被推著去阻止那種事情發生，或者更精確地說，讓別人有所選擇是否要去捍衛那些價值。

順著這樣的思維，史諾登一再強調，他的目標不在摧毀國安局消除隱私的能力，他說：「做這種選擇，不是我的事。」他只想讓美國公民及全世界人民曉得他們的隱私受到侵犯了，告訴他們這個訊息。他堅稱：「我沒有要摧毀這些系統，只是要讓大家決定它們是否應該繼續下去。」

像史諾登這樣的吹哨人經常被妖魔化，形容成孤癖的獨行俠或者是人生不如意的魯蛇，不是出於本意做事，而是因為人生不順，疏離、挫折，才會這樣做。史諾登完全相反，他的生活充滿了別人珍視的許多東西。他決定爆料揭密，這代表了必須放棄一位他心愛的交往多年的女朋友、人人羨慕的夏威夷天堂般的生活、一向支持他的家人、一個穩定的高薪工作，以及前途無量的未來。

他在日本替國安局服務的工作於二〇一一年告一段落，他又替戴爾公司工作，這次派在馬里蘭州中情局另一個單位上班。加上分紅，他那一年可以賺到二十多萬美元。這份工作是與微軟及其他科技公司替中情局及其他機構建立安全系統以儲存文件和資料。史諾登提到這段時期時說：「世界變得越來越糟糕。在這個職位上，我親眼看到國家，尤其是國安局，與民間科技業者攜手合作全面取得人民的通訊紀錄。」

當天整整五個小時的盤問期間——其實我在香港和他每次的交談也都如此——史諾登的語調幾乎一直堅定不移、平靜、就事論事。但是在說明他所發現、而終於觸發他堅定要當吹哨人時，他變得激昂、甚至高亢。他說：「我發覺，他們建構的系統，其目標是消滅一切隱私——全球的隱私。若是他們完成了，全天下的電子通訊無不被國安局蒐集、儲存和分析。」

這一份認知使得史諾登下定決心要當吹哨人。二〇一二年，戴爾把他從馬里蘭調到夏威夷。他花了二〇一二年一部分的時間，以及二〇一三年頭幾個月，預備下載他認為全世界應該看到的文件。他取得某些文件，不是為了發表，而是要讓記者了解他們所報導的制度之前後脈絡關係。

二〇一三年初，他發現還需要另一套文件才能完整呈現世界所需要知道的全貌，但是在戴爾卻弄不到。他必須要另謀一份工作，才可能將文件弄到手。他必須正式被派為結構分析師，才能進到國安局的監聽儲監藏庫。

史諾登遂向博世・艾倫及漢彌爾頓公司（Booz Allen & Hamilton）申請在夏威夷的一份工作。博世公司是全國最大、最有勢力的民間國防承包商，雇用了許多退下來的政府官員。為了拿到足以拼出國安局偵監作業全貌的最後一套文件，他接受低於原職薪水的新工作。最重要的是，他可以接觸到國安局祕密監聽美國境內整個電信業的資料。

二〇一三年五月中旬，他請假兩週，以便治療一年前發現的癲癇。他收拾行囊，包括四個空筆電以備不同用途之需。他沒告訴女朋友要到何處，事實上，不能告訴她要去哪，早已是司空見慣的事。他希望她不知情，以免一旦自己身份暴露後，她會遭受到政府騷擾。

他在五月二十日由夏威夷抵達香港，以本名住進美麗華酒店，一直到現在。

史諾登相當公開地住在美麗華，以信用卡簽帳。他解釋說，他曉得他的一舉一動最後都會受到政府、媒體，乃至每一個人的檢驗。他要防止別人說他是外國特務，如果這段期間他躲躲藏藏，別人就容易作文章了。他說，他已決定展現他的行動光明磊落、毫無陰謀，而且他是單幹戶、沒有同夥。對香港和中國當局而言，他就像過一般生意人，不是鬼鬼祟祟的人。他說：「我不打算隱匿我是誰，因此沒有理由躲躲藏藏，不然反而替陰謀論或妖魔化動作添柴加料。」

接下來，我問了自從第一次在網路上和他交談之後就一直想問的問題：他決定要爆料之後，為什麼選擇到香港呢？史諾登的回答顯示他經過充分分析。

他說，他的最高原則是，當他和我、蘿拉在爬梳整理文件時，確保他的人身安全。他覺得，如果美國當局發覺他打算洩漏文件，他們會試圖制止他、逮捕他，或甚至還有更卑鄙的賤招。他以為，香港雖然半獨立，仍是中國的一部分；他考慮過拉丁美洲小國，如厄瓜多或玻利維亞，但是美國特務在香港一定比在拉丁美洲更難對他下手。香港也會比歐洲小國，如冰島，更能抗拒美國逼迫交人的壓力。

史諾登選擇地點的主要考量雖是如何才能安全地將文件揭露、公布於世，但這不是唯一的考量。他也希望身處的地方，是他認為其人民和他一樣珍視政治價值的地方。他解釋說，香港人雖然也受到中國政府高壓統治，卻努力奮鬥維護某些基本政治自由，及創造活潑的異議環境。史諾登指出，香港經由民主程序選出特首，經常有大型街頭抗議活動，包括每年遊行抗議天安門鎮壓事件。

他也曾經考慮過其他地方或許更能保護他不受美國滋擾，例如中國大陸。有些國家，如冰島及歐洲其他小國，肯定也有更大的政治自由。但是他覺得香港最合適，既能確保他人身安全，也有相當的政治實力抗拒美國壓力。

當然這個決定不是沒有缺點，史諾登也曉得。譬如，香港和中國大陸的關係就很容易讓批評者藉題發揮、抹黑他。他經常說，可是天下那有完美的選擇，「我淨是挑壞的選擇」。香港的確給予他相當程度的安全，也讓我們能自由行動，這是別的地方很難達到的。

我取得所有實情後，還有一個目標：要確認史諾登是否了解，一旦他身為洩密背後的消息來源身份暴露時，會有什麼下場。

歐巴馬政府已經針對吹哨人發動史無前例的各派政壇人士的戰爭。總統競選時曾經誓言要建立「史上最透明的政府」，尤其是誓言保護吹哨人，他還贊揚這些人「高尚」、「勇敢」，其實他的作為完全南轅北轍。

歐巴馬政府依據一九一七年間諜法，起訴政府洩密者人數超過美國史上所有歷任政府加總起來的總數——總共七人：事實上超過兩倍以上。間諜法於第一次世界大戰期間通過，以利威爾遜總統法辦反對戰爭的異議份子，制訂的刑罰很重，可以判處無期徒刑、甚至死刑。

毫無疑問，全部司法力量將往史諾登身上施壓，歐巴馬的司法部將起訴，並安上可判處無期徒刑的罪名，他被公開抨擊為叛國者也是意料中之事。

我問：「你的身份一旦暴露後，你以為你將會發生什麼事？」

史諾登毫不猶豫就回答我，這顯示在此之前他已經反覆思考過這個問題。他說：「他們會說我違反間諜法，我犯了大罪，我協助美國的敵人。我危害國家安全。我相信他們會對我的過去刨根起底，可能誇大或甚至羅織編造一些事，盡可能抹黑我、將我妖魔化。」

他說，他並不想去坐牢。「我努力設法不去坐牢。但是如果這是這一切種種的結果，我也曉得會有很大機會會是如此，我前一陣子已經決定，我經受得起他們無所不用其極的打壓。我唯一忍受不了的是自己的毫不作為。」

第一天和其後的每一天，史諾登的堅定和冷靜思考他所可能遭受的打壓，讓我很驚訝也很感動。我從來沒有看到他顯現一絲一毫的後悔、害怕或焦慮。他堅定地解釋他已經做出選擇，了解可能的後果，也準備好接受後果。

史諾登似乎因為做了決定而更加堅強。當談到美國政府可能會如何對付他時，他表現得格外鎮定。眼看著這位二十九歲的青年面對可能在超級森嚴的監牢關上數十年，甚至喪失生命的威脅，換做別人恐怕早已嚇癱了，但他卻處之泰然，真令人動容。他的勇氣傳染了我們，蘿拉和我一再相互立誓，也向史諾登保證，從今以後我們的每個行動和決定，一定尊重他的選擇。我們覺得有責任依據激勵史諾登原始行動的精神來報導這則故事：深信行所當行，因而無懼無畏；拒絕被極欲隱瞞實情的惡毒官員無憑無據的威脅所嚇阻或恫嚇。

經過五個小時的質問，我已經毫不懷疑，相信史諾登所有的說法都是真實的、他的動機都是真誠的。我們告辭之前，他又回到他已經重覆多次的想法：他堅持在我們發表的第一篇報導，就公開表明他是文件的消息來源。他說：「任何人做出這麼重大的一件事，有責任向大眾說明清楚他為什麼這麼做，以及他希望達成什麼。」他也不希望升高美國政府所促成的恐懼感。

而且，史諾登也相信一旦故事開始見報，國安局和聯邦調查局很快就會找出洩密的源頭。他沒有採取一切可能作法隱匿蹤跡，因為他不想連累同事遭到調查或不當起訴。他堅持，憑他的本事以及國安局系統令人難以置信的鬆懈，如果他要，他可以隱匿蹤跡，甚至下載更多的絕密文件。但是他故意至少留下若干電子蹤跡，讓官員可以發現，換句話說，他沒有必要躲躲藏藏。

雖然我不想協助政府查出我的消息來源，史諾登說服我，查出他的身份是避免不了的事。更重要的是，他決心要讓世人來評斷他是什麼樣的人，而不讓政府來說三道四。

史諾登對於亮明身份唯一的憂慮是，他會讓揭露的實質內容失去焦點。他說：「我曉得媒體會把什麼事都往人身上扯，而且政府也會以我為故事重點、抨擊傳布信息的人。」他打算早早就亮明身份，然後消失到幕後，讓焦點停留在國家安全局及其間諜活動。他說：「一旦亮明身份、說明動機之後，我就不接受任何媒體採訪。我不要成為故事重心。」

蘿拉和我則主張不在第一篇報導就揭露史諾登的身份，應該等候一個星期，這樣才不會失焦，可以全面報導第一波新聞。我們的想法很單純：每天接續推出一條重大新聞，棒棒強打，盡可能製造新聞震撼，然後以公布消息來源做為高潮。在我們結束討論之前，我們達成協議，我們有了一套計畫。

合作計畫

往後十一天在香港，我天天和史諾登會面長談。我每天夜裡睡不到兩個小時，而且還得靠安眠藥才勉強入睡。其他時間都花在依據史諾登的文件來寫文章，文章見報後，又得接受各方訪問、進行討論。

史諾登聽任我和蘿拉決定那一則故事應該報導、報導的順序，以及呈現方式，但是，就在第一天，他強調——其實他在之前和之後多次表明——我們必須仔細查證所有的材料。他告訴我們說：「我是根據是否符合公共利益來選取文件，但是我要依賴你們的新聞專業判斷，只發表公眾應該看到的文件，哪些公布了、不致於傷及無辜的文件。」史諾登很清楚，要引發民眾真正辯論，非得不讓美國政府揪到小辮子不可，絕對不能讓他們說，我們發表這些文件已危害到某些人性命。

他也強調我們必須以新聞專業發布這些文件，意即與媒體合作，寫出的文章要提供材料脈絡，而非一口氣推出一大堆文件。他認為這樣做會有更大的法律保障，而且更重要的是，能讓大眾更有秩序、更理性地消化揭露的真相。他說：「如果我想在網路上一口氣揭露大批文件，我自己來就行了。我希望你們做到把故事逐一發布，以便人們了解真相。」我們一致同意以此為架構來做報導。

史諾登說了好幾次，打從一開始，他希望藉由我和蘿拉來揭密，是因為他曉得我們會積極報導，不會屈服於政府的威脅。他不斷提到《紐約時報》和其他主流媒體曾在政府要求下扣住重大新聞。不過，他固然希望積極報導，但也希望記者一絲不苟查證、確保報導的真相無懈可擊，所有的文件都有憑有據。他說：「我給你們的一些文件不是要發表，是要幫你們了解這套系統是如何運作，你們才能妥當地報導。」

我一離開美麗華酒店，回到自己旅館後，通宵寫稿趕出四篇稿子，希望《衛報》能立即發表它們。我們頗為急切，因為我們需要史諾登和我們一起儘可能檢視一切文件，免得他因為任何緣故無法進一步發表言論。

我們這麼急迫，還有另一個原因，在前往甘迺迪機場的計程車上，蘿拉首次向我吐露，她曾經和幾個記者談起史諾登的文件。其中就有曾經兩度拿到普立茲獎的巴東．季爾曼——《華盛頓郵報》前任記者、現任該報特約撰述。蘿拉無法說服一些人和她聯手整理檔案、進行報導。但是季爾曼一向關注監聽的議題，對這則故事很感興趣。

蘿拉已經給了季爾曼「一些文件」，希望他和《華盛頓郵報》肯搭配蘿拉繼續挖這條新聞。

我認得季爾曼，也尊敬他，但是我可瞧不起《華盛頓郵報》，我認為它是首都新聞界的「魯肉咖」、代表美國政治媒體的一切惡劣特質：與政府過分親近、順從國家安全體制、常態地排除異議聲音。《華盛頓郵報》自己的媒體評論員霍華德．柯茨（Howard Kurtz）二〇〇四年就曾經詳細披露在美軍攻打伊拉克之前，報社是如何有系統地放大支持作戰的聲音，同時貶抑或排斥反戰人士。柯茨的結論是，《華盛頓郵報》的新聞報導「令人驚駭地一面倒」支持入侵伊拉克。《華盛頓郵報》的言論，仍然普遍對美國的窮兵黷武、搞神祕和普遍監聽大力喝采。

《華盛頓郵報》不費吹灰之力拿到一條獨家新聞，而且它也不是消息來源史諾登所挑選的媒體。事實上，史諾登之所以第一次在網路上透過加密軟體和我聊天，就是因為他氣《華盛頓郵報》畏縮的作風。

我多年來對「維基解密」略有微詞，也是因為他們有時候把重大獨家新聞交給既有的主流媒體，可是這些主流媒體卻極力保護政府，藉此增強本身的地位和重要性。涉及絕密文件的獨家新聞可以提升媒體的地位，使得揭露消息的記者暴得大名，因此其實應該把這種獨家新聞交給獨立記者和媒體，讓它們的聲音更大、提高知名度，並且極大化他們的影響。

更糟的是，我也曉得《華盛頓郵報》會遵守主流媒體報導政府祕密時的不成文保護規定。按照這套規定，政府可以控制揭露程度、極小化或甚至中和掉報導的衝擊。編輯先去找官員，告訴官員他們打算刊登些什麼。國安官員就會天花亂墜大談消息見報會對國家安全構成如何如何的傷害。然後雙方冗長的談判什麼可以發表、什麼又不能發表。這過程至少已產生拖延效果。通常，富有新聞價值的資訊就這樣子被壓下去了。《華盛頓郵報》二〇〇五年報導中央情報局設黑牢時，就是經過這樣一番「搓圓仔」，把黑牢所在地國家隱匿不提，使得中情局繼續維持這些不法黑獄的存在。

同樣的過程也使得《紐約時報》記者吉姆・萊生（Jim Risen）和艾瑞克・李赫布勞（Eric Lichtblau）二〇〇四年中期預備報導國家安全局沒有取得監聽許可即進行監聽時，消息被壓了一年多。小布希總統邀請《紐約時報》發行人亞瑟・沙茲伯格（Arthur Sulzberger）和總編輯比爾．凱勒（Bill Keller）到白宮橢圓型辦公室一談。總統很荒唐地堅稱，他們若是透露國安局未依法取得監聽許可即對美國人民進行監聽，就會親痛仇快，幫了恐怖份子大忙。《紐約時報》聽從指示，把這條消息封鎖到二〇〇五年底，即小布希當選連任之後（不向公眾揭露他未依法取得監聽許可，即對美國人民進行監聽，等於是幫助他競選連任）。《紐約時報》這時才刊登，純粹是因為萊生倍感挫折，即將出版專書，書中將就此事爆料，而《紐約時報》不願讓自家記者獨家報導。

其次，主流媒體報導政府不當作為的調子也使我不敢苟同。美國新聞學文化要求記者避免清晰表態本身的立場，並且也不問政府的辯白多麼瑣細，一概納入報導。他們採用《華盛頓郵報》部落客艾瑞克．溫博（Erik Wimple）所謂的「中庸之道」：絕對不用肯定句明確講述，要同時相信政府的辯護之詞和實際事情，這一來把爆料揭密稀釋成含混、前後不一的一團爛泥。最重要的是，這一來，官方說詞更具份量，即使這些說法根本就是不實的謊言。

就是這種畏首畏尾、卑躬屈膝的新聞文化，使得《紐約時報》、《華盛頓郵報》及其他許多媒體，在報導小布希政府問訊技術時不肯用「刑求」這個字詞，可是當媒體報導全世界其他國家同樣的問訊伎倆時，卻一再使用「刑求」來形容。也正是同樣的心態導致美國媒體一再丟人現眼，未經調查就附合政府的說法，以假訊息向美國民眾推銷攻打伊拉克和薩達姆．海珊的必要性。

還有另一個不成文的作法可以用來保護政府，那就是媒體只發布少許祕密文件，之後立即罷手。例如媒體會報導類似史諾登揭露的文件，用一則「大獨家」新聞發表少許文件，以便限縮其影響，然後拿到新聞報導獎，就走開，水波不興、一切如常。史諾登、蘿拉和我一致認為，真正要報導國安局這些文件就得有積極作法，逐篇報導、棒棒強打，在吻合公共利益的議題紛紛報導之前絕不停手，不畏懼議題所點燃的憤怒、也不怕隨之而來的威脅。

打從我們第一次談話，史諾登就一再舉《紐約時報》隱匿國安局監聽新聞為例，很清楚講明他不相信主流媒體來處理他的新聞。他認為《紐約時報》隱匿這則新聞很可能改變了二〇〇四年大選的結果。他說：「隱匿這則新聞，改變了歷史。」

他決定公布文件，揭露國安局偵監作業的無法無天，以便能夠持久公開辯論，得出真實結果，而不是曇花一現的獨家新聞，除了增添記者的光彩，別無其他成就。要這麼做必須要無懼無畏、刨根究柢、公開責難政府可疑的藉詞、堅定迴護史諾登行為的正確性，並且毫不含糊地譴責國安局，而《華盛頓郵報》報導政府新聞時，恰恰都會封殺這些作為。

我曉得《華盛頓郵報》的作法一定會稀釋掉爆料所帶來的衝擊。他們拿到史諾登一堆文件，或許將與我們試圖達成的目標，完全背道而馳。

當然蘿拉想找《華盛頓郵報》自有她的理由。她認為在爆料過程如果涉及到華府正統會有益處，可使得他們更難攻擊，或甚至暴露他們的犯罪意圖。如果華府官員喜愛的報紙都報導這則新聞，那政府就更難妖魔化涉及事件的人士。

蘿拉也很公平地指出，由於我的通訊沒有加密保護，她和史諾登有很長一段時間無法和我聯繫，因此起初只有她一人承擔消息來源提交給她的數千頁國安局絕密文件的重擔。她覺得需要找到某人足資信賴這些機密，以及有個單位能夠保護她。由於她無法先跟我接觸，她才去找季爾曼。

這一點我可以理解，但是我絕對不同意蘿拉把《華盛頓郵報》扯進來的思維。我們需要顧慮華府官方，這種「過度逃避風險」、謹守不成文規定的想法，正是我力圖避免的。我們和《華盛頓郵報》同仁平平都是新聞工作者，把文件給他們，我們才有保障；但依我看，這樣反而適得其反，正好增強我們應該推翻的對象。雖然季爾曼後來運用那些材料做出非常傑出、非常重要的報導，在我們討論的初期，史諾登開始後悔和《華盛頓郵報》扯上關係，雖然原本他已決定接受蘿拉的建議。

史諾登很氣《華盛頓郵報》趦趄不前，尤其是不斷召集律師研商更顯示心懷畏懼，而且還杞人憂天提出種種警告和無法容忍的要求。史諾登尤其氣憤，在《華盛頓郵報》律師及編輯部的指示下，季爾曼不肯到香港和他碰面、檢閱文件。

至少史諾登和蘿拉是這麼說的：《華盛頓郵報》律師根據一個荒謬、怕事的理論，告訴季爾曼不該到香港，因為他們認為中國是個偵監系統天羅地網的國家，若是在中國討論絕密情資，或許會被中國政府偵聽到。這一來美國政府會認為《華盛頓郵報》不小心把機密洩漏給中方，那麼報社和季爾曼恐怕會觸犯間諜法，扯上刑事責任。

史諾登氣壞了，但是強自按捺住怒火。他已經冒生命危險、拋開一切要爆料；他幾乎毫無任何保護，而這個握有種種法律和體制支援的巨大媒體卻不肯冒些微風險派個記者到香港見他。他說：「我預備干冒個人重大危險交給他們這個重大新聞，而他們卻連派個人上飛機都不肯。」我多年來所譴責的不就是「友報記者」這種怯弱、躲避危險、順從政府的作風嗎？

既然部分文件已給了《華盛頓郵報》，我也無力回天。但是，在我和史諾登於香港會面的第二天夜裡，我決心不能讓《華盛頓郵報》以含糊、親近政府的聲音、畏事的態度以及「中庸之道」來決定人們心目中的國安局和史諾登。誰先揭露這則新聞，才是決定這個議題被世人如何討論、了解的主要關鍵。我決心讓自己和《衛報》挑起這個重責大任。要讓這則新聞發揮它該有的效應，就必須打破主流媒體不成文的規則：設計議題走向來軟化爆料的衝擊，並且保護政府。我不能服從這個規則它們，《華盛頓郵報》可以被馴服，但我可不會。

因此，一回到我的旅館房間，趕緊寫下四篇稿子。第一篇談「外國情報監視法」（FISA）法庭下令美國最大的電話公司之一威瑞森，把所有美國客戶的電話紀錄全都交給國安局。第二篇談布希未經法庭核准就從事竊聽活動的歷史，根據的是國安局稽察長（inspector general）二〇〇九年一份絕密內部文件。第三篇詳述我在飛機上研讀的「無限制的線民」（Boundless Informant）計畫。第四篇是我在巴西家裡已知道的「稜鏡」計畫。讓我心焦如焚的也就是這條新聞，因為《華盛頓郵報》也掌握了這批文件，隨時可以發表。

揭密行動

要搶先一步的話，我們需要《衛報》立刻刊登新聞。香港夜幕已垂，紐約正是凌晨。我非常沒有耐心地等候紐約方面的《衛報》編輯睡醒，每五分鐘就查看珍妮·吉卜生是否打開她的 google chat，那是我們常用的通訊方式。我一看到她上線，立刻發訊給她：「我們必須一談。」

這時候我們都曉得不能透過電話或 google chat 通話，這兩者都不安全。我們沒有連上原本使用的加密談話軟體 OTR，因此珍妮建議我們用 Crypotcat，後來我在香港期間一直都用這個可以阻礙國家監聽的加密軟體，做為我們主要的通訊方式。

我告訴她我已見過史諾登，也相信他這個人和他提供的文件真實無誤。我告訴她我已經寫了好幾篇稿子。珍妮對有關威瑞森這則新聞特別興奮。

我說：「很好，文章已經寫好。編輯稍做修正，沒問題，立刻可以發表。」我向珍妮強調快快發表的急迫性。「現在就可以刊登了。」

但是我們有個問題。《衛報》編輯也和律師會商，聽取一些警告或建議。珍妮轉述給我聽，《衛報》律師說：即使是報紙刊登列為機密的文件，也會被美國政府認定為犯罪行為，牴觸間諜法。涉及訊號情資的文件尤其危險。政府過去儘量不起訴媒體，但是媒體要遵守不成文規矩，即允許官員事先看稿、有機會辯稱發表了會傷害國家安全。《衛報》律師解釋說，和政府諮商這一過程，可證明報社無意以刊登絕密文件來傷害國家安全，因此才可免除被起訴的刑事犯意。

過去國安局從來沒有發生過文件外流的事件，更不用說數量如此之大、性質如此之敏感。律師們認為非常有可能遭到刑事起訴，不僅史諾登會被告，鑒於歐巴馬政府的作風，報社也會被告。我到香港來之前幾個星期，歐巴馬政府的司法部才取得法院裁定，可以調「美聯社」（Associated Press）編輯和記者的電子郵件和電話紀錄，來找出報導的消息來源。

緊接著，又有一則對付新聞採訪過程的極端報導，說明司法部已提出訴訟狀，指控福斯新聞網華府分社主任詹姆斯・羅申（James Rosen）是某個消息來源涉及罪行的「共謀」，因為這位記者與消息來源密切合作取得材料，犯了「協助、教唆」消息來源洩漏機密資訊的罪行。

新聞記者這幾年來都注意到歐巴馬政府史無前例地對新聞蒐集過程發動攻擊，但是羅申事件攻勢更為猛烈。與消息來源合作竟被按上「協助、教唆」的罪名，這等於是把調查報導視為犯罪行為：有哪個記者不和消息人士合作能拿到祕密資料？這種氣氛已經產生寒蟬效應，使得《衛報》在內的律師都格外小心、甚至害怕。

吉卜生告訴我：「他們說，聯邦調查局會進來查封我們報社、拿走文件檔案。」

我認為太荒唐了：美國政府會查封像《衛報》美國分社這樣的大報這種念頭，正是我在擔任律師工作時，最恨律師們提出不必要的過度警告，這只會讓人過分焦慮。但是我曉得吉卜生不會、也不能摒除這種顧慮。

我問：「這對我們正在做的事有什麼影響？我們什麼時候可以見報？」

吉卜生告訴我：「格倫老兄，我真的不知道，我必須先把一切搞定才行，我們明天還要和律師會面，到時候情勢會更清楚。」

這下子我真的緊張了，我不曉得《衛報》編輯會有什麼反應，雖然號稱我在《衛報》發表文章享有獨立自主權、可以不受編輯改稿、修刪，但是事實上，除了少許案例，我寫的東西絕大多數是意見評論，不是報導文字，尤其不是這種敏感議題，換句話說，我正面對著混沌不明的局勢。編輯部會被美國政府嚇成軟腳蝦了嗎？他們會選擇花幾個星期和政府談判嗎？他們會讓《郵報》搶頭香爆料、好覺得比較安全嗎？

我急欲立即發表有關威瑞森的消息：我們掌握了外國情報監視法法庭文件，文件也很清楚真確無誤。沒有理由不讓美國人有權利知道政府是如何侵犯他們的隱私，一分鐘都不應該拖延。同樣迫切的是，我覺得要對史諾登負責。他已經發揮無畏、熱情、堅強的精神，做出他的選擇。我也決定，我的報導要發揮同樣的精神，要讓史諾登的犧牲產生意義。唯有無畏無懼的報導才能讓這則新聞有力量來嚇阻政府想恫嚇記者及其消息來源的恐懼氛圍。引發不必要恐懼的法律警告和《衛報》的猶疑，都牴觸這種無畏精神。

當天夜裡我和大衛通電話，傾吐我覺得《衛報》會抽腿的擔心。蘿拉和我也討論我所顧慮的問題，我們商量好多等一天，讓《衛報》刊登第一篇報導；不然，我們就得另做打算。

隔了幾個小時，艾文．麥卡斯奇來我房間探詢史諾登有沒有什麼新狀況。他還沒見過史諾登。我告訴他，我很擔心見不了報。他對《衛報》的看法是：「你不必擔心，他們非常積極的。」艾文向我擔保，《衛報》長久以來的總編輯艾倫．魯斯布里吉爾（Alan Rusbridger）「非常投入、一定會刊登」這則新聞。

我仍然把艾文看做是報社派來的「監軍」，鑒於他也希望新聞儘快見報，我對他已經略有好感。我告訴史諾登，《衛報》派了這位「褓母」來，表示希望他們次日碰面。我解釋說，讓艾文參加是重要的一步，可以讓《衛報》編輯感到放心、能夠刊登新聞。史諾登說：「沒問題呀！不過你要曉得你有個監軍，他們派他來就是為了這個嘛。」

他們的見面非常重要。次日上午，艾文花了大約兩個小時盤問史諾登，問的大多是我前一天已經問過的問題。艾文最後又問：「我怎麼知道你就是你自稱的這號人物？你有什麼證明嗎？」史諾登從他的手提箱掏出一堆文件：他那已經過期的外交護照、舊的中央情報局識別證、駕駛執照，以及其他的政府機關識別證。

我們一起離開美麗華酒店。艾文說：「我完全相信他是真的。我完全沒有懷疑。」依他的意見，沒有任何理由再等。「我們一回到旅館，我會立刻打電話給艾倫，告訴他我們現在就應該刊出新聞。」

從此之後，艾文跟我們就完全是同一陣線的了，蘿拉和史諾登立即覺得他很好相處，我承認我也有同樣的感覺。我們發覺我們原先對他的疑心完全沒有根據：在艾文溫和大叔般的外表底下，是個無畏無懼的記者，和我們有同樣旺盛的企圖心要來追這條新聞。艾文不是代表報社來給我們束縛，而是做報告，並適時協助克服牽制的好幫手。事實上，我們在香港這段期間，艾文經常是最激進的聲音，力主爆料，有時候比蘿拉或我，甚至史諾登，還更勇猛。我很快就發覺他在《衛報》內部擁護積極報導，攸關重大，可使倫敦方面全力支持我們所作所為。

等到倫敦上午了，艾文和我一起打電話給艾倫。我儘可能清晰的表達：我期待、甚至要求，《衛報》在這一天就開始報導；我也要搞清楚報社的立場。雖然我抵達香港才二天，但這時候我心裡已拿定主意，只要感覺到《衛報》猶豫不決，我就要另投明主來爆料。

我口氣很粗魯。「我已經準備好發表這則威瑞森新聞，我不明白為什麼我們現在還沒發表。」我問艾倫：「有什麼原因拖延了呢？」

他向我保證沒有拖延。「我同意了，我們也預備發表了，珍妮今天下午必須和律師最後一次會談。我相信她和律師談過，我們就可以發布了。」

我提起《華盛頓郵報》也涉入「稜鏡」新聞，這使我心急如焚。這時候艾倫嚇我一跳：他不僅要率先搶發國安局的新聞，也要第一個報導「稜鏡」新聞，壓過《華盛頓郵報》搶到獨家。他說：「我們沒有理由讓他們拔得頭籌。」

「那太棒了。」

倫敦比紐約早了四個小時，因此還得等幾個小時，珍妮才會進辦公室；若要等她和律師見面，那又更久了。因此我和艾文把在香港的夜晚時間花在修訂我們的「稜鏡」新聞稿，相信艾倫會要力求完美。

我們當天完成「稜鏡」新聞稿，利用加密電郵傳給紐約的珍妮和史都華．米拉。現在我們有兩篇勢必轟動武林、驚動萬教的重大獨家新聞等候發表。我的耐心和等候的意願都已經相當緊繃。

珍妮和律師在紐約時間下午三點，也就是香港時間半夜三點鐘，開始坐下來討論，歷時兩小時。我沒睡，等候結果揭曉。當我和珍妮通話時，我只想聽一句話：我們將立刻發出威瑞森的新聞。

可是，結果差得遠了。珍妮告訴我，還有「相當多」法律問題有待解決。她說，這些問題解決後，《衛報》必須告知政府官員我們的計畫，讓他們有機會說服我們不要刊登，這正是我痛恨、譴責的程序。我接受《衛報》必須讓政府有機會說明為何不該發表這一新聞，但是這個程序可不能被他們拿來當緩兵之計，拖個幾星期或是稀釋其衝擊。

我試圖把我的不爽和不耐透過網上交談傳遞給珍妮。我說：「聽起來好像還得拖個幾天或甚至幾星期，這條新聞才會登出來，不是只消等幾個小時。我要重申一句話，我會採取一切必要作法以確保這則故事現在就登出來。我做勢威脅，但是意思毫不含糊：假如我的稿子不能在《衛報》立即登出來，我會另找地方發表。

她不想和我拌嘴，只說：「你已經表達得很清楚了。」

紐約現在已到了下班時間，我曉得至少得等到明天才能有所動作。我很挫折，甚至相當憤怒。《郵報》正在追「稜鏡」新聞，而將會掛名發稿記者的蘿拉已經從季爾曼哪裡獲悉，他們打算在星期天見報，也就是五天之後。

我和大衛、蘿拉討論之後，我發覺我已經不願再等《衛報》。我們一致認為，我應該開始探尋替代方案，以免再拖延。我給曾經合作多年的《沙龍》（*Salon*）雜誌以及《國家》（*The Nation*）雜誌打電話，很快就有結果。不到幾個小時，他們都回答我，他們樂於立刻刊登國安局的故事，願意提供我所需要的一切支援；他們的律師隨時可以立刻查證文稿。

曉得兩家知名媒體願意刊登國安局的報導，使我膽氣大壯。但是和大衛、蘿拉商量之後，我們認為還有一個更強大的替代方案：乾脆自己來架設網站，名字就叫「國安局大爆料達康」（NSAdisclosures.com），不需要任何既有的媒體，就從這裡開始刊登報導。一旦公布我們手上有這麼多國安局監聽的祕密文件，就很容易召募志願的編輯、律師、研究人員和金主：整個熱切追求透明化、敢跟當道抗爭的團隊，投入美國史上最重大的這則揭弊報導。

打從一開始，我就認為這些文件就是一個機會，不僅可以讓人看到國安局搞祕密監聽，也可以讓人看到主流媒體的腐敗現象。透過全新的、獨立的報導模式，脫離所有的大型媒體機構，掀爆多年來最重要的一則新聞，這點子十分吸引我。這將凸顯美國憲法第一條修正案所保障的新聞言論自由；以及不一定需要依賴一家強而有力的媒體才能報導重要新聞。保障新聞言論自由不只是保障媒體機構所雇用的記者，也保障所有從事新聞工作者，不問他是否受雇於媒體。我們將在沒有大型媒體機構的保護下揭露國安局數千頁絕密文件。無畏無懼地踏出這一步，不僅振奮人心，更有助於粉碎目前的畏懼氛圍。

那天晚上，我又不能成眠。我在香港凌晨打電話給我重視其意見的一些朋友、律師、記者及曾經合作過的工作夥伴。他們全都呼應蘿拉的說法，給我同樣的忠告，我一點也不覺得意外：自己幹、沒有既有媒體撐腰，風險太大啦！我希望聽聽反對我自己幹的論據，這些至親好友可真是異口同聲、掏心掏肺反對。

聽了這麼多忠告之後，我在近午時分打電話給大衛，同時也和蘿拉在線上通話。大衛堅定地認為，如果改投《沙龍》或《國家》雜誌，太過謹慎保守，他稱之為「倒退一步」；而且，如果《衛報》再拖拖拉拉，唯有透過新架設網站發布新聞才能彰顯我們揭密行為所想表達的無畏精神。他也相信這會啟發世界各地許多人。雖然起初頗有疑慮，蘿拉終於被說服，採取如此勇敢作法、成立一個全球網路訴求國安局透明化，將會釋放出極大的力量。

因此在香港時間即將進入下午時，我們一致決定，假如《衛報》不願在當天下班時間前登出新聞——紐約時間此時還未開始這一天呢——我就辭職，立刻把威瑞森新聞貼到我們新架的網站。雖然我了解箇中風險極大，但我因為這個決定感到相當興奮。我也曉得，有了這個備胎計畫，當天我再和《衛報》討論時會更加堅強：我覺得不需要依賴他們做報導。無所羈束，一直都能使人更加堅強。

我在當天下午和史諾登通話，告訴他我們這項計畫。他說：「哇！這有點冒險！但是很勇敢，我喜歡。」

我設法睡一、兩個鐘頭，然後在香港的下午醒來，還得等幾個小時紐約才開始星期三的上午。我曉得，我已給了《衛報》最後通牒，我已經迫不及待了。

我一看到珍妮在線上，立刻連線問她：「我們今天會見報嗎？」她答說：「希望如此。」她不能給我肯定答覆，而這惹毛了我。《衛報》打算當天上午接洽國安局，告知他們我們的意圖。她說，一接到他們回音後，我們就會知道刊出的時間表。

現在，我對《衛報》的拖延失去耐心，追問她：「我不懂我們為什麼要等。這麼樣清楚明白的一條新聞，誰還在乎他們認為我們該不該發表？」

不應該讓政府來和報社一起決定什麼新聞能否見報，除了蔑視這個程序之外，我也清楚政府拿不出有力的國家安全論述來反駁我們有關威瑞森的報導，而這篇報導揭露法院的裁定，顯示政府有系統地蒐集美國人的電話紀錄。要說揭露這項裁定會讓「恐怖份子」受惠，那才真會叫人笑掉大牙：任何一個恐怖份子只要自己會綁鞋帶，就已經曉得政府已在試圖監聽他們的電話通訊。我們的報導想要喚醒的人，不是「恐怖份子」，而是美國人民。

珍妮重述《衛報》律師告訴她的話，堅持我若認為《衛報》會被嚇唬、不登這條新聞，那就錯了。她說，法律規定報社必須聽取美國官員的說法。她向我保證，她不會被嚇倒，也不會因含糊、空洞的國安訴求而心生動搖。

我沒有假設《衛報》會被嚇退；我只是不曉得為什麼還要拖拖拉拉。而且我擔心和政府談，更會大大延誤報導時機。《衛報》有過拂逆當道、積極報導的歷史，那也是我當初決定找他們的原因。我曉得他們有權利證明在這種情勢下要怎麼做，而不是由我在這裡疑神疑鬼。珍妮這番話讓我稍為放心。

我說：「好吧！」我願意再等一等。我在鍵盤上打上：「但是，從我的觀點來看，必須在今天見報。我不願再等了。」

紐約時間大約中午時，珍妮告訴我，他們已打電話告訴國安局和白宮，《衛報》準備發表絕密材料。但是沒有人回電。當天上午，白宮派任蘇珊・萊斯（Susan Rice）為新任國家安全顧問。《衛報》跑國家安全線的記者史賓賽・艾克曼（Spencer Ackerman）在華府有一流的人脈關係。他告訴珍妮，官員們都忙著處理蘇珊・萊斯的任命案。

珍妮在線上說：「現在他們不認為需要回電話，但他們很快就會知道他們必須回我電話。」

半夜三點鐘，也就是紐約時間下午三點鐘，我還沒有接到任何音訊。珍妮也沒有。

我刻薄地問：「他們有沒有回覆的截止限期啊？還是看他們高興什麼時候回電都可以

呢？」

她答說，《衛報》要求國安局「在今天下班前」回電。

「如果到時候他們還不回電呢？」我問。

「我們到時候再來決定。」她回答。

珍妮這時候又丟出另一個讓事態更加複雜的因素：她的上司艾倫．魯斯布里吉爾剛從倫敦上飛機，要趕來紐約督導這則國安局新聞的刊登事宜。這代表接下來七個小時，大家無法和他聯繫。

「艾倫沒來，妳能做主刊登這則新聞嗎？」如果答案是「不」，這條新聞今天就登不出去了。艾倫的飛機要到深夜才會抵達甘迺迪機場。

她說：「再說吧！」

我覺得我又碰上了加入《衛報》時極力想避開的阻礙：法律上的顧慮、和政府官員磋商、組織上的階層、迴避風險、拖延等等害我無法放手發揮的種種牽制。

隔了幾分鐘，大約上午三點十五分，珍妮的副手史都華．米拉發來一則簡訊：「政府回電。珍妮正在和他們通話。」

我感覺好像等了永遠那麼久。大約一個小時後，珍妮回電給我，敘述交涉經過。國安局、司法部、白宮等等機關大約十來個高級官員同時在電話上。起先，他們很友善、套交情，告訴她她不了解威瑞森案法院裁示的意義或前後脈絡。他們希望安排「下星期某個時間」和她會面、說明一切。

珍妮告訴他們，她當天就要見報，除非聽到非常明確、具體的理由不該發表，她就要發稿了。這時候他們顯出敵意、甚至出言恫嚇。他們告訴她，她不是個「敬業的記者」、《衛報》不是一份「敬業的報紙」，竟然拒絕給政府更多時間提出不該發表這篇報導的主張。

他們說：「沒有一家正常的新聞機構會不和我們先會談，就這麼快發布新聞。」

他們顯然力圖爭取時間。

我記得腦子裡浮起一個念頭：他們或許說的沒錯。現有的規矩是允許政府控制和閹割掉新聞蒐集過程，消滅掉新聞界和政府之間的對立關係。我認為，非常重要，打一開始就得讓他們明白這些爛招數這回不管用。這條新聞將按照不同的規則發表：新聞界是獨立自主的、絕非俯首貼耳的乖乖牌。

我為珍妮口氣強硬不屈感到相當振奮。她強調，儘管她一再要求，他們卻提不出任何明確證據新聞刊出會傷害到國家安全。但是她也不肯向我承諾消息當天就會見報。談話末了，她說：「我要試試看是否聯繫得上艾倫，再來決定要怎麼辦。」

我等了半個小時，然後很粗暴地質問她：「我們到底今天發不發稿嘛？我只要知道這一點。」

她閃避這個問題，還是聯繫不上艾倫。很顯然她已經陷入極端困難的境地：一方面，美國官員痛批她鹵莽；另一方面，我對她愈來愈強勢地提出不妥協的要求。甚且，報社總編輯在飛機上，這代表《衛報》兩百二十年歷史上最艱鉅、後果影響最大的一項決定，正落在她肩上。

我和珍妮線上通話的同時，也和大衛通電話。大衛說：「已經快五點了，這是你給他們的限期，應該要做決定了，他們現在必須發布，否則你就得告訴他們你不幹了。」

他說得對，可是我很猶豫。在我即將發布美國史上最大一樁國安情資外洩新聞前夕從《衛報》辭職，一定會在新聞界製造巨大風波。我必須公開做某些說明，這會傷害到《衛報》；他們被迫得保護自己，或許就會批評我。這下子這場副戲會傷害到大家。更糟的是，這會轉移新聞重點，使大家忘掉國安局違法濫權監聽。

我也必須承認我自己有幾分畏懼：揭露國安局數千、數百份絕密文件風險很大，即使得到像《衛報》這樣大報的庇護也還是有風險。自己幹、沒有大組織保護，風險會更大。我腦子裡響起了各方至交親友的種種反對聲音。

我這裡猶豫不決，大衛說：「你別無選擇了。如果他們被恐嚇，不敢登出新聞，這不是你該待的地方，你不能害怕，否則啥事也成就不了。史諾登不是才教了你這一點嗎！」

我們一起擬出我要在線上告訴珍妮的話：「現在已是下午五點，我給妳的截止時限。三十分鐘之內，如果我們不立刻發稿，我謹此終止我和《衛報》的合約。」我差一點敲下發送鍵，這時候又思索了一會兒。這則短訊威脅的意味太重。如果我在這種情況下離開《衛報》，凡走過必留下痕跡，屆時什麼事都會被掀開來，連這則短訊也不免。因此我把口氣放軟，改成：「我了解妳有妳的考量，必須做出妳認為是正確的事。我決定千山我獨行，必須去做我當做的事。我很遺憾會是如此。」然後我敲了發信鍵。

不到十五秒鐘，我旅館房間的電話響了。珍妮打來的。她顯然心緒很亂：「我認為你太不公平了。」如果我辭職了，《衛報》手上沒有任何文件，那就整個輸了。

我答說：「我認為妳才是不公平。我一再問妳，妳打算什麼時候發稿，妳卻不肯給我一個答案，只會躲躲閃閃。」

珍妮說：「我們今天就發稿，最多再等三十分鐘，我們正在做最後潤稿、下標題。不遲於五點三十分，就會上報。」

我說：「好吧，如果是這樣，那就沒問題。我可以再等三十分鐘。」

下午五點四十分，珍妮發來即時通訊息、附上超連結，我已經苦等好多天的佳音。她說：「已經上線。」

標題是：「國安局每天蒐集數百萬威瑞森客戶電話紀錄」，副標題是：「獨家新聞：法庭祕密裁示要求威瑞森交出所有通話紀錄，顯示歐巴馬對國內監聽的規模。」

文章連結到外國情報監視法法庭裁示全文。文章頭三段已把故事交代清楚：

國家安全局根據四月間發下的絕密法院裁示，正在蒐集美國最大的電話通信公司之一威瑞森數百萬美國客戶的電話紀錄。

《衛報》已取得這項裁示的副本。這項裁示要求威瑞森「每日、持續」提供在其系統含美國國內及美國與其他國家之間一切電話資訊給國安局。

文件首次顯示，在歐巴馬政府之下，數百萬美國公民的通訊紀錄不加區別的、成批的遭到蒐集——不問他們是否涉嫌任何不當行為。

曝光

這篇文章立即產生巨大的影響，遠超過我的預期。當天晚上每一家全國新聞廣播網無不以此為頭條新聞，政治界、媒體界無不熱切討論。幾乎每個全國電視新聞網、每個新聞節目，如CNN、MSNBC、NBC、今日、早安美國等等都來邀我上節目。我在香港花了許多小時與無數同情的電視採訪員談話，他們全把這則新聞當成重大事件與真實醜聞處理。身為與主流媒體經常不合的政治新聞工作者的我，這經驗還真稀罕。

白宮發言人立刻回應，辯稱成批蒐集電話紀錄是「保護國家不受恐怖份子威脅的重要工具」。參議院情報委員會民主黨籍主席范士丹女士（Dianne Feinstein）在國會一向以支持國家安全及情報監聽著名，她立刻祭出九一一事件之後標準的說詞，告訴記者說，由於「人民希望本國安全」，必須有這項計畫。

但是幾乎沒有人把這種說法當真。通常支持歐巴馬的《紐約時報》言論版發表嚴厲譴責政府的社論。《紐約時報》在這篇標題「歐巴馬總統的天羅地網」的社論宣稱：「歐巴馬先生證明了一句老生長談：行政部門會利用一切權力，而且很可能濫權。」嘲笑政府又拿「恐怖主義」這種陳腔濫調為竊聽做辯護，社論宣稱「政府現在已信譽全失」（由於出現爭論，隔了幾小時之後，《紐約時報》沒有加註按語說明，但軟化文章的調子，改為「政府現在在這個議題上已信譽全失」）。

民主黨籍參議員馬克．尤道爾發表聲明：「這種大規模的監聽，應該引起大眾關切，政府這種過分行為正是我之前提過的，而美國人將會為此感到震驚。」美國公民自由聯盟表示：「從公民自由的角度看，這項計畫實在令人震驚……這已經超過歐威爾式的作法，更進一步證明基本民主權利已經祕密地屈服於毫無限制的情報機關。」前任副總統高爾（Al Gore）也用推特連上我們的報導嗆聲。

消息見報之後，美聯社從一位不具名的參議員口裡，證實了我們強烈懷疑的事：大量蒐集電話紀錄的計畫早已行之多年，而且不只限於威瑞森，其實涵蓋美國所有主要電信公司。

過去七年來，我寫作、演講，談論國安局，從來沒見過任何爆料產生這麼大程度的興趣和熱切反應。我沒有時間分析為何會造成如此強大的共鳴、推升這股義憤的浪潮；目前，我打算順勢做報導，無暇去了解。

當我在香港時間中午左右終於完成電視台受訪之後，我直接趕到史諾登旅館房間。我進房時，他正在看ＣＮＮ。節目來賓正在討論國安局事件，對無所不包的監聽計畫表示震驚。主持人痛批這一切都在祕密中進行。幾乎每個來賓也都在譴責國內大肆監控偵聽的作法。

史諾登很興奮地說：「到處都在討論耶！我看了你所有的受訪談話，消息似乎傳開了。」

這一刻，我感到某種成就感。史諾登捨棄性命揭弊，最大的恐懼就是無人介意，但這在第一天就證明了這個擔憂是不必要的：我們沒有見到絲毫的漠不關心或冷淡。蘿拉和我幫他開啟了我們全都認為迫切需要的辯論，而現在我能看到史諾登正在目睹這些討論正一一出現。

由於史諾登打算新聞見報一星期之後就要現身，我們都曉得他可能很快就會失去行動自由。我覺得很沮喪，我愈是努力揭露真相，他愈快會受到來自四面八方的攻擊，可是他似乎一點也不介意。我因而更下定決心要替他的決定辯護，擴大他冒身家性命之險大膽揭弊的價值。我們已有一個好起始，而一切才正要開始。　史諾登說：「人人都認為這是一瞬即逝的獨家新聞。沒有人曉得這只是冰山的尖端，後面還有更多文件等著爆料。」他回頭問我：「接下來是什麼？什麼時候？」

「稜鏡。明天。」我說。

稜鏡計畫

我回到我的旅館房間，儘管已進入第六夜的失眠，我還是無法「關機」，腎上腺素大量分泌，我太亢奮了。下午四點三十分，我唯一能逮住時間小寐的機會，我吞了一顆安眠藥（Xanax），把鬧鐘定在下午七點三十分，因為我曉得《衛報》紐約的編輯會出現在線上。

這一天，珍妮提前連上線。我們互相道賀，對於各方反應如此熱切嘖嘖稱奇。我們對話的氣氛明顯已有改變，我們聯手走過新聞史上一大挑戰，珍妮對這篇報導引以為榮，我則欽佩她能抗拒政府的恫嚇，讓新聞見報的決心。《衛報》已經無所畏懼地、令人敬佩地挺了過來。

雖然當時我覺得《衛報》拖拖拉拉，事後回想起來，《衛報》動作勇敢、速度也快。我相信，相較於同等規模與地位的媒體，《衛報》一點都不遜色。珍妮現在很清楚《衛報》無意故步自封。她說：「艾倫堅持我們今天就登稜鏡新聞。」我當然樂於遵命。

揭露「稜鏡」計畫之所以重要，是因為國安局藉此從網路公司取得所要的一切資訊，而今天全世界幾十億人都以網路為首要溝通工具。國安局之所以辦得到，是因為九一一事件之後美國政府修法，賦予國安局廣泛權力偵監美國人，並且擁有幾乎毫無限制的權力可以不分青紅皀白偵監所有的外國人。

二〇〇八年，外國情報監視法修正案是目前規範國安局偵監作業的法令。小布希時期國安局不待法院核發許可就進行偵監，爆發醜聞後，國會兩黨聯手修法，其重要結果就是實質上將小布希政府許多非法活動轉為合法。醜聞顯示，小布希祕密批准國安局竊聽美國境內的美國人及外國人，以偵察恐怖份子活動之需為藉口。這道命令推翻了一般在國內偵監必須取得法院許可的規定，允許對美國境內數千人之祕密偵監。

儘管各方抨擊這項作業不合法，二〇〇八年外國情報監視法卻沒有終結不法，反而將之法制化。這項法令把「美國人士」及其他所有人做了區分；前者指的是美國公民及合法居留或進出美國的人。若要偵監美國人士的電話或電郵，國安局必須向外國情報監視法法庭個別申請許可。

但是其他所有人，即使是與美國人士通訊，國安局不須申請個別許可即可進行偵監。根據二〇〇八年外國情報監視法七〇二條規定，國安局只需每年向外國情報監視法法庭提出一次決定當年偵監對象的指針即可，標準只需是偵監「有助於合法的外國情報偵蒐」，國安局即取得空白授權可進行偵監。只要外國情報監視法法庭蓋章「准」了，國安局就有權鎖定任何外國人為偵監對象，並且可以要求電信及網路公司提供任何一個美國人的通聯紀錄——臉書聊天、雅虎電郵、谷歌搜尋，無所不包。不需要說服法庭此人犯了什麼法條罪行，或是有什麼理由認為此人可疑，也用不著過濾掉在過程中也遭到偵監的美國人士。

第一件事，就是《衛報》照會政府我們的意向：我們要報導「稜鏡」計畫的新聞。我們還是只等到紐約時間當天下班時間。他們因此可以有一整天時間表達反對，沒有藉口抱怨回應的時間不夠。但是同樣重要的，是讓國安局文件上所出現允許官方「稜鏡」計畫直接進入其伺服器的網路公司，如臉書、谷歌、蘋果、YouTube、Skype等等，也給個說法。

既然還得等上好幾個小時，於是我又到史諾登旅館房間，蘿拉已經和他在協商某些議題。這時候，已經跨越重要門檻：第一篇爆料文章已經刊出，史諾登為了自身安全又更為警覺。我走進房間後，他多拿一個枕頭塞門縫，好幾次他要讓我看他的電腦，還拿毛毯遮頭，以防萬一天花板有攝影機會拍下他的密碼。當電話響起時，我們都嚇呆了，誰會打電話進來呢？史諾登在電話響了幾聲之後拿起話筒，小心翼翼地應話。原來是打掃房間的女傭看到門把上掛著「請勿打擾」，特別再問是否需要清理房間。史諾登匆匆說：「不用了，謝謝。」

我們在史諾登房間碰面時，氣氛總是很緊繃，文章一登，我們更加緊張兮兮。我們不曉得國安局是否已查出文件外洩的源頭，如果是的話，他們是否掌握到史諾登的下落？香港或中國的特務是否也知道了？任何時候都有可能有人來敲史諾登房門，立刻終結我們的合作關係。

房裡的電視一直開著，而似乎總是有人在談論國安局。威瑞森新聞爆料之後，新聞節目談來談去都是「不分青紅皂白蒐集」、「本地電話紀錄」、「濫權監聽」等題目。我們謀劃下一則報導時，蘿拉和我注意到史諾登一直盯著他燒起來的這把野火。

香港時間半夜兩點鐘，「稜鏡」新聞即將見報，珍妮找我。

「發生很詭異的事咧。這些科技公司全都強烈否認國安局文件中所提的事。他們堅稱從來沒聽過稜鏡計畫。」她說。

我們逐一檢討他們否認的可能原因，或許國安局文件過度描述他們的能力。或許這些科技公司說謊，或是受訪的特定人士不知道公司與國安局的安排，或許「稜鏡」只是國安局內部代號，從來沒和科技公司有關。

不論是哪一種可能性，我們必須改寫稿子，不僅包含進企業否認的說法，也要把重點改為國安局文件和科技公司說法之間的奇怪差異。

我提議：「我們不預設立場，保留各方說法，但先報導兩者的差異，讓他們公開說清楚。」我們的用意是以報導迫使公開討論究竟網路業答應怎麼處理使用者的通訊；如果他們的說法和國安局文件衝突，他們需要在全世界眾目睽睽之下交代清楚。

珍妮同意，兩小時後傳給我改寫過的稜鏡新聞稿。標題是：

國安局稜鏡計畫監聽蘋果、谷歌等公司使用人資料

△絕密稜鏡計畫聲稱直接進入谷歌、蘋果、臉書等公司伺服器

△各公司否認對二〇〇七年以來即作業的計畫知情

引述國安局文件對稜鏡的描述之後，報導指出：「雖然文件所述聲稱計畫之作業得到各公司協助，各公司有關人員對《衛報》星期四要求評論都否認知道有此一計畫。」我覺得寫得很得體，珍妮保證半小時內就會發布出去。

我很不耐地等候，聽到筆電「叮」一聲、顯示即時通收到訊息，我滿懷希望是珍妮確認稜鏡新聞已經在網上公布。訊息確實是來自珍妮，但內容不是我所預期的。

「《華盛頓郵報》剛刊出有關稜鏡的報導。」她說。

怎麼回事？我要知道為什麼《華盛頓郵報》突然更改發稿日，搶在原定計畫日之前三

天就發出有關稜鏡計畫的報導。

不久蘿拉從季爾曼那裡獲悉，當天上午《衛報》就稜鏡計畫與政府官員接觸後，《華盛頓郵報》風聞我們意圖揭露此一新聞。有一位官員曉得《華盛頓郵報》也在追同一條新聞，向他們通風報信。《華盛頓郵報》迅速提前發稿，避免我們搶了獨家。

現在我更加痛恨這個程序了：一位美國官員利用這個旨在保護國家安全的發表前必須查證的程序，好讓他偏袒的報紙搶先發稿。

我一得到消息，就注意到推特上有關《華盛頓郵報》稜鏡新聞大爆炸。我一讀，卻發現有些重點不見了：國安局和互聯網公司說詞不一的部分，並未出現。

《華盛頓郵報》以季爾曼和蘿拉聯名報導的這篇文章標題是：「美英情報機關布下祕密計畫、從美國九家互聯網公司挖掘資料」。文章指出：「國家安全局和聯邦調查局直接進入美國九大互聯網公司中央伺服器，截取影音聊天、相片、電郵、文件，使分析人員能追蹤外國目標。」最重要的是，它指稱這九家公司「知情地參與稜鏡作業。」強烈否認。

我們的稜鏡報導稿在十分鐘後貼上網路，重點不一樣，以謹慎的口氣強調互聯網公司

報導又引起爆炸性的反應，而且是國際性。一般而言，電話公司是國內型的，而互聯

網巨型公司是全球無遠弗屆。全球數十億人，遍布五大洲每個國家，都以臉書、Gmail、Skype和雅虎為主要通訊工具。獲悉這些公司與美國國安局達成祕密協議，讓情報機關取得客戶通訊內容，在全球丟下震撼彈。

現在人們開始猜測，稍早的威瑞森報導不是單一事件：這兩篇文章代表國安局出現嚴重的情資外洩。

稜鏡新聞一見報，往後好幾個月我再也沒有時間閱讀我所收到的電郵，更不用說回覆。稍微看了我的收件匣，我看到幾乎全世界每一家主要媒體的名字，全都要求採訪我。史諾登所盼望引爆的全球辯論已然展開，而這才只發出兩篇報導而已。我想到還有那麼多文件有待爬梳整理，這一切對我的生活會有什麼影響、對世界會有什麼影響，甚至美國政府一旦了解事情大條了，會有什麼反應。

和前一天一樣，香港凌晨時刻我接受美國黃金時段電視節目訪談。接下來幾天我在香港的作息模式是，夜裡和《衛報》來回修潤文章、白天接受媒體訪談，然後到史諾登旅館房間和他及蘿拉會面。

我經常在香港時間凌晨三、四點鐘搭計程車到電視台攝影棚，永遠謹記史諾登給我的「行動安全」指令：寸步不離我的電腦或滿載文件的隨身碟，以防被做手腳或失竊。我走在闃無人影的香港街頭，不論何時、何地，背包永遠貼在肩上。我必須克制心裡的驚駭，經常回頭看是否被人跟蹤，每次有人靠近，我都會更加抓緊我的背包。

接受完電視節目訪談後，我就趕到史諾登的房間，蘿拉、史諾登和我繼續工作，麥卡斯奇有時也加入，只有稍微看看電視才中斷我們的進展。我們很驚訝各方的正面反應，媒體是如此具體地關注揭弊、大多數評論員是如此的憤怒：不是氣憤揭弊爆料者，而是氣憤國家竟然如此濫權監聽。

現在我覺得可以實行一項原定的策略，對政府以九一一事件做為在國內進行偵監藉口予以抨擊。我開始譴責預想得到的指控：聲稱我們危害國家安全、我們協助恐怖主義、我們洩漏國家機密犯了罪。

我自認有膽量辯稱，這些都是政府官員違法亂紀，被逮到之後，老羞成怒所策動的伎倆。這些攻擊不會嚇阻我們的報導，我們會從這些文件揭露更多新聞，不畏威脅、執行我們身為新聞工作者的職責。我要大家知道，一般的恫嚇和抹黑不會有用，沒有任何力量可阻止我們報導。大部分媒體在頭幾天都支持我們。

我之所以驚訝是因為自從九一一事件以來（雖然事件之前也一樣），美國媒體普遍好戰、十分忠於政府，因此對揭露祕密的人抱持敵意、有時候甚至相當惡毒。

當維基解密開始發表與伊拉克及阿富汗戰爭相關的機密文件，尤其是外交電文時，帶頭主張起訴維基解密的是美國新聞界，這一點實在令人驚駭。原本應該促進有權者行動透明化的新聞界，不僅譴責、還企圖讓多年來最重要的一項透明化行動成為犯罪行為。維基解密所作的事——從政府內某消息來源取得機密資料，然後向全世界披露——基本上就是媒體一向的工作。

我原本預期美國媒體會把敵意指向我，尤其是我們持續發布文件，而爆料的範圍空前之大。身為嚴厲批評主流媒體及許多重要人物的一個作家，我認為自己樹敵無數、將招惹敵意。我在傳統媒體裡沒有幾個盟友。大多數人都被我公開、經常、無情地批評過。因此我預期他們一逮到機會就會反撲，可是第一個星期各個媒體訪問我，都十分友善。

星期四，我到香港的第六天。我前往史諾登旅館房間，他立刻說，他收到「滿警張」的新聞。他和女友在夏威夷同居的住處安裝了透過互聯網啟動的安全裝置，現在偵測到國安局派了兩個人——一個人力資源處職員和一個國安局調查員——到他們家搜索。

史諾登幾乎斷定，這代表國安局已查出他可能是洩密者，但我懷疑，我說：「如果他們認為是你幹的好事，他們會派出一群聯邦調查局探員，甚至還調特勤警力支援，拿著搜索令上門，不會只派一個國安局調查員、由人力資源處職員陪同到訪。」我猜這只是自動、例行的調查，只要國安局職員行蹤不明超過某一時限就會啟動。但是史諾登覺得他們或許是刻意低調，避免吸引媒體，或驚動他湮滅證據。

不論這代表什麼意義，都表示我們必須加快腳步，準備好公開史諾登身為揭密來源的文章和錄影。我們決心要讓全世界先從史諾登本人口裡聽到他是個什麼樣的人、他的作為和他的動機；而不是他躲起來、被抓了、無法替自己說話的情況下，聽任美國政府抹黑他。

我們的計畫是再推出兩則報導，一則在次日（星期五）見報，另一則在星期六刊出。然後在星期天推出長篇的史諾登人物專訪，配合錄影訪談，登出由艾文整理的問答集。

蘿拉已經花了四十八小時把我第一次訪問史諾登的側錄剪輯好，但是她覺得太瑣碎、太冗長。她要立刻重新拍攝一段比較精簡、集中主題的訪談紀錄片，並且寫下二十多個問題，要我來問史諾登。蘿拉架設攝影機、指導我們怎麼就坐時，我又添了幾個問題。

現在已經家喻戶曉的這個紀錄片，一開頭就是：「嗯，我是愛德華・史諾登，今年二十九歲，受雇於博世・艾倫及漢彌爾頓公司、在夏威夷替國安局擔任分析師。」

史諾登接下來對下列問題逐一給予簡潔、合理的回答：他為什麼決定揭露這些文件？為什麼這件事重要到他願意犧牲他的自由？最重要的爆料是那一項？這些文件中似乎有犯罪或不法的部分？他預料自己會有什麼下場？

他舉出不法和侵入性監聽的例子時，變得活潑和熱情。唯有我問到他是否預期會有反彈時，他才顯露出痛苦神情，擔心政府會拿他家人和女朋友當做報復對象。他說，他要避免和他們接觸，降低風險，但是他曉得他無法完全保護他們。「不知道他們會怎麼樣，這是唯一讓我輾轉反側失眠的一件事。」他說著說著，眼眶已充滿淚水。這是我第一次、也是唯一一次看到他如此激動。

蘿拉剪輯錄影帶時，艾文和我把接下來的兩篇報導潤飾定稿。當天見報的第三篇報導揭露歐巴馬總統二〇一二年十一月簽署一道絕密命令，命令五角大廈和相關單位準備在全世界發動一系列攻擊性的網路作業。新聞第一段導言就說：「《衛報》取得一份絕密總統令，透露高級國家安全及情報官員奉命擬定一份海外目標的可能名單，以備美國發動網路攻擊之需。」

第四篇報導按計畫於星期六見報，討論的是國安局追蹤資料的「無限制的線民」計畫，敘述國安局正在蒐集、分析和儲存數十億筆經過美國電信設備收發的電話及電郵紀錄。報導也提出質疑，當國安局官員拒絕回答參議員詢問截聽多少通訊時，聲稱他們沒有保存這種紀錄，不能匯集這種資料。而這是否已構成對國會說謊。

「無限制的線民」新聞見報後，蘿拉和我預備到史諾登的旅館會合。我在走出我房間前，坐在床上，突然靈光一閃，想起六個月前化名辛辛納圖斯發給我電郵、頻頻要求我安裝PGP、才好提供給我重要訊息的那位仁兄。現在，我已經鬥志高昂，心想他或許也有重要訊息可以提供給我吧？我已經記不得他的電郵地址，透過關鍵字搜尋才找出他一封舊電郵。

我寫給他說：「嗨：好消息。我知道已經過了一段時候，但是我終於使用PGP電郵了。因此如果你還有興趣的話，我可以一談了。」我敲下發信鍵。

我一到他房間，史諾登有點挖苦地說：「喔，對了，你剛才發電郵去的那位辛辛納圖斯老兄，正是在下。」

我隔了幾分鐘才回過神來。好幾個月前一再試圖要我使用加密電郵的那位老兄竟然就是史諾登。我第一次和他接觸並不是上個月的五月份，而是更早好幾個月前。早於接觸蘿拉、早於接觸任何人，史諾登早就試圖找我一談。

我們三個人一起經歷了這麼多天，開始出現親密感情。初次見面時的生澀、緊張已經變成合作、互信的關係。我們曉得，我們已經聯手啟動這輩子已最重大的一件事。

「無限制的線民」新聞已經見報，我們透過彼此信賴所建立起來的稍微輕鬆的氣氛，此刻又轉變為明顯的焦慮：離揭露史諾登的身份已經不到二十四小時，我們曉得，一旦踏出這一步，所有的一切都會改變，尤其是他的生活。我們三個人已經一起度過一段短暫但格外緊張又令人喜悅的經歷。史諾登很快就會退出三人小組，很可能長久坐牢，而打從一開始，這件事的後果就一直籠罩在心頭，至少我只要一想到就會很沮喪。唯有史諾登似乎不以為意，現在還能說笑。

史諾登在思索我們未來景況時還能開玩笑：「到關塔那摩時，我要睡下舖。」我們討論未來的文章時，他說：「這可以列入起訴書。只是不曉得擺進你的、還是擺進我的。」大部分時間，他鎮靜得令人不敢相信。即使現在，自由時光已經迅速流失，我在香港這段時間，史諾登依然每天夜裡十點半上床睡覺，蘿拉和我只能勉強睡個兩、三個小時，他卻生活作息正常。每天夜裡他會輕輕鬆鬆地宣布：「我要上床囉！」然後酣睡七個半小時，次日醒來，精神抖擻。

我們問他，在這種狀況下，怎麼還能一夜好眠呢？史諾登說，他對自己所作所為覺得心安理得，因此睡得安穩。他還開玩笑說：「我想，會有舒服的枕頭的日子不多了，還是及時享受吧！」

吹哨人現身

香港時間星期天下午，艾文和我修潤向世人介紹史諾登的文章，蘿拉則設法剪輯完成錄影片。紐約一進入上午，我和珍妮在網路上交談，談到必須特別小心處理這條新聞，以及我覺得有責任說清楚、講明白史諾登的故事。我愈來愈信賴我的《衛報》同事，敬佩他們的新聞專業及勇氣十足，但在這則稿子上，我錙銖計較，檢查所有的修刪與潤飾。

香港時間星期天夜裡，蘿拉來到我房間，讓艾文和我看她的剪輯成果。我們三人默默觀賞。蘿拉的作品棒極了，但最鏗鏘有力的是聽到史諾登的自述。他強力地傳遞出他之所以會行動的信念、熱忱和毅力。他勇敢站出來承認所作所為，而且敢作敢當，不肯躲閃和被獵殺，我知道，這一定會啟發數以百萬計的大眾。

我最熱切盼望的是，讓世界看到史諾登的無懼無畏。過去十年，美國政府十分努力要展現政府具有無限制的權力。政府發動戰爭，未經起訴就抓人坐牢、動刑拷問，在境外動用無人飛機轟炸。連傳話的信使也不能豁免：吹哨人被起訴，還威脅記者要抓去坐牢。透過仔細規劃的恫嚇手法嚇唬有心挑戰政府權威的人士，政府努力向世人展現，政府的權力不受法律或倫理侷限、不受道德或憲法約束：請瞧瞧那些妨礙我們議程的人是什麼下場。

史諾登已經盡其可能直接抗拒恫嚇。勇氣是可以傳染的。我曉得他可以啟發許多人效法。

美東時間星期天（六月九日）上午兩點，《衛報》終於發布新聞向世人介紹史諾登：「愛德華．史諾登：國安局偵監大爆料背後的吹哨人。」文章上頭冠上蘿拉製作的十二分鐘錄影帶；導言則說：「揭露美國政治史上最大爆料的人就是愛德華．史諾登，二十九歲的前任中央情報局技術助理，目前是國防承包商博世．艾倫．漢彌爾登公司職員。」文章敘述史諾登的故事、傳達他的動機，並且宣告：「史諾登將進入歷史，成為美國影響最為深遠的吹哨人之一，足與丹尼爾．艾斯伯格和布萊德雷．曼寧並列青史。」我們引述史諾登早先和我及蘿拉通訊時講的一句話：「我了解我將因我的行動受苦受難……但是，如果統治我所愛的世界之祕密法令、不公平赦罪和無可抗拒的行政權力，只要稍能被揭發，我願已足。」

各方對這篇文章和這段錄影帶反應之激烈，是我做為寫作者以來之僅見。艾斯伯格本人次日在《衛報》發表文章，宣稱「美國史上再沒有比愛德華．史諾登掀爆國安局文件更重要的揭弊事件，就連四十年前的五角大廈文件也及不上這次。」

頭幾天就有數十萬人把報導的超連結貼上他們的臉書。幾近三百萬人在 You Tube 上觀賞採訪。更多人從《衛報》電子版去讀它。讀者壓倒性的大為震驚，並且佩服史諾登的勇氣。

蘿拉、史諾登和我一起盯著他身份曝光後各方的反應，同時我也和兩位《衛報》的媒體策略家辯論，我應該答應那一家電視台星期一上午節目的訪問。我們決定先MSNBC的《早安，喬》、再上NBC的《今天》，這兩個最早安排的節目，可以替接下來一整天有關史諾登的報導定調。

但是在我接受訪問之前，清晨五點鐘，也就是史諾登新聞見報才幾個小時之後，我接到住在香港的一位長期讀者來電。過去一星期，我和他有過接觸。他在這通清晨電話裡指出，全世界很快就會在香港「人肉搜索」史諾登；他堅稱，史諾登迫切需要聘請在本市有良好關係的律師。他已經有兩位第一流的人權律師、隨時待命，願意代表他。他們三人可以到我旅館來面商大計嗎？

我告訴他我必須先睡一兩個鐘頭，才能勉強意識清醒。我們講好等我睡醒再說，可是，上午七點鐘，他把我叫醒。

他說：「我們已經到了，就在你旅館樓下。兩位律師跟我在一起。旅館大廳已經擠滿記者和攝影機。媒體正在搜尋史諾登的旅館，很快就會找到他。律師說，他們一定得在媒體找到他之前和他碰頭。」

我還沒完全醒過來，隨手抓件衣服穿上，蹣跚地走向房門。才一開門，好幾架攝影機的燈光在我面前亮起。媒體群顯然收買了旅館員工，查出我的房間號碼。兩名女士表明身份，是《華爾街日報》駐香港記者；其他人，包括一個帶著大型攝影機的記者，則是美聯社記者。

他們圍著我形成半圓形，陪著我往電梯移動。他們和我一起擠進電梯，連珠砲地發問。我只能簡短答覆。

到了樓下，又一批攝影機和記者圍上來。我想找我那位讀者和律師，但是動彈不得。我特別擔心這一票記者會追著我，使得律師無法和史諾登接觸。我當下決定就在大廳舉行記者會，回答問題，他們才好離去。十五分鐘之後，大部分記者已散去。

這時候我才鬆了一口氣，見到《衛報》的首席律師姬兒・菲力浦斯（Gill Phillips）。她從澳大利亞回倫敦的路上，中途在香港停留，提供我和艾文法律意見。我們想說話，但是還有些記者纏著不走，沒辦法私下講話。

我終於找到我的讀者，以及他帶來的兩位香港律師。我們商量要怎麼談話才不會被跟蹤，最後決定退到姬兒的房間，但是還有些記者纏著不走，我們關上門、不理他們。

我們立即談正事。兩位律師急欲與史諾登談話，取得他正式許可的代表權，他們才能替他發言。

姬兒利用她的手機谷歌搜尋，試圖查查這兩位律師的資料；畢竟我們才剛和他們見面，怎好把史諾登交付給他們。我連上網路聊天，史諾登和蘿拉都在線上。

蘿拉已經搬去住在史諾登下榻的酒店。她聽到幾個記者到她房間敲門，這表示他們已經找到她的酒店和房間，肯定很快就會找到史諾登。史諾登顯得急欲離開。我告訴他有兩位律師願意代表他，他們預備到他旅館來見他。史諾登說，他們應該來接他，把他送到安全處所。他說：「該是進入我向全世界要求保護和公義的階段的時候了。」

他說：「但是我得先不被記者認出來，離開酒店才行。否則他們會一路跟上來，如影隨形。」

我向兩位律師表達他的顧慮。

其中一位問：「他曉得怎麼躲開嗎？」

我轉問史諾登。

「我正在改變容貌。」他說，顯然事先已經考量過這種可能性。「我可以使別人認不出我來。」

這時候，我覺得該讓律師和他直接交談。但是他們要求史諾登必須先以正式文字表明自今起委聘他們為律師。我把這一段話發給史諾登，他再把它們打字出來、回傳給我。兩位律師旋即接過電腦，開始和史諾登對話。

十分鐘之後，兩位律師宣稱他們即將立刻前往他的酒店去會史諾登。

我問：「然後，你要怎麼處理他呢？」

他們將帶他到聯合國駐香港辦事處，正式請求聯合國保護，不受美國政府干擾，理由是史諾登是難民，尋求庇護。他們說，或者也會替他安排「安全住所」。

但是兩位律師如何離開旅館而不受跟蹤呢？我出了一個點子：我和姬兒走出房間，下到大廳，引走還盯在門外的記者。兩位律師隔幾分鐘之後才離開旅館，希望能夠不引人注意。

這一招果然見效。我和姬兒在旅館的精品商場流連三十分鐘之後，才回到我房間，急急打通一位律師的手機。

他說：「他在記者找到那一層樓之前出了房間，他要我們在三樓一間會議室和他碰面。」我後來才知道，就是史諾登第一次和我及蘿拉碰面的同一房間。「我們立刻穿過天橋，進到旁邊的商場，再上了汽車。他現在和我們在一起。」

他們要把他帶到哪裡去？

「最好別在電話上談這件事。現在他安全了。」律師答說。

聽到史諾登安然無恙，蘿拉和我鬆了一口氣。但是我們也明白，說不定我們再也見不到他，或是和他談話了，至少他不會是自由之身。我們認為，極有可能的是，下一次在電視上看到他，身穿橘色囚衣、戴著手銬，在美國法庭出庭為間諜罪應訊。

這時候，有人敲我的房門。旅館的總經理親自出馬來告訴我，不斷有電話打進總機，要求轉到我房間（我已經指示櫃檯，不接任何電話）。另外還有大批記者、攝影機守在大廳，等我出現。

他說：「如果你願意的話，我們可以帶你坐後頭的電梯、穿過後門，沒有人會看見。《衛報》的律師已經化名替你在另一家旅館訂了房間。」

我很清楚，這是旅館在下逐客令了。我曉得這個點子不錯。我希望在保有隱私下繼續工作，並且也希望與史諾登仍能保持聯繫。因此我立刻收拾行李，隨著總經理走出後門，艾文已經坐在車上等我。我們以《衛報》律師的名字住進另一家酒店。

我第一件事就是連線上網，希望能聽到史諾登的訊息。幾分鐘後，他上線了。

他告訴我：「我很好。現在住進安全處所。但是我不曉得這裡有多安全，或是我會在這裡住多久。我必須不時換地方，我不曉得什麼時候能上網，因此我不曉得什麼時候我可以上網、或是上網多久。」

他顯然不願多談他的位置，我也不想問。我曉得我無能為力幫他躲藏。他現在已經正式成為全世界最強大的國家第一號通緝要犯。美國已經要求香港當局逮捕他，把人交給美國。

因此我們互相問好，表示希望來日再聯繫。我祝他平安。

我終於趕到攝影棚接受《早安，喬》和《今天》訪問時，立刻注意到發問的調子起了重大變化。主持人沒把我當成新聞記者，竟攻擊起新對象：史諾登，此刻躲在香港的人。許多美國記者恢復了替政府當僕役的舊角色。新聞的調性不再是記者揭爆國安局嚴重濫權，變成政府雇用的一個美國人「背叛」職責、犯下罪行，然後「逃到中國」。

我和米卡．布里辛斯基（Milka Brzezinski）和沙娃娜．古斯瑞（Savannah Guthrie）兩個主持人的對話針鋒相對。已經一個多星期睡眠嚴重不足的我，不耐煩他們發問裡隱藏著對史諾登的批評：我覺得新聞工作者應該慶賀，而非抹黑揭露國安當局違法亂紀的人。

接受了又一天的訪問之後，我覺得該離開香港了。顯然現在我已不可能再見到史諾登，而且我身心、情感俱疲。我渴望回到里約熱內盧。

我想取道紐約回家，在紐約停一天、接受訪問，儘可能把話說清楚、講明白。但有位律師勸我不要造次，認為在摸清楚政府打算怎麼反應以前，絕不應該以身涉險。他說：「你才剛幫人完成美國有史以來最大的國安洩密事件，而且到處上電視宣揚反抗思想。等到搞清楚司法部動向，再來決定是否到美國，才是明智之舉。」

我不同意這個看法。我不認為在這則新聞鬧得沸沸揚揚時，歐巴馬政府會甘冒大忌，逮捕記者。但我已經筋疲力竭，沒有力氣辯論或冒險了。因此我請《衛報》幫我訂機票，取道杜拜回里約熱內盧，離美國愈遠愈好。

第三章　全面監控

我們為什麼不能隨時蒐集所有的訊息呢？

——基斯．亞歷山大將軍

史諾登所蒐集的文件檔案，數量之多、範圍之廣，令人瞠目咋舌。即使我多年來專門追蹤寫作美國祕密監聽之危險，也認為這個間諜作業體系布下的天羅地網實在十分震撼，而且在執行層面更是明顯地毫無責信、毫不透明、全然不受限制。

檔案中所提到的數千個祕密監聽計畫，執行者打從一開始就不欲外人知悉。許多計畫針對美國民眾，但全世界有數十個國家，包括被視為美國盟友的民主國家，如法國、巴西、德國，也是不分青紅皂白、大規模受到監聽。

史諾登的檔案整理得乾淨俐落，但是數量之大、之複雜，處理起來更為棘手。檔案中數萬份的美國國家安全局文件，實際上是由這個像八腳章魚的機構的每個單位和次級部門所製作出來，也有些文件出自與之密切配合的外國情報機關之手。這些文件的日期非常接近現時，大部分是二〇一一年和二〇〇二年的文件，也有許多是二〇一三年的文件，甚至還有二〇一三年三月和四月的文件，也就是我們在香港見到史諾登之前幾個月的文件。

檔案中的文件大約九成劃為「絕密」，大部分標明「FVEY」，意即只准分發給國家安全局最親近的四個監聽作業盟友——所謂的「五眼同盟」，指的是美、英、加拿大、澳洲和紐西蘭。有些文件只限美國機關可以過目，標明「NOFORN」，意即「不准外國人過目」。某些文件可謂美國政府守護得最嚴密的機密，如外國情報監視法法庭裁示允許蒐集電話通聯記錄，以及歐巴馬總統下達命令準備展開網路作戰等。

解譯這些檔案和國安局的詞彙，實在煞費腦筋。國安局內部各單位以及與夥伴之間的溝通自有一套特殊的詞語，這套詞彙相當官僚和虛誇，有時又自吹自擂。大部分文件也涉及相當大的技術性，充滿令人望之生畏的縮寫字母和代號名稱，有時候必須先閱讀其他文件才能讀懂內容。但是史諾登已經預料到這個困難，提供縮寫字母和計畫名稱的詞彙表，以及國安局內部對這些詞語的字典。然而，還是有些文件讀了兩、三次也參不透意思，要等到我彙整其他種種不同的文件，並且請教熟悉監聽、密碼、駭客技巧、國安局歷史，以及管理美國偵監作業的法律之世界級一流專家之後，才稍微了解其重要意義。

雪上加霜的是，汗牛充棟的這些文件經常不依主題整理，而是按照單位來源編列，驚人的爆料攙雜在大量陳腐或高度技術性的材料之中。雖然《衛報》裝置一個程式可利用關鍵字搜尋檔案，助益不小，但是這個程式還不夠完美。消化檔案的速度緩慢，我們都已經拿到文件好幾個月了，還是沒搞清楚某些名詞和計畫究竟是什麼。

儘管困難重重，史諾登的檔案毫無疑問掀爆一個複雜的監聽網路，意在對付美國人及非美國人，然而，監聽美國人是法有明文規定、不在國安局職掌範圍之內。檔案透露國安局運用什麼技術手段攔截通訊：竊聽網路伺服器、人造衛星、海底光纖電纜、國內外電話系統和個人電腦。也鎖定對象以極端侵入性的方式予以監聽，這些對象從涉及恐怖活動或犯罪行為的人士，到美國的盟國以民主方式選出的領導人都有，甚至連一般的美國老百姓也難逃其監聽。在在曝露出國安局的全面策略和目標。

史諾登把最重要的文件擺在檔案最前面，標示出它們的特殊重要性：這些文件透露出國安局監聽網無遠弗屆以及欺騙、甚至不法的特質。第一波揭爆的「無限制的線民」計畫顯示，國安局以精確的數學方式計數每天從全世界收集電話和電子郵件。史諾登之所以把這些文件擺在最明顯的位置，不只是因為這曝露出國安局收集、儲存的電話和電子郵件數量驚人——每天都有數十億件——還證明國安局局長基斯·亞歷山大（Keith Alexander）和其他官員對國會說謊。國安局官員一再聲稱他們無法提供明確數字，其實「無限制的線民」就是建構來收集這些資料的。

無限制的線民

譬如，有一張「無限制的線民」的幻燈片顯示，二〇一三年三月八日起的一個月時期內，光是國安局「全球獲取作業處」（Global Acess Operations）這個單位，就收集超過三十億筆以上經過美國電信系統的電話和電子郵件（DNR, Dialed Number Recognition，撥號辨識，即電話；DNI, Digital Network Intelligence，數位網路情資，即電子郵件及線上聊天等透過網路的通訊）。超過從俄羅斯、墨西哥個別收集到的件數，也超過從全體歐洲國家收集的件數，但大約相當於從中國收集到的資料件數。整體來講，「全球獲取作業處」短短三十天之內就從全世界收集超過九百七十億筆電子郵件和一千二百四十億筆電話。另一份「無限制的線民」文件記載某一個三十天期間從國際收集到的資料之件數：德國五億筆、巴西二十三億筆、印度一百三十五億筆。此外，還有文件顯示，國安局與其他國家政府合作收集的元資料：法國七千萬筆、西班牙六千萬筆、義大利四千七百萬筆、荷蘭一百八十萬筆、挪威三千三百萬筆、丹麥二千三百萬筆（圖1）。

儘管國安局注意外國電信系統，這些文件證明美國民眾同樣也是祕密監聽作業重要的對象。外國情報監視法法庭二○一三年四月二十五日一道絕密裁示，要求威瑞森把所有美國客戶電話通訊的資訊——所謂「電話元資料」——交給國安局；這就是最昭彰明白的一個例證。法庭這道命令標示「不准外國人過目」，以清楚明白的文字表明：

> 謹此命令：紀錄保管人在收到本命令後，應即交付國家安全局，並於此後本命令有效期間，除非法庭另有裁示，繼續提交下述具體事項之電子檔副本：威瑞森所產生的（一）美國與國外、或（二）完全在美國境內，含本地電話之一切通聯紀錄或「電話元資料」。

所謂「電話元資料」包括完整的通訊資訊，譬如發話端

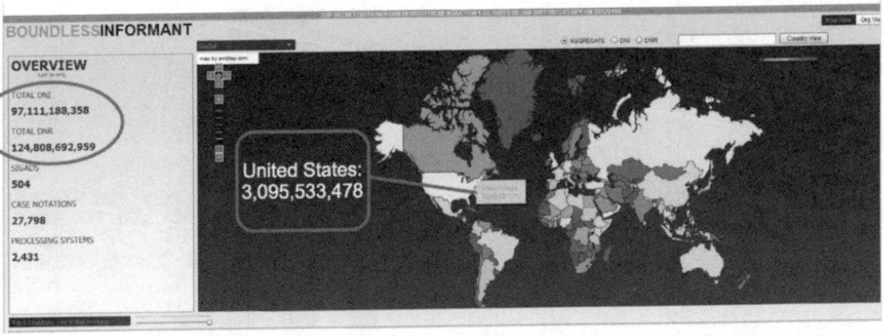

圖1　「全球獲取作業處」一個月就從全世界收集超過970億筆電子郵件和1240億筆電話。

與受話端電話號碼、國際行動用戶身份（IMSI, International Mobile Subscriber Identity）號碼、國際行動站設備身份（IMEI, International Mobile Station Equipment Identity）號碼、電話卡號碼，以及通話的時間及長短等等。

在充滿各式各樣祕密偵監計畫的檔案中，這項巨量蒐集電話資訊的計畫只不過是其中之一；其他的偵監計畫還有大規模的「稜鏡」計畫，涉及從全球最大的幾家網路公司伺服器直接蒐集資料；「奔牛計畫」（PROJECT BULLRUN），則是美國國安局和英國政府通訊總部（GCHQ）的合作計畫，旨在對付用來防護線上交易的最常見的加密；還有一些小規模計畫，從名字就看得出來主事者驕縱自大的心態，譬如「自大的長頸鹿」（EGOTISTICAL GIRAFFE）鎖定 Tor 瀏覽者，也就是可以匿名在網上瀏覽；「肌健」（MUSCULAR），可以侵入谷歌和雅虎的私人網路；「奧林匹亞」（OLYMPIA）是加拿大對巴西礦業能源部的監控。

有些偵監作業表面上是針對恐怖主義嫌犯，但是相當大數量的計畫根本明顯和國家安全毫不相干。毫無疑問，這些文件也看到國安局同樣涉入經濟間諜、外交諜報以及針對非嫌犯的全民的監聽。

整體來看，史諾登檔案導向終極的簡單結論：美國政府建構一個系統，其目標是完全消滅全球電子隱私。一點也不誇張，這就是國家機器無所不在的監聽作業明白表述的目標：確保全球人類一切電子通訊都由國安局蒐集、儲存、監測和分析。國安局專注於一項鋪天蓋地的任務：防止絲毫電子通訊躲過它的系統掌握。

要完成此一自我期許的任務，國安局需要不斷地擴張。每天國安局努力找尋還未被蒐集、儲存的電子通訊，然後開發新技術、新方法以補救不足。國安局認為自己不需要任何明確理由就可以蒐集特定的電子通訊，也不需要任何根據就將其對象視為嫌犯。國安局所謂的「訊號情資」（SIGINT）就是目標。有能力蒐集這些通訊，竟然代表國安局就可以逕自去蒐集。

通通蒐集起來

國安局是五角大廈轄下的軍事機關，是全世界最大的情報機關，大部份監控作業是透過五眼同盟運作。直到二〇一四年初史諾登事件愈鬧愈大時，國安局由四星上將基斯．亞歷山大擔任局長已有九年之久。他在任上積極擴張國安局的規模和影響力。在這個過程中，亞歷山大成為記者詹姆斯．班佛德（James Bamford）所謂的「美國史上權力最大的情報首長」。

《外交政策》（*Foreign Policy*）記者夏恩．哈里斯（Shane Harris）指出，「亞歷山大接任時，國安局已經是個資料巨獸，但是在他領導下，該局任務的廣度、規模和雄心已經擴大到超乎他的前任所能想像。」「美國政府從來沒有一個機構有能力、也有合法權力可以蒐集、儲存這麼多的電子資訊。」有個曾與這位國安局局長同事過的前任政府官員告訴哈里斯說：「亞歷山大的策略」很清楚，那就是「我需要掌握所有的資料」。哈里斯又說：「他希望永遠霸佔住這個職位。」

亞歷山大個人座右銘是「通通蒐集起來」，清楚地傳達出國安局的中心任務。他在二〇〇五年負責蒐集佔領伊拉克相關訊號情資時，首度將此一哲學付諸實踐。二〇一三年，《華盛頓郵報》報導：亞歷山大不滿意美國軍事情報焦點太局限，只鎖定有嫌疑的叛軍及對美軍的其他威脅；這位新上任的國安局局長認為這種作法劃地自限：「他要求一切資訊：每一個伊拉克人的簡訊、電話和電子郵件，只要國安局強大的電腦能吸納的，統統都要。」因此政府不做任何分辨，動用一切技術方法蒐集伊拉克全民所有的通訊資料。

亞歷山大後來把這套原本用在作戰地區外國人身上的監控制度，移用到美國公民身上。《郵報》報導說：「和他在伊拉克的作法一樣，亞歷山大動用他手上一切工具、資源和法律權限，蒐集、儲存美國人和外國人通訊的大量原始資訊。」因此，「在他主持此一國家電子監控機關八年期間，現年六十一歲的亞歷山大，悄悄地主導了政府以國家安全名義蒐集情資能力的革命。」

亞歷山大是個監控作業極端派的聲名，遠近聞名。《外交政策》形容他「全力以赴、勉強依循法律建構此一終極諜報機關」，還給他封上一個綽號：「國安局的牛仔」。據《外交政策》的說法，小布希總統時期先後擔任國安局局長和中情局局長的麥可．海登將軍，本身主持小布希政府未經法院許可的非法竊聽作業，而且以強勢好戰主義聞名，他十分「嫉妒」亞歷山大百無禁忌的作法。有位前任情報官員形容亞歷山大的觀點是：「先別管法律怎麼規定。我們先來想辦法執行任務。」《郵報》同樣指出，「即使替他辯護的人也說，亞歷山大的強勢作風有時候使他走到法定權限的外緣」。

據說亞歷山大二〇〇八年參訪英國的政府通訊總部時，講了一句名言：「我們為什麼不能隨時蒐集所有的訊息呢？」國安局發言人辯稱這些極端言論只是在輕鬆狀態下脫口而出，不應該用放大鏡來過度解讀，其實國安局本身文件可以證明亞歷山大不是在開玩笑。例如，二〇一一年，五眼同盟年度會議一項機密簡報就顯示國安局明明白白地擁護亞歷山大無所不包的座右銘，以之做為該局的核心目標（圖2）。

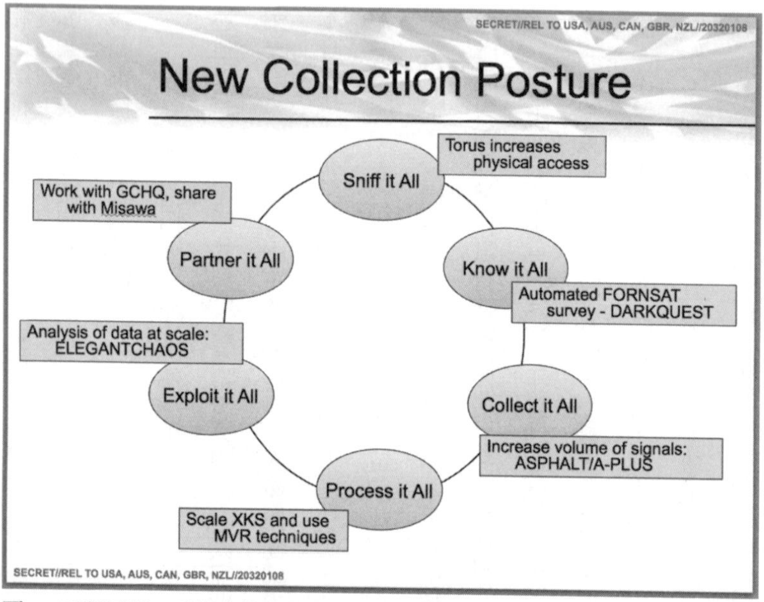
SECRET//REL TO USA, AUS, CAN, GBR, NZL//20320108
New Collection Posture
Sniff it All
Torus increases physical access
Know it All
Automated FORNSAT survey - DARKQUEST
Collect it All
Increase volume of signals: ASPHALT/A-PLUS
Process it All
Scale XKS and use MVR techniques
Exploit it All
Analysis of data at scale: ELEGANTCHAOS
Partner it All
Work with GCHQ, share with Misawa
SECRET//REL TO USA, AUS, CAN, GBR, NZL//20320108

圖 2　五眼同盟一項機密簡報顯示，國安局以亞歷山大「無所不包」的座右銘，做為該局立場：全面發覺、全面了解、全面蒐集、全面處理、全面利用、全面分享。

英國政府通訊總部在五眼同盟會議上提出一份二〇一〇年的文件，稱呼攔截衛星通訊的計畫代號為「瀝青跑道」（TARMAC），讓我們見識到此一英國情報機關也用同一名詞描述其任務（圖3）。

即使國安局例行的內部備忘錄也用同一術語稱呼該局擴大監控作業能力。例如，國安局「任務作業」（Mission Operations）技術主任二〇〇九年的一份備忘錄，誇耀該局最近加強在日本三澤（Misawa）情報蒐集站的監控能力（圖4）。

這絕對不是信口說說的玩笑

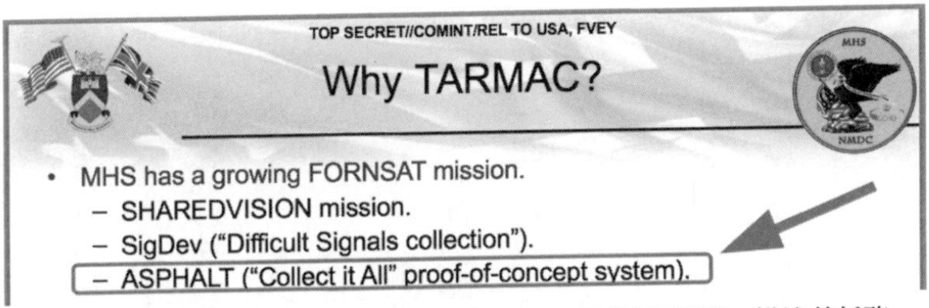

圖 3 英國在攔截衛星通訊計畫「瀝青跑道」，也用「全面蒐集」描述其任務。

Future Plans (U)

(TS//SI//REL) In the future, MSOC hopes to expand the number of WORDGOPHER platforms to enable demodulation of thousands of additional low-rate carriers.

These targets are ideally suited for software demodulation. Additionally, MSOC has developed a capability to automatically scan and demodulate signals as they activate on the satellites. There are a multitude of possibilities, bringing our enterprise one step closer to "collecting it all."

圖 4 美國安局「任務作業」一份備忘錄，指出離「全面蒐集」的目標更進一步。

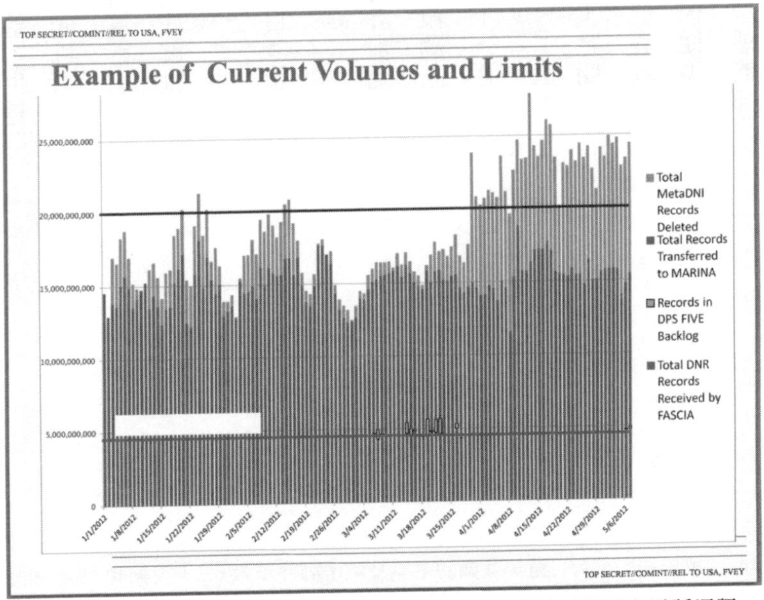

圖 5 2012 年中期，國安局每天要處理全世界兩百多億筆互聯網和電話通訊。

話，「全部蒐集起來」界定了國安局的期望，也是國安局日漸接近的目標。國安局所蒐集的電話、電郵、線上聊天、線上活動和電話元資料，數量驚人。國安局經常也說，例如二〇一二年一份文件就說，「蒐集的內容之多，遠超過分析人員可用」。二〇一二年中期，國安局每天要處理全世界兩百多億筆的通訊，包括互聯網和電話（圖5）。

就每個個別國家而言，國安局也有統計表列出每日所蒐集的電話及電子郵件筆數。例如波蘭某期間，每天有三百多萬筆，三十天總共為七千一百多萬筆（圖6）。

國安局在美國國內蒐集的筆數同樣駭人聽聞。即使在史諾登爆料之前，《華盛頓郵報》已在二〇一〇年報導，「每天國家安全局的蒐集系統從美國人攔截和儲存十七億筆電郵、電話和其他型態的通

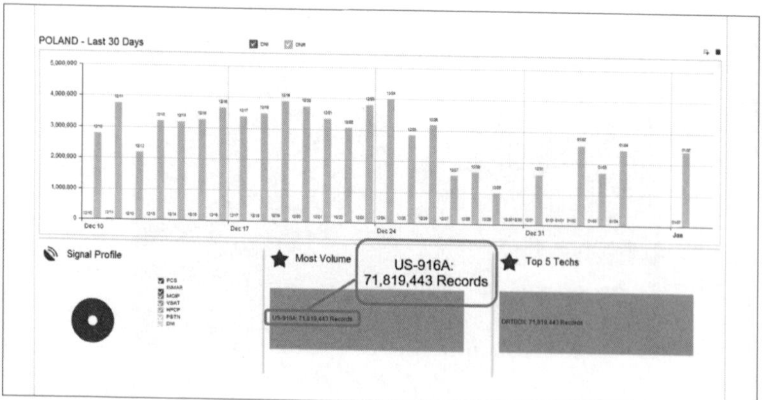

圖 6　國安局表列每日蒐集波蘭的電話及電子郵件筆數，三十天總共 7100 多萬筆。

訊」。數學家威廉・賓奈（William Binney）在國安局服務三十年，九一一事件後因抗議該局工作重心日益轉向國內而辭職。他也對蒐集美國國內資料的數量發表過多次談話。二〇一二年賓奈接受《今日民主》（*Democracy Today*）訪談時提到，「他們蒐集美國公民與其他美國公民的交往達到二十兆筆之多。」

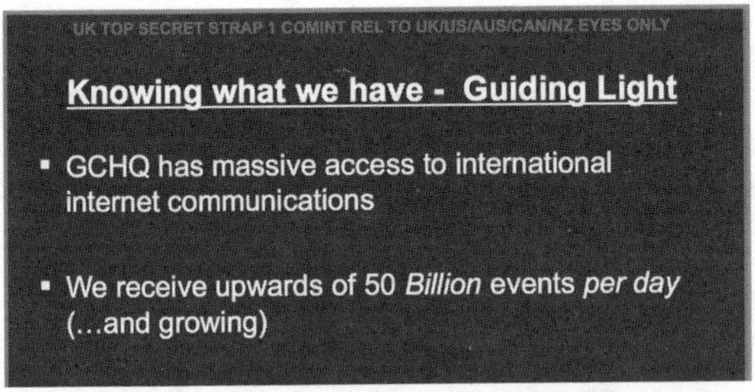

圖7　英國政府通訊總部同樣蒐集大量通訊資料。

史諾登爆料之後，《華爾街日報》報導，國安局整個攔截系統「在追查外國情報時，有能力涵蓋整個美國網路通訊的約七五%，包括外國人和美國人廣泛的通訊」。國安局前任及現任官員匿名告訴《華爾街日報》說，有時候國安局「保留美國國內公民之間電子郵件往來的書面內容，也過濾以網路科技所進行的國內電話通訊」。

英國的政府通訊總部同樣蒐集大量的通訊資料，甚至幾乎沒有能力儲存。例如英方二〇一一年的一份文件所示（圖7）。

國安局執著全面蒐集，以致史諾登的檔案不時會出現內部備忘錄慶祝所締造的蒐集里程碑。例如，二〇一二年十二月內部資訊板有則貼文很驕傲地宣稱「貝殼小號」

（SHELLTRUMPET）計畫已締造一兆筆紀錄（圖8）。

國際企業提供偵監服務

要蒐集如此巨量通訊資料，國安局必須借重許多方法。譬如：直接掛線接上用來傳輸國際通訊的光纖線路（包括海底電纜）；當訊息經過美國系統時，將之導入國安局儲存庫（全世界大部分通訊都靠美國系統傳輸）；以及和其他國家情報機關合作。但是國安局最常見的手法是依賴互聯網公司和電信業者，他們不可避免地把從本身客戶蒐集來的資訊轉交給國安局。

國安局固然是個公家機關，卻與民間公司有著千絲萬縷的夥伴關係，許多核心工作是委外發包的。國安局本身雇用約三萬人，但是另外有約六萬名約聘人員是私人公司的職員，這些人經常提供極重要的服務。史諾登本身就不是國安局人員，而是戴爾公司及大型國防包商博世・艾倫及漢彌爾頓公司的職員。不過，他和其他民間約聘人員一樣，在國安局的

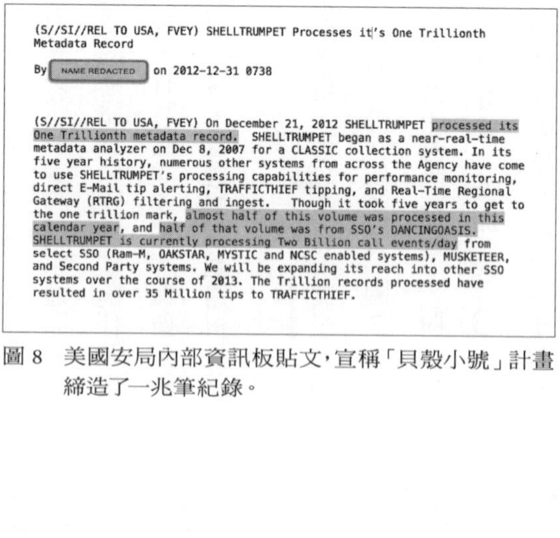
(S//SI//REL TO USA, FVEY) SHELLTRUMPET Processes it's One Trillionth Metadata Record

By NAME REDACTED on 2012-12-31 0738

(S//SI//REL TO USA, FVEY) On December 21, 2012 SHELLTRUMPET processed its One Trillionth metadata record. SHELLTRUMPET began as a near-real-time metadata analyzer on Dec 8, 2007 for a CLASSIC collection system. In its five year history, numerous other systems from across the Agency have come to use SHELLTRUMPET's processing capabilities for performance monitoring, direct E-Mail tip alerting, TRAFFICTHIEF tipping, and Real-Time Regional Gateway (RTRG) filtering and ingest. Though it took five years to get to the one trillion mark, almost half of this volume was processed in this calendar year, and half of that volume was from SSO's DANCINGOASIS. SHELLTRUMPET is currently processing Two Billion call events/day from select SSO (Ram-M, OAKSTAR, MYSTIC and NCSC enabled systems), MUSKETEER, and Second Party systems. We will be expanding its reach into other SSO systems over the course of 2013. The Trillion records processed have resulted in over 35 Million tips to TRAFFICTHIEF.

圖8　美國安局內部資訊板貼文，宣稱「貝殼小號」計畫締造了一兆筆紀錄。

辦公室內工作、負責核心工作，也可接觸其機密。

根據長久以來研究國安局與企業關係的提姆・索洛克（Tim Shorrock）的說法，「我們七成的全國情報預算都花在民間企業上。」索洛克指出，當麥可・海登說「全世界最大的網路中心點位於巴爾的摩公路和馬里蘭州道三十二號公路交匯處」時，「他講的不是國安局本身，而是離馬里蘭州米德堡（Fort Meade）國安局總部那棟黑色巨型大樓約一英里路之外的商業園區。國安局所有主要承包商，從 Booz 到 SAIC（譯按：全名 Science Applications International Corporation，即科學應用國際公司）、諾斯洛普・格魯曼（Northrop Grumman），都在這裡替國安局執行監聽等情報工作。」

企業夥伴並不限於情報及國防包商，還包括全世界最大、最重要的網路公司及電信公司，正是這些公司經手處理極大多數的全球通訊，可以促成與民間訊息交流的連結。國安局一份絕密文

圖 9　超過 80 家全球大型網路及電信公司，都是美國國安局策略夥伴。

件描述該局的「守勢」任務（即保護美國電信及電腦系統不受到利用）和「攻勢」任務（即攔截和利用外國的訊號情資）之後，列舉這些公司提供國安局的服務（圖9）。

這些企業夥伴的系統和連結是國安局仰仗的助力，並由國安局十分機密的「特別來源作業處」（SSO, Special Sources Operations）管理。史諾登形容監督企業夥伴的這個單位是國安局的「皇冠之珠」。

「布拉爾奈」（BLARNEY）、「美景」（FAIRVIEW）和「風暴醞釀」（STORMBREW）是「特別來源作業處」在其「企業夥伴獲取」（CPA, Corporate Partner Access）項目下的幾個計畫（圖10）。

圖10　「特別來源作業處」任務在於監督企業夥伴的計畫。

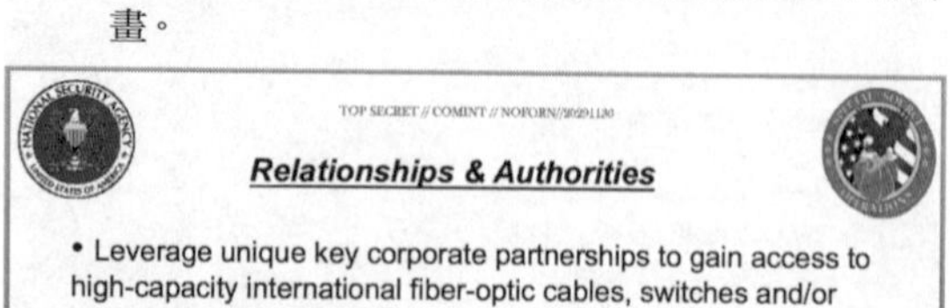
• Leverage unique key corporate partnerships to gain access to high-capacity international fiber-optic cables, switches and/or routers throughout the world

圖11　「布拉爾奈」計畫，與大型電信企業合作，取得大量通訊資料。

做為這些計畫的一部分，國安局利用某些電信公司與國際系統的接觸，協助他們與這些外國電信業者簽訂合約，幫他們建立、維護或升級系統。美國公司再把這些外國公司的通訊資料導入國安局的儲存庫。

國安局有一份簡報資料敘述布拉爾奈的核心目標（圖11）。

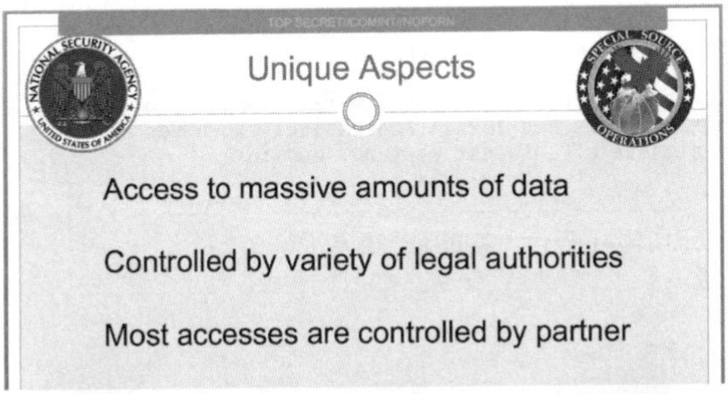

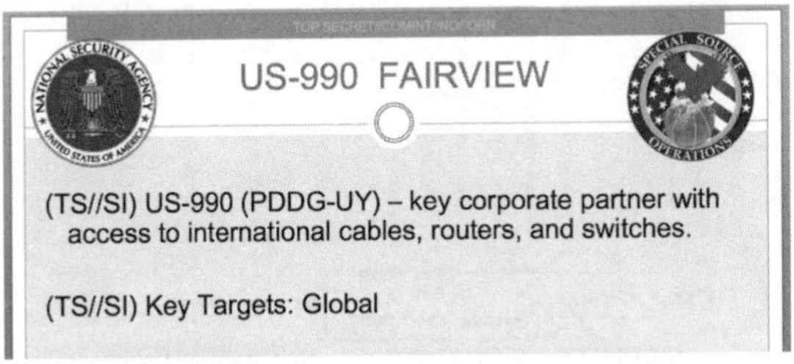

圖12、13 「美景」計畫也十分依賴企業夥伴來取得通訊資料。

根據《華爾街日報》有關此一計畫的報導，布拉爾奈特別依賴和AT&T的長期關係。根據國安局本身的文件，布拉爾奈在二〇一〇年鎖定的國家有巴西、法國、德國、希臘、以色列、義大利、日本、墨西哥、南韓和委內瑞拉，以及歐盟和聯合國。

國安局也誇耀「特別來源作業處」另一項計畫「美景」計畫，從全世界蒐集「巨量資料」；也十分依賴某個「企業夥伴」，特別是這個夥伴能接觸到外

```
FAIRVIEW -     Corp partner since 1985 with access to int. cables, routers,
switches.  The partner operates in the U.S., but has access to information
that transits the nation and through its corporate relationships provide
unique accesses to other telecoms and ISPs.  Aggressively involved in
shaping traffic to run signals of interest past our monitors.
```

圖 14 一份文件指出電信公司極願配合「美景」計畫。

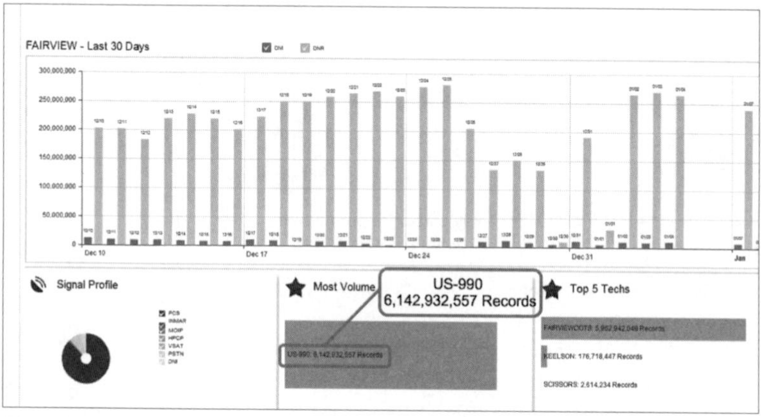

圖 15 2012 年十二月起，「美景」每天蒐集約兩億筆紀錄通訊資料，三十天超過 60 億筆。

國的電信系統。國安局內部對「美景」計畫的摘要報告簡單而清晰（圖12、13）。

根據國安局文件，「美景」計畫「一向高居國安局頭五名系列產製（意即持續進行監聽）的蒐集來源」，也是「元資料最大提供者之一」，宣稱「大約七五%的報告來自單一來源，反映出本計畫相當獨特、能夠接觸相當多樣的通訊」，因而證明該計畫一面倒地依賴單一電信公司。雖然我們不知道這家電信公司的名字，但是有一段話描述這個「美景」計畫夥伴，讓我們看到電信公司極願與之合作（圖14）。

拜如此配合之賜，「美景」計畫蒐集到巨量的電話通訊資訊。某張表涵蓋二〇一二年十二月十日起三十天週期，顯示光是這項計畫每天就蒐集到約兩億筆紀錄——三十天下來，總數超過六十億筆。淺色柱代表「撥號辨識」，意即電話通訊；深色柱代表「數位網路情資」，意即網路活動（圖15）。

要蒐集數十億筆的電話紀錄，「特別來源作業處」除了與國安局企業夥伴合作，也要與外國政府機關合作，例如波蘭情報機關（圖16）。

「橡星」計畫（OAKSTAR）同樣利用國安局一個代號為「鋼鐵騎士」（STEELKNIGHT）的企業夥伴來與外國電信系統的來往，把資料導入國安

(TS//SI//NF) ORANGECRUSH, part of the OAKSTAR program under SSO's corporate portfolio, began forwarding metadata from a third party partner site (Poland) to NSA repositories as of 3 March and content as of 25 March. This program is a collaborative effort between SSO, NCSC, ETC, FAD, an NSA Corporate Partner and a division of the Polish Government. ORANGECRUSH is only known to the Poles as BUFFALOGREEN. This multi-group partnership began in May 2009 and will incorporate the OAKSTAR project of ORANGEBLOSSOM and its DNR capability. The new access will provide SIGINT from commercial links managed by the NSA Corporate Partner and is anticipated to include Afghan National Army, Middle East, limited African continent, and European communications. A notification has been posted to SPRINGRAY and this collection is available to Second Parties via TICKETWINDOW.

圖16 「特別來源作業處」也與波蘭情報機關合作。

SILVERZEPHYR FAA DNI Access Initiated at NSAW (TS//SI//NF)

By NAME REDACTED on 2009-11-06 0918

(TS//SI//NF) On Thursday, 11/5/09, the SSO-OAKSTAR SILVERZEPHYR (SZ) access began forwarding FAA DNI records to NSAW via the FAA WealthyCluster2/Tellurian system installed at the partner's site. SSO coordinated with the Data Flow Office and forwarded numerous sample files to a test partition for validation, which was completely successful. SSO will continue to monitor the flow and collection to ensure a ny anomalies are identified and corrected as required. SILVERZEPHYR will continue to provide customers with authorized, transit DNR collection. SSO is working with the partner to gain access to an additional 80Gbs of DNI data on their peering network, bundled in 10 Gbs increments. The OAKSTAR team, along with support from NSAT and GNDA, just completed a 12 day SIGINT survey at site, which identified over 200 new links. During the survey, GNDA worked with the partner to test the output of their ACS system. OAKSTAR is also working with NSAT to examine snapshots taken by the partner in Brazil and Colombia, both of which may contain internal communications for those countries.

圖17 企業代號「銀色微風」幫助國安局從巴西與哥倫比亞取得其「內部通訊」。

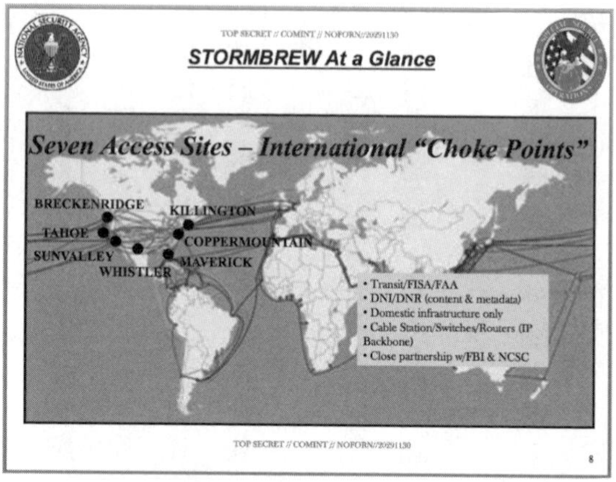

圖18 全世界大量網路通訊流經美國通訊設施，國安局從中取得通訊資料。

局自己的儲存庫。另一個代號「銀色微風」（SILVERZEPHYR）的夥伴，出現在二〇〇九年十一月十一日一份文件上。這份文件描述與這家公司合作，從巴西與哥倫比亞取得其「內部通訊」（圖17）。

同時，「與聯邦調查局密切合作」的「風暴醞釀」計畫，使國安局能從位於美國境內的幾個「瓶頸」（choke point）取得要進入美國的網路及電話通訊資料。善加利用全世界大量網路通訊必須流經美國的通訊設施這個事實，誰叫美國是開發全球網路的最重要主角呢！這些設定的「瓶頸」都有代號（圖18）。

根據國安局的說法，「風暴醞釀」目前與美國兩家電信業者有非常敏感的關係，代號分別是「妙計」（ARTIFICE）和「狼點」（WOLFPOINT）。除了掌握位於美國境內的「瓶頸」，該計畫也管理兩個海底電纜站，一在美國西海岸，代號「布里肯嶺」

（BRECKENRIDGE）；另一個在美國東海岸，代號「鵪鶉溪」（QUAILCREEK）。

從一律使用代號，我們就知道企業夥伴的真實身份是國安局極力嚴密防衛的最高機密。國安局用盡力氣守護這些代號的母體文件。即使如此，史諾登的爆料還是揭開了某些公司與國安局配合的面紗。他的檔案包含一些最著名的「稜鏡」計畫文件，詳細記載國安局與臉書、雅虎、蘋果、谷歌等世界最大的網路公司之間的祕密協議，以及微軟讓國安局進入其通訊平台（Skype, Outlook.com）的情形。

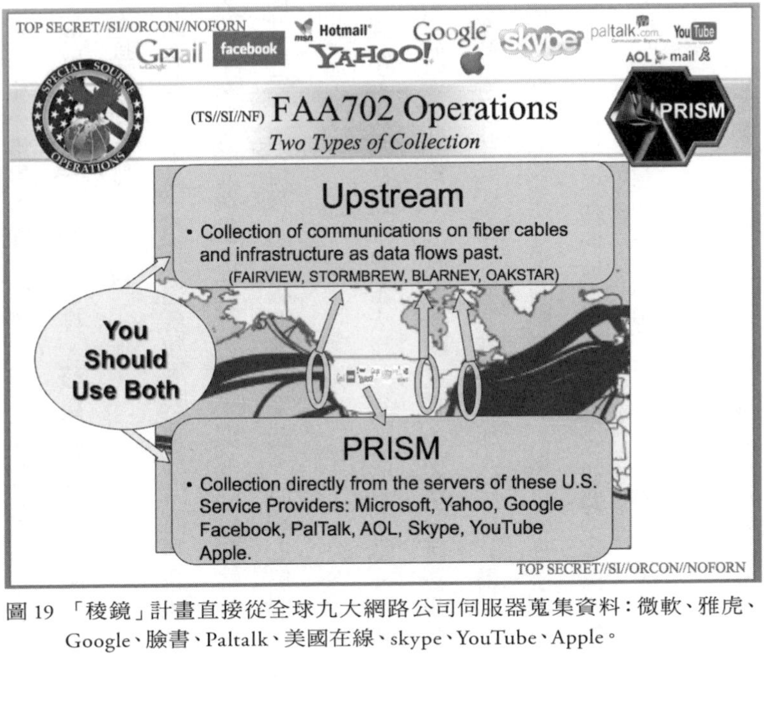

圖 19　「稜鏡」計畫直接從全球九大網路公司伺服器蒐集資料：微軟、雅虎、Google、臉書、Paltalk、美國在線、skype、YouTube、Apple。

和「布拉爾奈」、「美景」、「橡星」和「風暴醞釀」等不一樣，這些計畫涉及的是掛線進入光纖電纜及其他設施，用國安局的行話是「上游」監控。稜鏡計畫則是讓國安局直接從全世界九家最大的網路公司伺服器直接蒐集資料（圖19）。

稜鏡計畫這張幻燈片上出現的這九家公司，否認允許國安局無限制進出他們的伺服器。例如，臉書和谷歌宣稱，他們只交給國安局該局取得法院許可而來索取的資訊，並且試圖將稜鏡描寫為只是無關緊要的技術性細節：只是稍為升級的傳送系統，而國安局取得的資料是這些公司依法律要求必須提供的。

但是他們的說法有好幾處兜不攏。譬如，我們聽到雅虎在法庭拚命抗拒國安局，不願被迫加入稜鏡計畫，如果稜鏡計畫只是對傳送系統做了無關緊要的更動，國安局何必費勁強迫雅虎加入（雅虎的主張遭到外國情報監視法法庭駁回，命令其必須加入稜鏡計畫）？其次，《華盛頓郵報》的巴東．季爾曼被痛批誇大稜鏡計畫的影響之後，重新調查這項計畫，確認他支持《華盛頓郵報》的中心論述：「從世界任何地方的工作站，通過安全檢查、准許接觸稜鏡計畫的政府雇員可以『task』系統」，意即發動搜尋，「不必再與公司人員進一步互動即可從網路公司取得結果」。

第三，網路公司的否認措詞閃爍，用了一大堆法律名詞，越說越糊塗，沒有澄清作用。

例如，臉書聲稱沒有提供「直接存取」，而谷歌否認有替國安局另開「後門」。不過，誠如美國公民自由聯盟科技專家克里斯・索霍伊安（Chris Soghoian）對《外交政策》所說，這些都是非常技術性的修辭，代表以相當特殊的手法取得資訊。這些公司最後並沒有否認他們和國安局合作建立一個系統，國安局可透過系統直接取得他們客戶的資料。

後來，國安局自己一再誇讚稜鏡計畫獨特的蒐集能力，宣稱這個計畫對增進監聽十分重要。國安局有一張幻燈片詳載稜鏡計畫的特殊監聽力量（圖

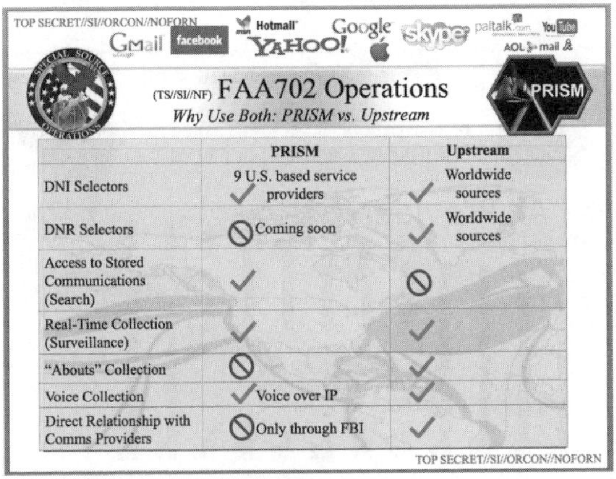

圖 20 「稜鏡」計畫的監聽功能。

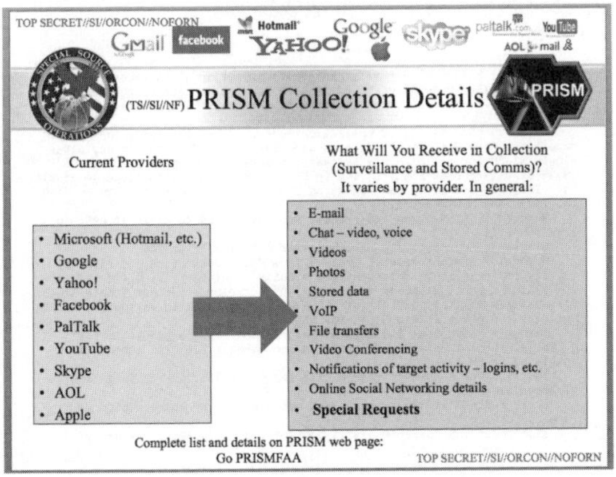

圖 21 「稜鏡」取得的各種通訊包羅萬象。

20）。另一張幻燈片則詳細交待稜鏡讓國安局能取得的各種通訊包羅萬象（圖21）。還有一張幻燈片說出稜鏡計畫穩定、大量地增加國安局的蒐集（圖22）。

「特別來源作業處」在內部資訊板上經常稱讚稜鏡所提供的巨大的蒐集價值。二〇一二年十一月十九日的一則貼文題目是「稜鏡擴大影響：二〇一二會計年度數值」（圖23）。

如此誇獎絕對不能辯稱，稜鏡只是無關緊要的技術更動，而且這些說詞讓矽谷可利用此一謊言否認與國安局合作。《紐約時報》在史諾登爆料之後報導稜鏡的文件，確實描述

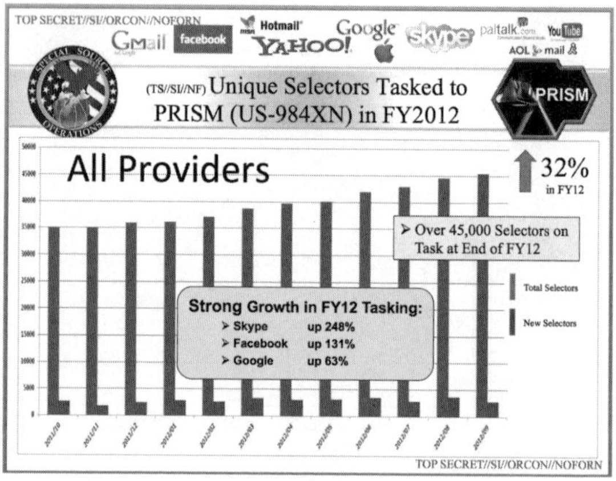

圖22 「稜鏡」穩定、大量地成長。

(TS//SI//NF) PRISM (US-984XN) expanded its impact on NSA's reporting mission in FY12 through increased tasking, collection and operational improvements. Here are some highlights of the FY12 PRISM program:

PRISM is the most cited collection source in NSA 1st Party end-product reporting. More NSA product reports were based on PRISM than on any other single SIGAD for all of NSA's 1st Party reporting during FY12: cited in 15.1% of all reports (up from 14% in FY11). PRISM was cited in 13.4% of all 1st, 2nd, and 3rd Party NSA reporting (up from 11.9% in FY11), and is also the top cited SIGAD overall

Number of PRISM-based end-product reports issued in FY12: 24,096, up 27% from FY11

Single-source reporting percentage in FY12 and FY11: 74%

Number of product reports derived from PRISM collection and cited as sources in articles in the President's Daily Brief in FY12: 1,477 (18% of all SIGINT reports cited as sources in PDB articles - highest single SIGAD for NSA); In FY11: 1,152 (15% of all SIGINT reports cited as sources in PDB articles - highest single SIGAD for NSA)

Number of Essential Elements of Information contributed to in FY12: 4,186 (32% of all EEIs for all Information Needs); 220 EEIs addressed solely by PRISM

Tasking: The number of tasked selectors rose 32% in FY12 to 45,406 as of Sept 2012

Great success in Skype collection and processing; unique, high value targets acquired

Expanded PRISM taskable e-mail domains from only 40, to 22,000

圖23 「稜鏡」帶來巨大的蒐集價值。

重生

Pat Barker

派特·巴克—著 宋瑛堂—譯

Regeneration

三部曲之一

試讀冊

100 年前，第一次世界大戰爆發，當時 6500 萬人參戰
帶來嚴重的經濟損失，超過 2000 萬人的傷亡
人類面對前所未見、難以癒合的心理創傷。

此戰的殘酷造就出文學界「迷惘的一代」
催生出《荒原》、《戰地春夢》等世紀名著
其中雷馬克以親身戰場經歷寫出《西線無戰事》最為膾炙人口。

直到上世紀 90 年代，英國女作家派特·巴克以《重生三部曲》相繼問世
超越前人傳著，廣受推崇為文學史上書寫一次世界大戰成就最高的文學經典
書中的英國士兵觸及戰爭書寫中罕見的創傷、鐵漢情結、藝術，充滿魅力
這部作品不僅突破戰爭文學的書寫，更改變了人們對戰爭本質及自我的思考

英國《觀察家報》譽為《戰爭與和平》齊名經典

戰爭，為何有人望之卻步，有人趨之若鶩？一部以描寫戰爭改變人生觀念的文學傑作

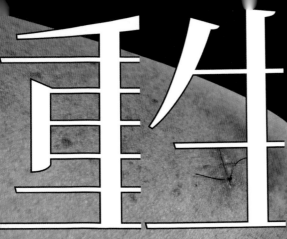

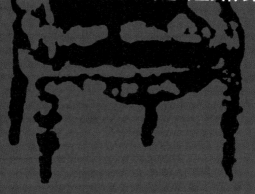

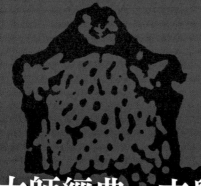

國安局和矽谷各公司之間一系列的祕密談判，交涉讓國安局不受障礙進入各公司系統。《紐約時報》報導說：「當政府官員來到矽谷，要求這些全世界最大的網路公司配合祕密監控作業，以更方便的方法交出用戶資料，這些公司全被激怒。但是最後，許多公司至少都略為配合。」尤其是：

推特不肯方便政府。但是據與聞談判的人說，其他公司比較聽話。他們與國安官員開始討論如何開發技術方法，以便回應政府合法的要求時，能更有效、更安全地分享外國用戶的個人資料。有些公司還更動他們的電腦系統來配合。

《紐約時報》說，這些談判「顯示政府和科技公司的合作是多麼地夾纏不清，也讓人看到幕後交易的深刻」。報導也挑戰各公司的說法，這些公司宣稱他們只是依法院要求提供國安局取得資料，「回應外國情報監視法法庭要求交出資料是法律的要求，讓政府更易於取得資料則非關法律，因此推特才可以拒絕配合」。

這些網路公司宣稱他們交給國安局資料只是因為依法需要提供，這個說法同樣不具特別意義。這是因為當國安局要攔截美國人民之間純粹國內通訊時，只需要取得個別許可。

國安局若要取得外國領土任何非美國人的通訊資料，即使此人是與美國人通訊，並不需要這種特別許可。依據二〇〇八年外國情報監視法七〇二條規定，國安局每年僅需向外國情報監視法法庭申請一次，提出其一般方針決定當年度的目標，取決的標準只是這些監聽將「有助於合法的國外情報蒐集」，然後就取得空白授權得以進行。有了這個廣泛許可，接下來國安局就可以迫使電信公司和網路公司提供任何非美國人的個人通訊資料，一舉包羅電話通訊、臉書聊天、谷歌搜尋、雅虎電郵等等。同樣的，拜政府對「愛國法」的解釋，對於國安局巨量蒐集元資料也沒有制衡或限制，這種解釋寬鬆到連「愛國法」原始的提案議員都驚駭法案是如此被引用。

國安局和民間公司之間密切合作最明顯的一個事例，或許可從與微軟相關的文件見其一斑，文件透露出微軟十分積極讓國安局取得該公司幾個最常用的網路服務，包括 Sky Drive、Skype 和 Outlook.com 等資料。

Sky Drive 讓人們可在網上儲存他們的檔案，並且可從各種裝置讀取，其兩億五千多萬用戶遍及全世界各地。微軟的 Sky Drive 網站宣稱：「我們認為非常重要的是，你能控制誰可以、誰又不可以從雲端取得你的個人資料。」可是國安局有一份文件詳記微軟花了「好幾個月」要讓政府更易於取得這些資料（圖24）。

二〇一一年底，微軟買下 Skype 這家網路電話和聊天服務公司，其註冊用戶高達六億六千三百萬人。微軟買下 Skype 時向用戶擔保「Skype 承諾尊重您的隱私和您的個人資料、通訊內容的保密。」但是事實上，微軟一定也知道，這些資料政府唾手可得。到了二〇一三年初，國安局系統上有許多貼文慶賀該局穩定地增進存取 Skype 用戶通訊的能力（圖

(TS//SI//NF) SSO HIGHLIGHT – Microsoft Skydrive Collection Now Part of PRISM Standard Stored Communications Collection

By NAME REDACTED on 2013-03-08 1500

(TS//SI//NF) Beginning on 7 March 2013, PRISM now collects Microsoft Skydrive data as part of PRISM's standard Stored Communications collection package for a tasked FISA Amendments Act Section 702 (FAA702) selector. This means that analysts will no longer have to make a special request to SSO for this – a process step that many analysts may not have known about. This new capability will result in a much more complete and timely collection response from SSO for our Enterprise customers. This success is the result of the FBI working for many months with Microsoft to get this tasking and collection solution established. "SkyDrive is a cloud service that allows users to store and access their files on a variety of devices. The utility also includes free web app support for Microsoft Office programs, so the user is able to create, edit, and view Word, PowerPoint, Excel files without having MS Office actually installed on their device." (source: S314 wiki)

圖 24 國安局文件詳記微軟花了「好幾個月」讓政府更易於取得資料。

(TS//SI//NF) New Skype Stored Comms Capability For PRISM

By NAME REDACTED on 2013-04-03 0631

(TS//SI//NF) PRISM has a new collection capability: Skype stored communications. Skype stored communications will contain unique data which is not collected via normal real-time surveillance collection. SSO expects to receive buddy lists, credit card info, call data records, user account info, and other material. On 29 March 2013, SSO forwarded approximately 2000 Skype selectors for stored communications to be adjudicated in SV41 and the Electronic Communications Surveillance Unit (ECSU) at FBI. SV41 had been working on adjudication for the highest priority selectors ahead of time and had about 100 ready for ECSU to evaluate. It could take several weeks for SV41 to work through all 2000 selectors to get them approved, and ECSU will likely take longer to grant the approvals. As of 2 April, ESCU had approved over 30 selectors to be sent to Skype for collection. PRISM Skype collection has carved out a vital niche in NSA reporting in less than two years with terrorism, Syrian opposition and regime, and exec/special series reports being the top topics. Over 2800 reports have been issued since April 2011 based on PRISM Skype collection, with 76% of them being single source.

(TS//SI//NF) SSO Expands PRISM Skype Targeting Capability

By NAME REDACTED on 2013-04-03 0629

(TS//SI//NF) On 15 March 2013, SSO's PRISM program began tasking all Microsoft PRISM selectors to Skype because Skype allows users to log in using account identifiers in addition to Skype usernames. Until now, PRISM would not collect any Skype data when a user logged in using anything other than the Skype username which resulted in missing collection; this action will mitigate that. In fact, a user can create a Skype account using any e-mail address with any domain in the world. UTT does not currently allow analysts to task these non-Microsoft e-mail addresses to PRISM, however, SSO intends to fix that this summer. In the meantime, NSA, FBI and Dept of Justice coordinated over the last six months to gain approval for PRINTAURA to send all current and future Microsoft PRISM selectors to Skype. This resulted in about 9800 selectors being sent to Skype and successful collection has been received which otherwise would have been missed.

圖 25、26 國安局系統上有許多貼文慶賀存取 Skype 用戶通訊的能力。

25、26）。

進行這種合作時，不僅毫無透明度可言，還完全牴觸Skype公開的聲明。美國公民自由聯盟科技專家克里斯．索霍伊安說，爆料之後，Skype的用戶一定大吃一驚。他說：「過去Skype向用戶肯定保證他們沒有能力做竊聽。現在，微軟與國安局祕密合作，與其高調地表示要和谷歌在保護隱私上面一較長短，完全兜不攏。」

微軟在二〇一二年開始升級電郵入口網站Outlook. com，把所有的通訊服務，包括普遍受人愛用的hotmail，都併入一個中央計畫。微軟吹捧新的Outlook，保證會以更高層次的加密來保護隱私，發動宣傳攻勢，高呼「你的隱私是我們第一優先」的口號。國安局立刻就關心微軟提供給Outlook用戶的加密，會阻礙國安局監偵他們的通訊。「特別來源作業處」二〇一二年八月二十二日一份備忘錄焦慮地認為「使用此一入口網站表示從之發送的電郵會以隨機方式加密」，以及「當雙方通話人都用微軟加密聊天軟體的話，在這個入口網站內的聊天都可加密」。

但是，顧慮不久就消除。幾個月之內，國安局和微軟合作設計出方法，讓國安局繞過微軟公開宣傳攸關保護隱私的加密措施（圖27）。

另一份文件也詳述微軟和聯邦調查局之間類似的合作，因為聯邦調查局也想確保

Outlook的新功能不會妨礙監聽習慣：「聯邦調查局『資料攔截技術組』（DITU, Data Intercept Technology Unit）派員與微軟合作，以便了解Outlook.com一項新增功能，用戶可另設電郵化名，這會影響到我們的作業程序……我們已分頭進行其他活動，以緩解這些問題。」

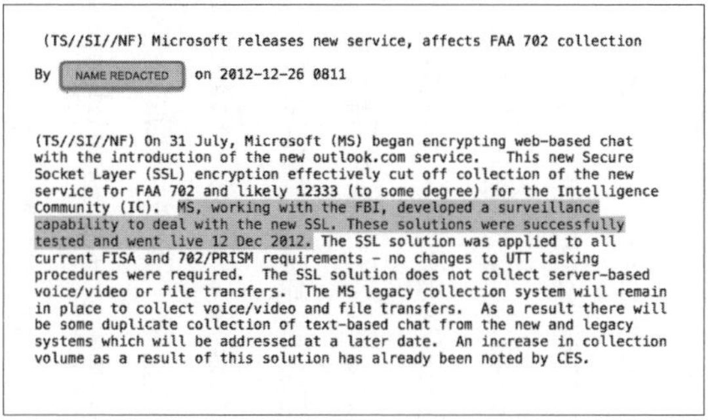

(TS//SI//NF) Microsoft releases new service, affects FAA 702 collection

By NAME REDACTED on 2012-12-26 0811

(TS//SI//NF) On 31 July, Microsoft (MS) began encrypting web-based chat with the introduction of the new outlook.com service. This new Secure Socket Layer (SSL) encryption effectively cut off collection of the new service for FAA 702 and likely 12333 (to some degree) for the Intelligence Community (IC). MS, working with the FBI, developed a surveillance capability to deal with the new SSL. These solutions were successfully tested and went live 12 Dec 2012. The SSL solution was applied to all current FISA and 702/PRISM requirements - no changes to UTT tasking procedures were required. The SSL solution does not collect server-based voice/video or file transfers. The MS legacy collection system will remain in place to collect voice/video and file transfers. As a result there will be some duplicate collection of text-based chat from the new and legacy systems which will be addressed at a later date. An increase in collection volume as a result of this solution has already been noted by CES.

圖27 國安局成功繞過微軟保護隱私的加密措施。

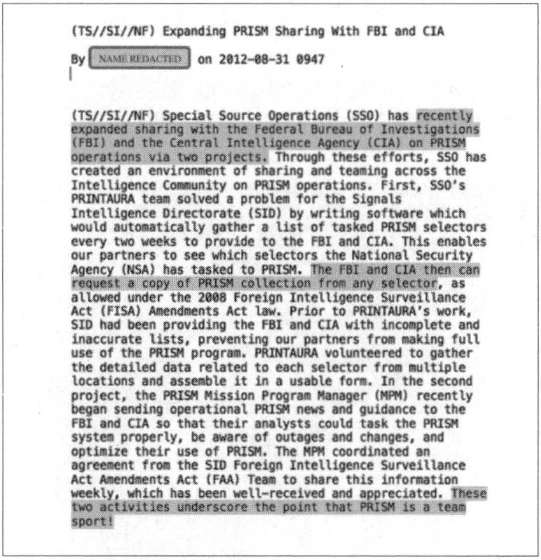

(TS//SI//NF) Expanding PRISM Sharing With FBI and CIA

By NAME REDACTED on 2012-08-31 0947

(TS//SI//NF) Special Source Operations (SSO) has recently expanded sharing with the Federal Bureau of Investigations (FBI) and the Central Intelligence Agency (CIA) on PRISM operations via two projects. Through these efforts, SSO has created an environment of sharing and teaming across the Intelligence Community on PRISM operations. First, SSO's PRINTAURA team solved a problem for the Signals Intelligence Directorate (SID) by writing software which would automatically gather a list of tasked PRISM selectors every two weeks to provide to the FBI and CIA. This enables our partners to see which selectors the National Security Agency (NSA) has tasked to PRISM. The FBI and CIA then can request a copy of PRISM collection from any selector, as allowed under the 2008 Foreign Intelligence Surveillance Act (FISA) Amendments Act law. Prior to PRINTAURA's work, SID had been providing the FBI and CIA with incomplete and inaccurate lists, preventing our partners from making full use of the PRISM program. PRINTAURA volunteered to gather the detailed data related to each selector from multiple locations and assemble it in a usable form. In the second project, the PRISM Mission Program Manager (MPM) recently began sending operational PRISM news and guidance to the FBI and CIA so that their analysts could task the PRISM system properly, be aware of outages and changes, and optimize their use of PRISM. The MPM coordinated an agreement from the SID Foreign Intelligence Surveillance Act Amendments Act (FAA) Team to share this information weekly, which has been well-received and appreciated. These two activities underscore the point that PRISM is a team sport!

圖28 國安局例行將其巨量資料與聯邦調查局、中央情報局等機關分享。

在史諾登有關國安局內部文件的檔案中也發現聯邦調查局的監聽作業，其實這並不是單一事件。整個情報界都能接觸到國安局蒐集的資訊：國安局例行將其巨量資料與聯邦調查局、中央情報局等機關分享。國安局大量蒐集資料的主要目的，正是提升資訊交流。沒錯，幾乎涉及到各種蒐集計畫的每一份文件都會提到包含其他情報機關。二〇一二年國安局「特別來源作業處」提到分享稜鏡計畫的資料時，就高興地宣稱：「稜鏡是團隊成績！」（圖28）。

「上游」蒐集（從光纖電纜蒐集）和從網路公司伺服器直接蒐集（稜鏡計畫），佔了國安局蒐集到的資料之絕大

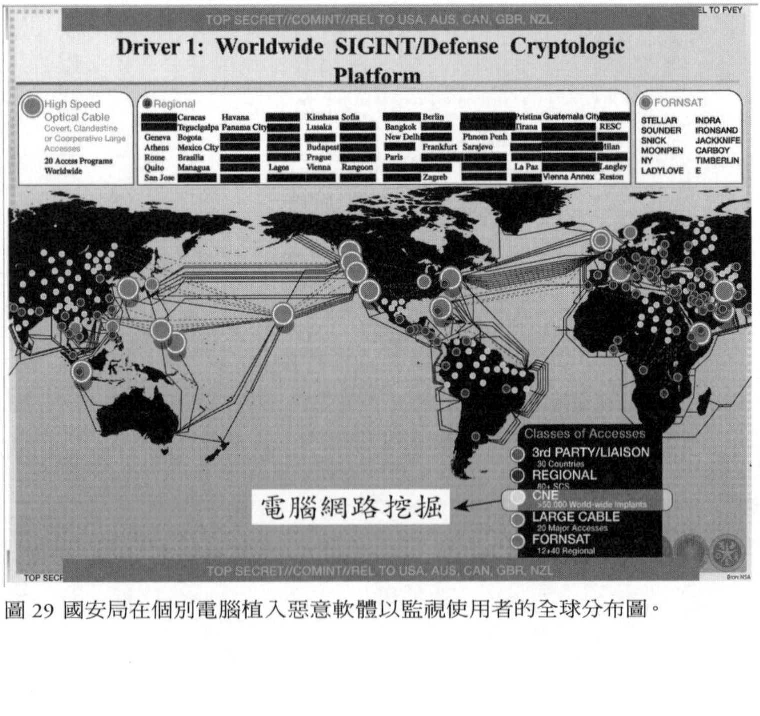

圖 29 國安局在個別電腦植入惡意軟體以監視使用者的全球分布圖。

部分。不過，除了如此鋪天蓋地監偵之外，國安局還執行所謂的「電腦網路挖掘」（CNE, Computer Network Exploitation），即把惡意軟體植入個別電腦以監視使用者。當國安局成功植入惡意軟體時，用國安局的術語來說，意即可以「擁有」這部電腦：監看每一字鍵輸入，以及使用者開啟的每一網頁。負責這項工作的「客製獲取作業處」（TAO, Tailored Access Operations）實際上就是國安局的駭客部隊。

國安局的駭客行動其實很普遍：國安局有份文件指出，該局已在至少五萬部電腦成功地植入名為「量子嵌入」（Quantum Insertion）的惡意軟體。有一張地圖顯示這些作業發生在哪些地方，以及成功嵌入的數字（圖29）。

《紐約時報》引用史諾登

(TS//SI//NF) Expanding PRISM Sharing With FBI and CIA

By NAME REDACTED on 2012-08-31 0947

(TS//SI//NF) Special Source Operations (SSO) has recently expanded sharing with the Federal Bureau of Investigations (FBI) and the Central Intelligence Agency (CIA) on PRISM operations via two projects. Through these efforts, SSO has created an environment of sharing and teaming across the Intelligence Community on PRISM operations. First, SSO's PRINTAURA team solved a problem for the Signals Intelligence Directorate (SID) by writing software which would automatically gather a list of tasked PRISM selectors every two weeks to provide to the FBI and CIA. This enables our partners to see which selectors the National Security Agency (NSA) has tasked to PRISM. The FBI and CIA then can request a copy of PRISM collection from any selector, as allowed under the 2008 Foreign Intelligence Surveillance Act (FISA) Amendments Act law. Prior to PRINTAURA's work, SID had been providing the FBI and CIA with incomplete and inaccurate lists, preventing our partners from making full use of the PRISM program. PRINTAURA volunteered to gather the detailed data related to each selector from multiple locations and assemble it in a usable form. In the second project, the PRISM Mission Program Manager (MPM) recently began sending operational PRISM news and guidance to the FBI and CIA so that their analysts could task the PRISM system properly, be aware of outages and changes, and optimize their use of PRISM. The MPM coordinated an agreement from the SID Foreign Intelligence Surveillance Act Amendments Act (FAA) Team to share this information weekly, which has been well-received and appreciated. These two activities underscore the point that PRISM is a team sport!

圖30 《紐約時報》引用史諾登提供的文件報導，指稱國安局事實上「在全世界將近十萬部電腦」安裝惡意軟體。

提供的文件報導，指稱國安局事實上「在全世界將近十萬部電腦」安裝惡意軟體。雖然安裝惡意軟體通常是藉由「接觸到電腦網路而下手，國安局已日漸靠一種祕密技術，能在電腦沒與互聯網連接下，進入並更改電腦中的資料」（圖30）。

與各國政府、國際組織連手

除了和聽話的電信及網路公司合作之外，國安局也與外國政府合作打造無遠弗屆的監測系統。大體來講，國安局和外國的關係可分為三大類。第一類是與五眼集團的關係：美國與這些國家合作搞間諜活動，很少對他們偵監，除非是應這些國家本身官員的要求。第二類涉及到美國就特定監測項目與他們合作的國家，不過美國同時也對這些國家廣泛偵監。第三類則是美國例行對這些國家偵監，但與他們實質上從未合作過。

五眼集團內，國安局最親密的盟友即英國的「政府通訊總部」。《衛報》根據史諾登提供的文件報導說：「過去三年美國政府至少支付一億英鎊給英國的諜報機關政府通訊總部，以便讀取及影響英國的情報蒐集計畫。」這些錢是用來鼓勵政府通訊總部支持國安局的監聽活動。「政府通訊總部必須使勁努力，而且要讓努力被看見。」

「五眼集團」成員把他們絕大部分的情報活動都拿出來分享，並且每年舉行「訊號發展會議」（Signals Development conference），互相誇示他們的擴張，以及上一年度的成績。美國國安局副局長約翰・殷格里斯（John Inglis）對五眼同盟曾經說過一句話：他們「在許多方面合作進行情報工作，基本上是互相配合、取得共同利益」。

最富侵入性質的監偵作業大多由五眼夥伴執行，其中相當數量涉及到政府通訊總部。最值得一提的是，這個英國諜報機關與美國國安局合作，破解用來保護網路銀行和讀取醫療紀錄等個人網路活動常見的加密技術。這兩個機構成功設立「後門」進入這些加密系統，他們不但能夠窺伺一般人的私密活動，還弱化這些系統，使得使用人更易遭到有惡意的駭客以及其他外國情報機關的侵擾。

政府通訊總部也從全世界的海底光纖電纜大規模攔截通訊資料。《衛報》報導，政府通訊總部以「田波拉」（Tempora）計畫為名，開發出一種能力「可以掛線或儲存來自光纖電纜、長達三十天的的巨量資料，以便審視和分析」，「政府通訊總部和國安局因此可以取得和處理完全無辜的人之間巨量的通訊。」攔截下來的資料包括所有形式的線上活動，如「電話錄音、電郵內容、臉書記事，以及任何網路使用者接觸網站的歷史」。

政府通訊總部的監聽活動和國安局一樣包羅萬象，也同樣不用向任何單位負責。《衛報》指出：

> 這個機關野心之大反應在其兩個主要部門的名稱上：一個叫「掌握網路處」（Mastering the Internet）、一個叫「全球電信挖掘處」（Global Telcoms Exploitation），專注於盡最大可能蒐集網路及電話通訊。執行這項任務時完全未經過任何形式的公共認可或辯論。

加拿大也是美國國安局非常積極的夥伴，本身也是非常活躍的監偵力量。二〇一二年的「訊號發展會議」上，「加拿大通訊安全局」（CSEC, Communications Services Establishment Canada）自誇其鎖定巴西礦業及能源部監聽；礦業及能源部負責監理巴西相關產業，加拿大業者相當關心巴西的動態（圖31、32）。

證據顯示，加拿大通訊安全局和美國國安局密切合作，加拿大方面在國安局示意下，建立監聽站，方便國安局進行全球通訊監聽作業，也針對美方鎖定的貿易夥伴進行監聽（圖33、34）。

五眼關係益常密切，以致於成員國政府把國安局的意願看得比自身公民的隱私還更重要。例如，《衛報》報導有一份二〇〇七年備忘錄，敘述有一項協議，「允許（國安局）『揭露』（unmask）、並保有有關英國人的個人資料；原本這是不准的」。此外，二〇〇七年的規定變更，「允許國安局分析及保有蒐集到的任何英國公民的手機及傳真機號碼、電郵及IP位址」。尤有甚者，澳洲政府在二〇一一年明白請求美國國安局擴大偵察澳洲公民。澳洲「國防部訊號總處」（DSD, Defence Signals Directorate，譯按：在二〇一三年改名為「澳洲訊號總處」Australia Signals Directorate，ASD）代理副處長德瑞克・達爾頓（Derek

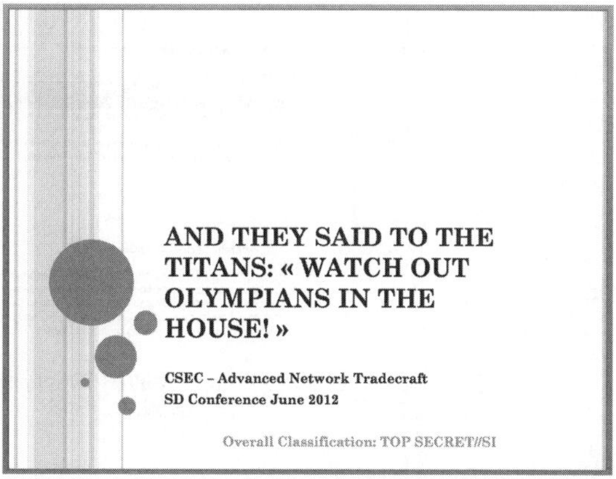

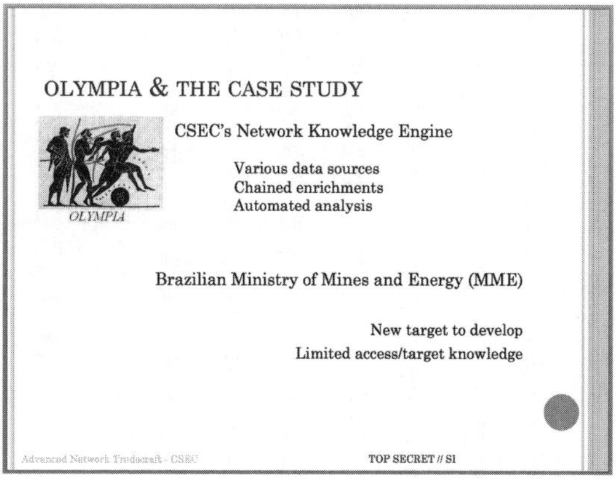

圖31、32 加拿大情報機關自誇其鎖定巴西礦業及能源部監聽。

Dalton）於二月二十一日致函美國國安局「訊號情報處」，宣稱澳洲「現在面臨在澳洲國內外皆極活躍的『本土成長』極端份子之惡毒及積極威脅」。他要求增加對澳洲政府認為可疑的澳洲公民通訊之監聽：

> 雖然我們本身投入極大的分析和蒐集努力，去尋找和發掘這些通訊，我們卻面臨困難去獲得正常可靠的通訊，影響到我們偵測、防止恐怖份子行動的能力，也降低我們保護澳洲公民、以及我們親近友人及盟友的生命和安全的能力。
>
> 我們在取得最低化的美國資料，以對付印尼最主要的恐怖份子的目標上，與國安局有長久且具建設性的夥伴關係。這些資料攸關國防部訊號總處阻撓及防堵本區域恐怖份子運作的能力，最近逮捕到巴里島爆炸案逃犯烏瑪·巴鐵克（Ulmar Patek）即是證明。

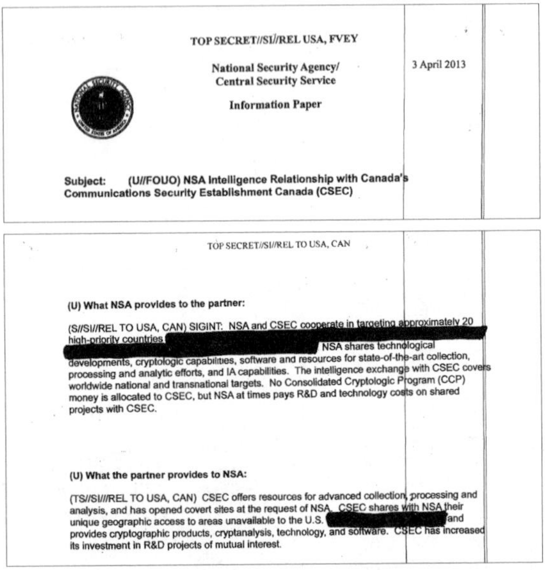

TOP SECRET//SI//REL USA, FVEY

National Security Agency/
Central Security Service

Information Paper

3 April 2013

Subject: (U//FOUO) NSA Intelligence Relationship with Canada's Communications Security Establishment Canada (CSEC)

TOP SECRET//SI//REL TO USA, CAN

(U) What NSA provides to the partner:

(S//SI//REL TO USA, CAN) SIGINT: NSA and CSEC cooperate in targeting approximately 20 high-priority countries [redacted] NSA shares technological developments, cryptologic capabilities, software and resources for state-of-the-art collection, processing and analytic efforts, and IA capabilities. The intelligence exchange with CSEC covers worldwide national and transnational targets. No Consolidated Cryptologic Program (CCP) money is allocated to CSEC, but NSA at times pays R&D and technology costs on shared projects with CSEC.

(U) What the partner provides to NSA:

(TS//SI//REL TO USA, CAN) CSEC offers resources for advanced collection, processing and analysis, and has opened covert sites at the request of NSA. CSEC shares with NSA their unique geographic access to areas unavailable to the U.S. [redacted] and provides cryptographic products, cryptanalysis, technology, and software. CSEC has increased its investment in R&D projects of mutual interest.

圖 33、34 加拿大通訊安全局和美國國安局密切合作，建立監聽站。

我們非常期待有機會把與國安局的夥伴關係，擴大到涵蓋涉及國際極端主義活動的許多澳洲人身上，特別是牽涉到凱達組織阿拉伯半島分支（AQAP, Al-Queda in the Arabian Peninsula）的澳洲人身上（圖35）。

除了五眼夥伴，國安局次一層級的合作對象的「B級」盟友：即與國安局有某種有限度的合作之國家，但是本身也被美方鎖定為積極監聽的對象。國安局已經清楚地區分這兩個層級的盟友如下（圖36）：

國安局有一份更新的文件，即二〇一三年會計年度〈外國夥伴檢討〉，用不同的名詞（改用「第三方」稱呼B層國家）顯示出國安局的夥伴擴張了，甚至還包含北大西洋公約組織（NATO）等國際組織（圖37）。

和對待英國政府通訊總部的方式一樣，國安局經常藉由付錢給這些夥伴，開發某些技術及進行監聽作業，來維繫夥伴關係，也進而指導夥伴如何執行間諜工作。二〇一二年

While we have invested significant analytic and collection effort of our own to find and exploit these communications, the difficulties we face in obtaining regular and reliable access to such communications impacts on our ability to detect and prevent terrorist acts and diminishes our capacity to protect the life and safety of Australian citizens and those of our close friends and allies.

We have enjoyed a long and very productive partnership with NSA in obtaining minimised access to United States warranted collection against our highest value terrorist targets in Indonesia. This access has been critical to DSD's efforts to disrupt and contain the operational capabilities of terrorists in our region as highlighted by the recent arrest of fugitive Bali bomber Umar Patek.

We would very much welcome the opportunity to extend that partnership with NSA to cover the increasing number of Australians involved in international extremist activities – in particular Australians involved with AQAP.

圖 35 澳洲政府明白請求美國國安局擴大偵察澳洲公民。

CONFIDENTIAL//NOFORN//20291123

TIER A **Comprehensive Cooperation**	Australia Canada New Zealand United Kingdom
TIER B **Focused Cooperation**	Austria Belgium Czech Republic Denmark Germany Greece Hungary Iceland Italy Japan Luxemberg Netherlands Norway Poland Portugal South Korea Spain Sweden Switzerland Turkey

圖 36 國安局區分兩種合作層級的盟國。

會計年度〈外國夥伴檢討〉揭露加拿大、以色列、日本、約旦、巴基斯坦、台灣和泰國等許多國家收受這些錢（圖38）。

特別值得一提的是，國安局和以色列有合作監聽關係，其親近程度並不亞於與五眼夥伴的關係。國安局和以色列情報機關之間的一份了解備忘錄詳述美國如何採取不尋常的作法，定期與以色列分享含有美國公民通訊的原始材料。國安局提供給以色列的資料，包括「未經評估、未經最小化的文字謄本、梗概、傳真、打字電報、語音以及數位網路情報元資料及內容」。

這種分享特別不合理的地方在於，交給以色列的材料沒有經過法有明文規定的「最小化」程序。最小化程序是要確保國安局大舉監聽卻掃進某些即使該局最寬大的方針也不允

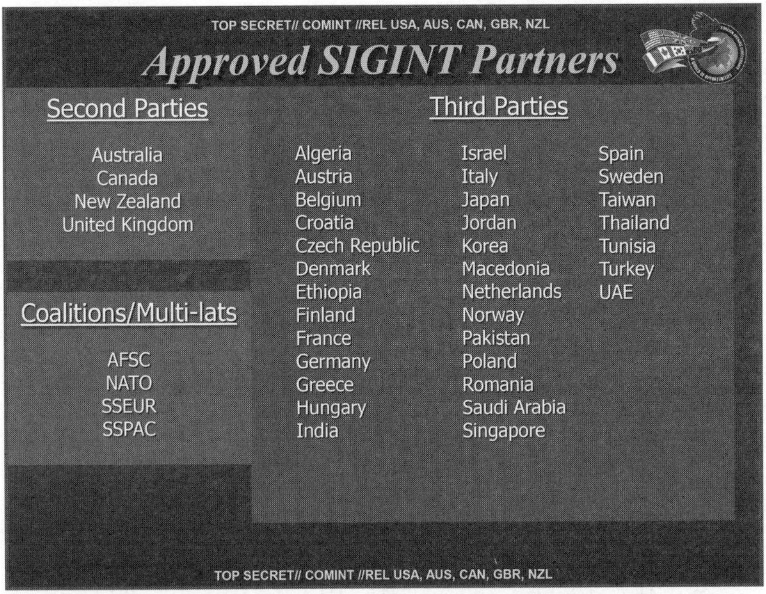

圖 37 國安局擴張合作夥伴，包含北大西洋公約組織等國際組織。

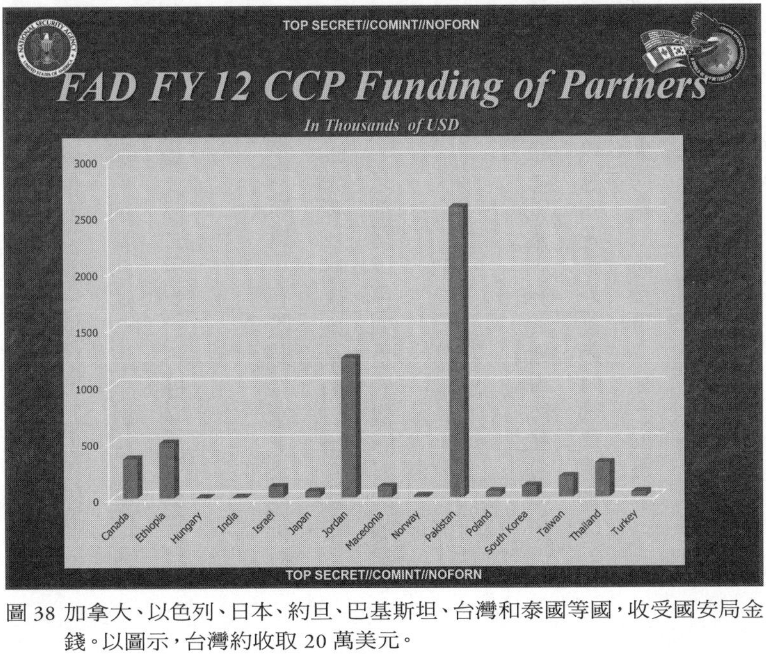

圖 38 加拿大、以色列、日本、約旦、巴基斯坦、台灣和泰國等國，收受國安局金錢。以圖示，台灣約收取 20 萬美元。

許蒐集的一些通訊資料，必須儘快銷毀這些資料，並且不再進一步散布。依據法律條文規定，最小化的要求已經出現許多漏洞，包括豁免「重大外國情報資訊」或任何「刑案證據」。但是碰到要把資料散布給以色列情報機關時，國安局卻顯然把這些法令規定統統拋棄。這份備忘錄坦率指出：「國安局例行交給以色列訊號情報處（ISNU, Israeli SIGINT National Unit）最小化及未最小化的原始資料。」

國安局一份文件敘述以色列的合作史，凸顯出一個國家既可在監聽作業上合作，也可同時成為美國監聽的對象。文件指出：「圍繞著以前情報、監視與偵察（Intelligence, Surveillance and reconnaissance）作業，出現信任問題。」又指稱以色列是最積極對抗美國的監聽機關之一：

> 還有少許令人預料不到的事……法國透過技術情報之蒐集，和美國國防部勾心鬥角，以色列也鎖定我們。一方面，對我們而言，以色列是格外優秀的訊號情報夥伴，另一方面，他們鎖定我們以便了解我方在中東問題上的立場。有一項國家情報評估（NIE, National Intelligence Estimate）把他們列在最積極反美的情報機關之第三名（圖39）。

同一份報告也說，儘管美、以雙方情報機關關係密切，美國提供給以色列偌大的資訊，卻沒有得到太多回報。以色列情報機關只想蒐集有助於他們的資料。國安局抱怨說，雙方夥伴關係幾乎完全倒向為以色列服務（圖40）。

> 要在美國和以色列的需求之間平衡訊號情報的交流，一向都是很大的挑戰。過去十年，或許可說是極度傾向對以色列安全機關有利。九一一事件來了、又過去了，國安局唯一真正的第三方反恐關係幾乎全受到夥伴需求所帶動。

在五眼夥伴及以色列等第二層國家底下，還有第三層國家，他們經常是目標，但絕非美國間諜作業的夥伴。可想而知，他們包括被視

(TS//SI//REL) There are also a few surprises... France targets the US DoD through technical intelligence collection, and Israel also targets us. On the one hand, the Israelis are extraordinarily good SIGINT partners for us, but on the other, they target us to learn our positions on Middle East problems. A NIE [National Intelligence Estimate] ranked them as the third most aggressive intelligence service against the US.

圖 39 美國與以色列的關係，說明合作夥伴也同時是監聽對象。

Balancing the SIGINT exchange equally between US and Israeli needs has been a constant challenge in the last decade, it arguably tilted heavily in favor of Israeli security concerns. 9/11 came, and went, with NSA's only true Third Party CT relationship being driven almost totally by the needs of the partner.

圖 40 文件凸顯出美國與以色列的不平衡合作關係。

為敵手的政府，如中國、俄羅斯、伊朗、委內瑞拉和敘利亞。但是第三層也包括大體上對美國從友善到中立的國家，如巴西、墨西哥、阿根廷、印尼、肯亞和南非等國家。

司法系統淪為政府濫權幫凶

國安局監聽剛被掀爆時，美國政府試圖辯解，硬說美國公民和外國國民不同，是有受到保護的，國安局沒取得許可，不會監聽他們。二〇一三年六月十八日，歐巴馬總統告訴查理．羅斯（Charlie Rose）：「我可以很坦率地說，如果你是美國人，依法律、依規定……國安局不能監聽你的電話，除非他們……上法院，取得許可，並且要有可能的緣由，一向就是如此。」眾議院情報委員會共和黨籍的主席麥克．羅傑斯（Mike Rogers）同樣也告訴CNN有線電視新聞網，國安局「不監聽美國人的電話。如果監聽，那就是違法」。

其實，如此辯解還真有點怪：實質上，這是向全世界昭告，國安局的確侵犯非美國人的隱私。保護隱私，顯然是美國公民才能享有。這段話引起國際大譁，甚至並不是那麼熱心保護隱私的臉書執行長馬克．祖克伯格（Mark Zuckerberg），也抱怨政府就國安局醜聞做回應時，「搞砸了」，破壞國際網路公司的利益：「政府說不用擔心，我們不對任何美國人進行監控。太棒了，這的確有利於試圖與全世界的人來往的公司。感謝這些澄清。我覺得情況太惡劣了。」

除了這個辯護不知是恭維還是諷刺之外，這個說法也明顯不實。事實上，與歐巴馬總統及其高級官員的一再否認相反，國安局持續攔截美國公民的通訊，而且沒有任何個別的「可能的緣由」之許可令來證明這種監控有理。這是因為二〇〇八年外國情報監視法倘如前文所說，允許國安局沒有申請個別許可就監視任何一個美國人的通訊內容，只要這些通訊是與鎖定的外國國民交流的話就行。國安局稱之為「偶然的」蒐集，彷彿該局偵監美國人只是某種小意外。但是這裡頭的含意很詭異。美國公民自由聯盟法務室副主任賈米爾·賈菲（Jameel Jaffer）解釋說：

政府經常說這樣監控美國人的通訊是「偶然的」，這一來很像是國安局監聽美國人電話和電子郵件是無心之失，甚至暗示政府已表示殊為遺憾。

但是當小布希政府官員向國會要求此一新的監聽權時，他們講得很明白：美國人的通訊是他們最感興趣的通訊。例如，小組委員會聽證會討論〈二十一世紀的外國情報監視法〉。一〇九居國會（二〇〇六年）司法委員會上麥可·海登的聲明說，某些「一端在美國的通訊」是「我們最為重要的通訊。」二〇〇八年這項法令的主要目的是讓政府有可能蒐集到美國人的國際通訊——並且在蒐集這些通訊時，避而不談通訊的任何一方有任何不法行為。許多支持政府的人打算遮掩這個事實，而且是極為重要的事實：政府不需要「鎖定」美國人、俾能蒐集巨量的通訊。」

耶魯法學院教授傑克・巴爾金（Jack Balkin）同意二〇〇八年外國情報監視法實質上賦予總統有權發動「實質上類似不需許可的監視計畫」，而小布希總統已祕密推動。「這些計畫可能無可避免包括涉及美國人的許多電話通訊，而這些人可能與恐怖主義或凱達組織毫不相干。」

進一步有損歐巴馬保證的是，外國情報監視法法庭的順服態度，國安局提出的監聽要求，法庭幾乎無不照單全收，予以通過。替國安局辯護的人經常宣稱外國情報監視法法庭的程序足資證明國安局是受到有效的監督。但是這個法庭不是設置來真正制衡政府的權力，而是做為妝點門面的措施，只做為改革的外貌，以平息民眾厭棄一九七〇年代曝露的濫權監視之怒火。

十分顯然，這個機構根本派不上制衡濫權監視的用場，因為外國情報監視法法庭實質上欠缺我們社會通常以為司法制度必有的最低元素。開庭完全保密，只有一造——政府——獲准出席聽證會，表達其說法；法庭的裁決也自動列為「絕密」。甚且，多年來外國情報監視法法庭設在司法部，充分顯示法庭是行政部門的一部分，而不是獨立的司法機關、執行真正的監督。

結果當然不出眾人所料：外國情報監視法法庭幾乎從來沒有批駁國安局監聽美國人的任何申請。外國情報監視法法庭打從一設立，就是國安局最大的橡皮圖章。外國情報監視法法庭從一九七八年成立到二〇〇二年這二十四年期間，批駁政府申請案的數字掛零，可是批准的件數有數千件之多。接下來的十年期間，直到二〇一二年，法庭只批駁十一件政府申請案。核准的案件總數合計超過兩萬件。

二〇〇八年外國情報監視法一項條款規定，行政部門每年要向國會揭露法庭收到多少件監聽申請，然後核准、修訂或駁回。二〇一二年的報告顯示，法庭收到一千七百八十八件電子偵監申

Applications Made to the Foreign Intelligence Surveillance Court During Calendar Year 2012 (section 107 of the Act, 50 U.S.C. § 1807)

During calendar year 2012, the Government made 1,856 applications to the Foreign Intelligence Surveillance Court (the "FISC") for authority to conduct electronic surveillance and/or physical searches for foreign intelligence purposes. The 1,856 applications include applications made solely for electronic surveillance, applications made solely for physical search, and combined applications requesting authority for electronic surveillance and physical search. Of these, 1,789 applications included requests for authority to conduct electronic surveillance.

Of these 1,789 applications, one was withdrawn by the Government. The FISC did not deny any applications in whole or in part.

圖 41 法庭收到 1789 件電子偵監申請，全數核准。

請，一件不少，全部核准；同時只「修改」——也就是縮小命令範圍——四十件，換句話說，不到百分之三（圖41）。

二〇一一年的情況也大抵如此，國安局報告指稱提出一千六百七十六件申請；外國情報監視法法庭雖然「修改」其中三十件，「並沒有否決任何申請案之全部或一部分。」

法庭對國安局百依百順，還有其他統計可資證明。譬如，這裡就是過去六年國安局援引愛國法案多次要求取得美國人民商業紀錄，像是電話、財務或醫療時，外國情報監視法法庭的反應狀況（圖42）。

因此，即使在這些有限的個案，需要有外國情報監視法法庭批准才能鎖定某人的通訊，過程仍是一齣空洞的啞劇，而非針對國安局形成有意義的制衡。

針對國安局的另一層監督，表面上由國會情報委員會主司，這是在一九七〇年代爆發監聽醜聞後才設置的委員會，但是比起外國情報監視法法庭還更加怠惰。委員會本該對情報界進行「有警覺的立法監督」，但事實上這些委員會現在由華府最效忠國安局的人士所主導：參議院是民主黨籍的戴安妮·范士丹、眾議院是共和黨籍的麥克·羅傑斯。范士丹和羅傑斯的委員會對國安局的作業並沒有任何針對性的查察，反而主要在捍衛及合理化國安局的所有行動。

《紐約客》的雷恩．李薩（Ryan Lizza）於二〇一三年十二月一篇文章指出，參議院情報委員會並未監督，反而經常「對待高階情報官員有如劇場偶像」。觀察委員會就國安局活動舉行聽證會的人士很震驚地發現，參議員們是如何質詢出席聽證會的國安局官員。參議員們的「質詢」典型模式是冗長獨白，大談他們對九一一攻擊事件的回憶，以及有多麼重要一定要防止未來再次發生攻擊事件。委員會成員放棄盤詰這些官員、執行監督職責的機會，反而大肆宣傳、替國安局辯護。這一幕完全捕捉到過去十年情報委員會真正的功能。

　　兩院情報委員會主席有時候比起國安局官員還更強力捍衛國安局。二〇一三年八

[@matthewkeyslive]

Gov't surveillance requests to FISA court

Year	Number of business records requests made by U.S. Gov't	Number of requests rejected by FISA court
2005	155	0
2006	43	0
2007	17	0
2008	13	0
2009	21	0
2010	96	0
2011	205	0

[Source: Documents released by ODNI, 18/Nov/2013]

圖 42 過去六年國安局援引愛國法案要求取得美國人民商業紀錄，像是電話、財務或醫療時，外國情報監視法法庭全數核准。

月，佛羅里達州民主黨籍艾倫·葛瑞生（Alan Grayson）和維吉尼亞州共和黨籍摩根·葛里費斯（Morgan Griffith），這兩位眾議員分別向我抱怨，表示眾院常設情報委員會阻止他們及其他委員取得有關國安局的最基本資料。他們都出示他們寫給主席羅傑斯幕僚，索取有關媒體上討論的國安局各項計畫之資料的信文。這些要求一再被拒絕。

我們報導史諾登新聞之後，長久關心濫權監聽的一群兩黨參議員開始設法草擬立法，要對國安局的權力予以實質限制。但是以俄勒崗州民主黨籍參議員隆·魏登（Ron Wyden）為首的這些改革派立刻遇上障礙：參議院裡捍衛國安局的議員也有反動作，他們起草的立法徒有改革表象，實則維持、甚至增加國安局的權力。《石板》（*Slate*）雜誌的大衛·魏格爾（Dave Wiegel）十一月份報導：

> 批評國安局巨量蒐集資料和監聽計畫的人士，從來不用擔心國會將袖手旁觀。他們預料國會會提出類似改革，但實則寬恕已被揭露的無恥作法。一如繼往，二〇〇一年美國愛國法案任何一項修正或重新授權打造的後門比牆還多。

俄勒崗參議員隆·魏登上個月警告說：「我們將起而對抗由政府情報機關首

長、他們在智庫和學界盟友、退休政府官員和同情的立法人員等重量級成員所組成的『守舊派兵團』。他們的終極目標是確保任何監聽作業改革十分膚淺……不能實際保護隱私的隱私保護根本連一張紙都不值。」

「假改革」派由主司對國安局監督的范士丹領導。范士丹長久以來即是美國國家安全產業最忠實的支持者，從熱烈支持伊拉克戰爭到堅決支持小布希時期的中央情報局計畫，無役不與（同時，她的丈夫在某一軍事承包商公司有相當大份量持股）。很顯然，范士丹是領導號稱執行監督情報機關、實則多年來反其道而行的一個委員會之絕佳人選。

因此，儘管政府百般否認，國安局能監視誰、如何監視，實際上並無制衡。即使這些制衡名義上存在——即美國公民成為監聽對象時，需有限制——過程其實相當虛假。國安局是個道道地地的惡棍機關：有權不受控制、不講透明度或責信而恣意作為。

與反恐無關的經濟、外交間諜偵監

廣義而言，國安局蒐集兩類資訊：內容與元資料。此地「內容」指的是實際監聽人們的電話通話或閱讀他們的電子郵件和線上聊天，以及檢視網路活動，如瀏覽歷史及蒐尋活動。同時，「元資料」的蒐集，涉及到蒐羅有關這些通訊的資料。國安局稱之為「有關內容的資訊（而非內容本身）」。

例如，一則電郵的元資料記載誰發訊給誰、何時發出電郵，以及發訊人的位置所在。若是電話通訊，元資料包括發話人及受話人的電話號碼、交談時間、位置所在以及用來通訊的裝置類型。國安局在一份有關電話通訊的文件中，列舉取得及儲存的元資料（圖43）。

美國政府堅稱，史諾登檔案所爆

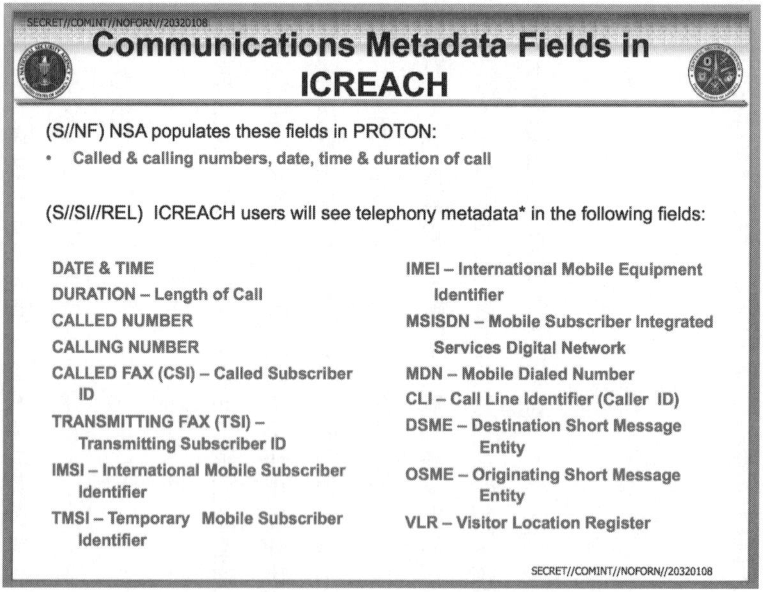
SECRET//COMINT//NOFORN//20320108
Communications Metadata Fields in ICREACH
(S//NF) NSA populates these fields in PROTON:
• Called & calling numbers, date, time & duration of call
(S//SI//REL) ICREACH users will see telephony metadata* in the following fields:
DATE & TIME
DURATION – Length of Call
CALLED NUMBER
CALLING NUMBER
CALLED FAX (CSI) – Called Subscriber ID
TRANSMITTING FAX (TSI) – Transmitting Subscriber ID
IMSI – International Mobile Subscriber Identifier
TMSI – Temporary Mobile Subscriber Identifier
IMEI – International Mobile Equipment Identifier
MSISDN – Mobile Subscriber Integrated Services Digital Network
MDN – Mobile Dialed Number
CLI – Call Line Identifier (Caller ID)
DSME – Destination Short Message Entity
OSME – Originating Short Message Entity
VLR – Visitor Location Register
SECRET//COMINT//NOFORN//20320108

圖 43 文件列舉國安局在一份有關電話通訊所取得及儲存的元資料。

料的監聽大多只涉及蒐集「元資料、而非內容」，試圖暗示這種監聽行為不具入侵性，或至少不及於攔截內容的同等程度。范士丹明白地在《今日美國報》上主張，蒐集所有美國人電話紀錄的元資料，根本「不是監聽」，因為「並不蒐集任何通訊的內容」。

這些不誠懇的主張遮掩住事實，即元資料的監偵至少可與攔截內容同樣具入侵性，而且經常更凶猛。當政府曉得你打了電話給哪些人、又有哪些人打電話給你，加上所有電話對談的確切長度；當政府可以列舉你的每一封電郵、你從哪裡發出電郵，便可以描繪出你相當完整的生活、交友、活動圖象，甚至包括某些你最親密、隱私的資訊。

美國公民自由聯盟挑戰國安局蒐集元資料計畫，提出一項供詞，普林斯頓電腦科學教授愛德華．費爾田（Edward Felten）在供詞中說明為什麼元資料監控可以透露許多隱私：

> 考量下述假設性的例子：一名年輕女子打電話給她的婦科醫生；然後立刻打電話給媽媽；再打給一名男子，在過去幾個月她經常在夜裡十一點過後和他通話；接下來又打電話到一家提供人工墮胎的家庭計畫中心。可能立刻浮現一條故事軸線，光憑檢視單一一通電話的紀錄是辦不到的。
>
> 即使是單一一通電話，元資料有時也比電話內容可以告訴我們更多消息。側聽

一個女子打電話給一家墮胎中心，或許只告訴我們某人確認與一家似乎與婦科有關的機構（「東城診所」或「瓊斯醫生辦公室」）有約，但元資料透露的訊息遠超過於此，元資料還會透露通話者的身份。

同理，打電話到交友社、男／女同性戀中心、毒品勒戒診所、愛滋病專家或自殺防治熱線，也都是如此。元資料也可能曝露人權團體和處於高壓政權底下的線民之間的對話，或是某位身份保密的消息人士打電話向記者通報高層違法亂紀。假設你經常半夜三更和某個不是你配偶的人通電話，元資料也會曝露出來。更有甚者，不只記錄你通訊的每個對象以及通訊頻率，甚且你的朋友和同事通訊的每個對象也統統記載下來，建立起你交往圈的完整圖象。

誠如費爾田教授所說，由於語言差異、閒聊天、使用俚語或刻意設計的密語，竊聽電話的確不容易。他認為：「由於沒有具體結構，很難以自動化方式分析通話的內容。」相形之下，元資料是數學性質：乾淨俐落、準確，因此易於分析。誠如費爾田所說，元資料經常「代表內容」：

> 電話元資料可以……曝露我們極大量的習慣與交往關係。打電話的模式可以洩漏我們何時醒著、何時睡覺；如果有人固定在安息日（Sabbath）不打電話，或是在聖誕節撥打大量電話，則可以研判他的宗教信仰；也可以得知我們的工作習慣、我們的社交性向；我們有多少朋友；甚至我們是否參加社團或政黨。

費爾田的結論是：「大量蒐集不僅使得政府獲悉更多人的資訊，也可以使得政府只要蒐集少數、特定個人的資訊，就獲悉原本不知的、新的私密事實。」

關切政府將這類敏感資訊用在許多方面，尤其有道理，是因為歐巴馬總統和國安局雖一再聲稱，可是事實卻很清楚地反向指出國安局大量活動根本無關反恐，或甚至與國家安全無關。史諾登檔案有極大多數顯示為經濟間諜行為：針對巴西石油巨人巴西石油公司（Petrobras）、拉丁美洲的經濟會議，以及委內瑞拉和墨西哥的能源公司進行竊聽電話和攔截電子郵件；以及國安局的盟友，如加拿大、挪威和瑞典對巴西礦業及能源部，以及其他若干國家能源公司進行偵監。

美國國安局和英國政府通訊總部有一份文件詳載許多偵監對象，明顯屬於經濟性質：巴西石油公司、SWIFT銀行系統（Society for Worldwide Interbank Financial

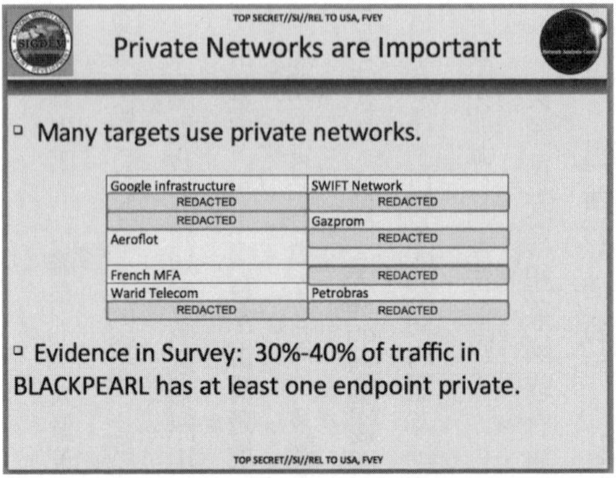

圖 44 與反恐無關的全球經濟單位偵監作業。

Telecommunication，譯按：環球銀行金融電信協會，銀行同業透過該系統交換電文，完成金融交易）、俄國國營石油公司（Gazprom），以及俄國航空公司（Aeroflot）（圖44）。

多年來，歐巴馬總統及其高級官員猛烈抨擊中國使用其監聽能力爭取經濟優勢，同時堅稱美國及其盟國從來不幹這種事。《華盛頓郵報》引述國安局發言人說，國防部（國安局的頂頭上司）「『的確從事』電腦網路利用探索（？）」，但是它「……不……在任何領域，包括「網路世界」從事經濟間諜活動」。

國安局矢口否認其進行的經濟間諜活動，可從其本身文件得到證實。國安局為其所謂「顧客」之利益活動，有一份「顧客」名單，不僅包括白宮、國務院和中情局，也包括純粹經濟性質的機構，如聯邦貿易代表署、農業部、財政部和商務部等（圖45）。

在描述「布拉爾奈」計畫時，國安局列出提供給「顧客」的資訊種類，分為：「反恐」、

「反擴散」及「經濟」（圖46、47）。

一份稜鏡計畫文件也顯示出國安局對經濟事務的興趣。文件指出二〇一三年二月二日至八日一週期間的「報告主題」，即包含從不同國家蒐集「能源」、「貿易」和「石油」等經濟及財政類別的資訊（圖48）。

圖 45 國安局也為聯邦貿易代表署、農業部、財政部和商務部等經濟單位服務。

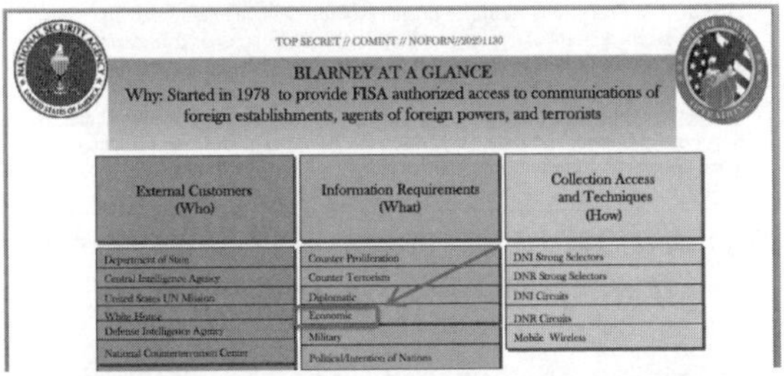

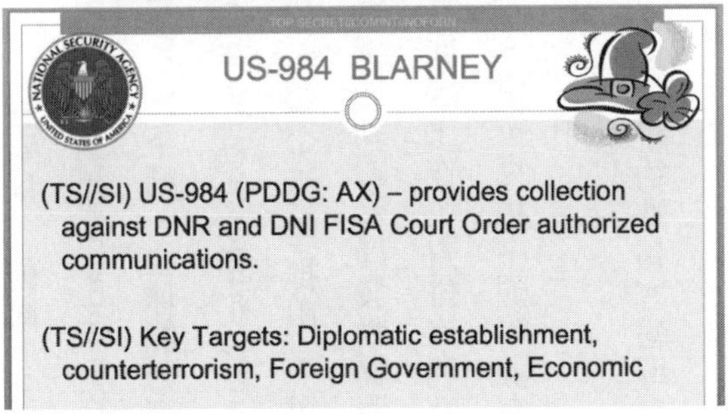

圖 46、47 國安局提供「反恐」、「反擴散」及「經濟」三種資訊種類給顧客。

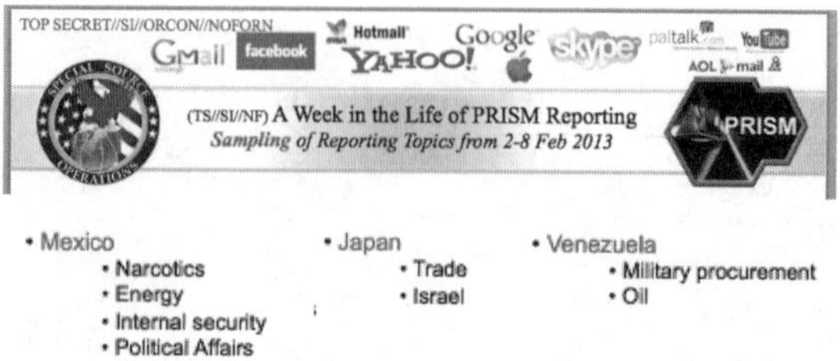

圖 48 國安局廣泛蒐集經濟相關資訊。

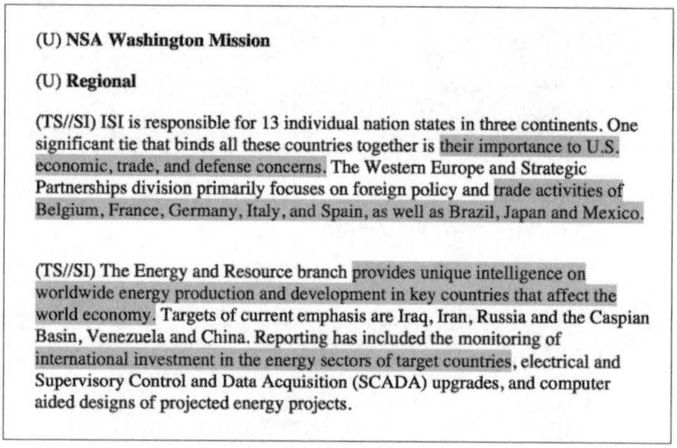

(U) NSA Washington Mission

(U) Regional

(TS//SI) ISI is responsible for 13 individual nation states in three continents. One significant tie that binds all these countries together is their importance to U.S. economic, trade, and defense concerns. The Western Europe and Strategic Partnerships division primarily focuses on foreign policy and trade activities of Belgium, France, Germany, Italy, and Spain, as well as Brazil, Japan and Mexico.

(TS//SI) The Energy and Resource branch provides unique intelligence on worldwide energy production and development in key countries that affect the world economy. Targets of current emphasis are Iraq, Iran, Russia and the Caspian Basin, Venezuela and China. Reporting has included the monitoring of international investment in the energy sectors of target countries, electrical and Supervisory Control and Data Acquisition (SCADA) upgrades, and computer aided designs of projected energy projects.

圖 49 國安局對比利時、日本、伊拉克、中國等國，發動經濟與貿易間諜工作。

國安局「國際安全議題處」（ISI, International Security Issues）下轄「全球能力經理」（Global Capabilities Manager）於二〇〇六年提出一份備忘錄，提到國安局發動經濟與貿易間諜工作，對付比利時、日本、伊拉克和中國等國家（圖 49）。

《紐約時報》報導史諾登揭露一批英國政府通訊總部的文件，指出其監聽對象經常包括財務機構及「國際援助組織、外國能源公司的首長，以及涉及與美國科技公司進行反托拉斯官司的一位歐盟官員」。文件繼而指出，美、英這兩個機關「監視歐盟資深官員、外國元首（包括非洲國家元首，有時亦及其家人）、聯合國主管及其他賑濟計畫（如聯合國兒童基金）、以及主管石油及財金部會首長的通訊。」

從事經濟間諜活動的理由其實很清楚。當美國在貿易及經濟談判時，利用國安局竊聽其他國家企劃戰略，可以為美國業者取得巨大優勢。例如，二〇〇九年，助理國務卿湯瑪士・商儂（Thomas Shannon）致函基斯・亞歷山大，「感謝及慶賀（國務院得到有關第五屆美洲國家峰會）傑出的訊號情資支援」，這項會議專注在談判經濟協議。商儂在信中特別指出，國安局監聽使得美國在和其他國家談判時佔了優勢。

我們從國安局得到的一百多份報告，使我們深刻了解其他峰會與會人士的計畫與意向，確保我方外交官員能好好地向歐巴馬總統及柯林頓國務卿建言，知道如何處理棘手議題，例如古巴與其難纏的對手委內瑞拉總統查維茲交手（圖50）。

國安局同樣也致力於外交間諜工作，提到「政治事務」的一些文件就是證明。二〇一一年有一個特別過分的例子，顯示國安局如何鎖定兩位拉丁美洲領導人進行監聽——巴西總統狄兒瑪・羅瑟芙（Dilma Rousseff）及「她的關鍵顧問」，以及墨西哥當時總統候選人恩立克・皮納・內托（Enrique Pena Nieto，現任總統）及「他的九位親信」。文件甚至標識出攔截內托與一名「親信副手」收發的簡訊（圖51、52、53、54）。

The more than 100 reports we received from the NSA gave us deep insight into the plans and intentions of other Summit participants, and ensured that our diplomats were well prepared to advise President Obama and Secretary Clinton on how to deal with contentious issues, such as Cuba, and interact with difficult counterparts, such as Venezuelan President Chavez.

圖 50 利用竊聽取得經濟談辦優勢。

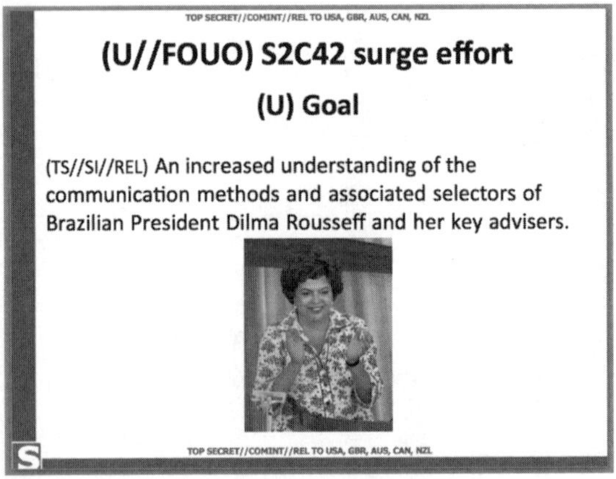

TOP SECRET//COMINT//REL TO USA, GBR, AUS, CAN, NZL
(U//FOUO) S2C42 surge effort
(U) Goal
(TS//SI//REL) An increased understanding of the communication methods and associated selectors of Brazilian President Dilma Rousseff and her key advisers.
TOP SECRET//COMINT//REL TO USA, GBR, AUS, CAN, NZL

圖 51 監聽巴西總統狄兒瑪・羅瑟芙與她的顧問。

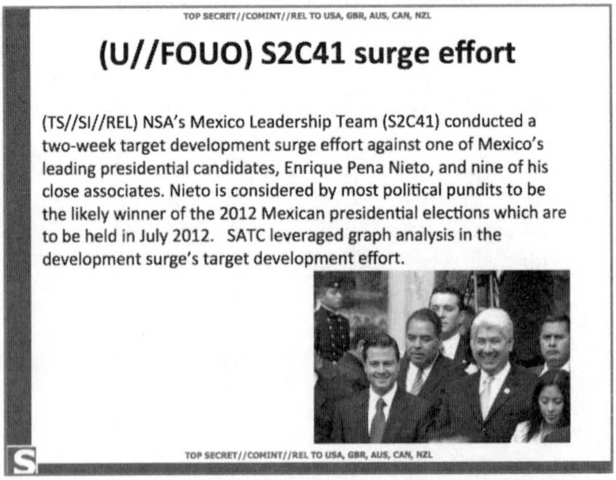

TOP SECRET//COMINT//REL TO USA, GBR, AUS, CAN, NZL
(U//FOUO) S2C41 surge effort
(TS//SI//REL) NSA's Mexico Leadership Team (S2C41) conducted a two-week target development surge effort against one of Mexico's leading presidential candidates, Enrique Pena Nieto, and nine of his close associates. Nieto is considered by most political pundits to be the likely winner of the 2012 Mexican presidential elections which are to be held in July 2012. SATC leveraged graph analysis in the development surge's target development effort.
TOP SECRET//COMINT//REL TO USA, GBR, AUS, CAN, NZL

圖 52 監聽墨西哥總統候選人內托及他的九位親信。

讀者或許會問，為什麼巴西和墨西哥的政治領導人會成為國安局監聽的目標？這兩個國家石油資源都很豐富，都是西半球有影響力的大國，固然絕非敵對國家，但也不是美國最親善、最信賴的盟國。國安局有一份文件標題是〈認清挑戰：二〇一四年至二〇一九年的地緣政治趨勢〉，把墨西哥和巴西列在「是友、是敵或問題？」項目下。同樣列在此一項目的國家還有埃及、印度、伊朗、沙烏地阿拉伯、索馬利亞、蘇丹、土耳其和葉門。

但是就這個案例而言，和其他大部分案例都一樣，猜測國安局為何鎖定某特定目標監聽，其實都容易猜錯。國安局不需要任何明確理由或論據就侵犯人們的私人通訊。他們這個機關的任務就是鉅細無遺、統統蒐集起來。

其實，揭露國安局監聽外國領導人，並不比該局未經法院許可就監聽全民來得重要。數百年來，各國無不偵監其他國家元首的動靜，即使盟國也不例外。儘管全世界獲悉國安局多年來監聽德國總理梅克爾夫人（Angela Merkel）的私人手機通話而大嘩，其實它並不足奇。

讓人嘖嘖稱奇的是，揭露許多國家數億人民遭到美國國安局監聽，卻沒有引起他們的政治領導人強烈

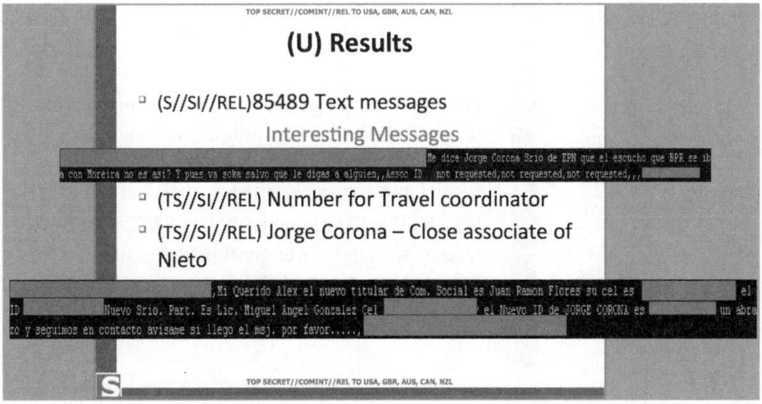

圖 53 攔截內托與一名親信的收發簡訊。

抗議。唯有在這些領導人發現並非只有他們的人民受到監聽，連他自己也受到監聽，才真正出現憤怒的抗議。

不過，國安局所執行的外交偵監之規模仍然不比尋常、值得重視。例如，除了外國領導人，美國也廣泛偵監聯合國等國際組織，以爭取外交優勢。二〇一三年四月「特別來源作業處」的一份簡報就是典型的證明，顯示國安局在聯合國祕書長與歐巴馬總統會談前，就設法取得談話重點（圖55）。

許多其他文件也詳細透露當時擔任美國駐聯合國大使、現任歐巴馬總統的國家安全顧問的蘇珊．萊斯（Susan Rice），一再要求國安局竊聽主要會員國家的內部討論，以便了解談判策略。「特別來源作業處」二〇一〇年一份報告即敘述聯合國安全理事會辯論對伊朗採行新制裁行動，美方是如何極欲偵知各理事國對此一決議案的立場（圖56）。

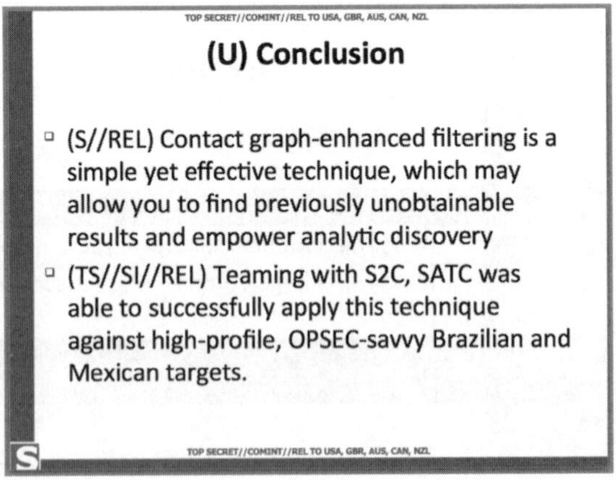
TOP SECRET//COMINT//REL TO USA, GBR, AUS, CAN, NZL
(U) Conclusion
(S//REL) Contact graph-enhanced filtering is a simple yet effective technique, which may allow you to find previously unobtainable results and empower analytic discovery
(TS//SI//REL) Teaming with S2C, SATC was able to successfully apply this technique against high-profile, OPSEC-savvy Brazilian and Mexican targets.
S
TOP SECRET//COMINT//REL TO USA, GBR, AUS, CAN, NZL
圖 54 鎖定巴西與墨西哥領導人進行監聽。

二〇一〇年八月有一份類似文件透露美國偵聽八個聯合國安理會理事國對某一涉及制

裁伊朗的決議案之立場。偵聽的對象中，法國、巴西、日本和墨西哥一般公認是美國的友好國家。這項偵聽行動使得美國政府掌握到這些國家投票意向的寶貴資訊，當華府在與安理會其他理事國交涉時佔了上風（圖57）。

為了便於外交偵監作業，國安局對許多最親近的盟國大使館、領事館展開多項作業。

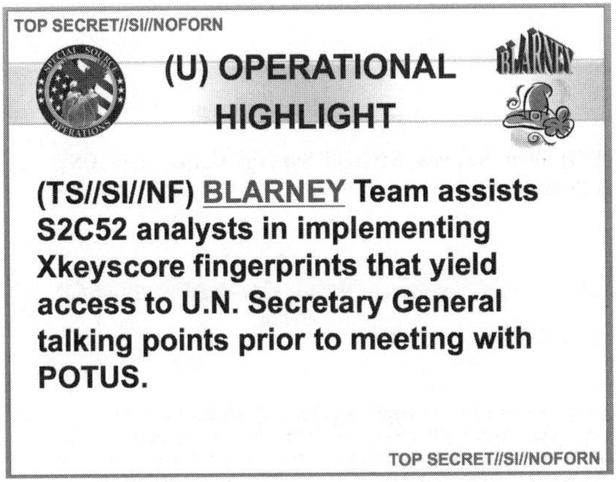
TOP SECRET//SI//NOFORN
(U) OPERATIONAL HIGHLIGHT
BLARNEY
(TS//SI//NF) BLARNEY Team assists S2C52 analysts in implementing Xkeyscore fingerprints that yield access to U.N. Secretary General talking points prior to meeting with POTUS.
TOP SECRET//SI//NOFORN

圖 55 廣泛偵監聯合國等國際組織，以爭取對話優勢。

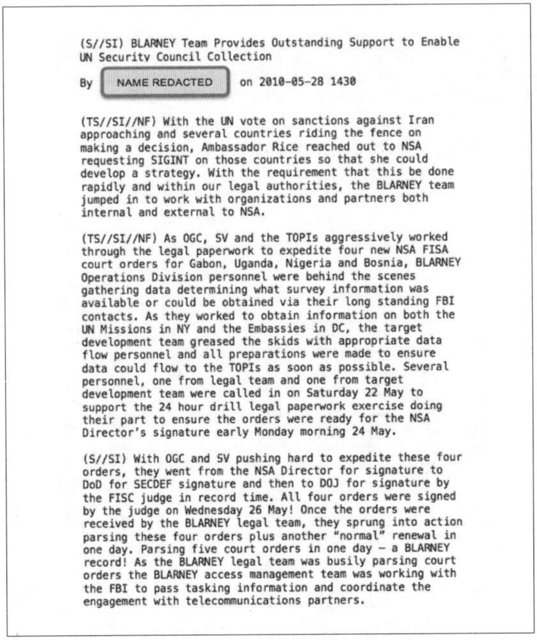

(S//SI) BLARNEY Team Provides Outstanding Support to Enable UN Security Council Collection

By NAME REDACTED on 2010-05-28 1430

(TS//SI//NF) With the UN vote on sanctions against Iran approaching and several countries riding the fence on making a decision, Ambassador Rice reached out to NSA requesting SIGINT on those countries so that she could develop a strategy. With the requirement that this be done rapidly and within our legal authorities, the BLARNEY team jumped in to work with organizations and partners both internal and external to NSA.

(TS//SI//NF) As OGC, SV and the TOPIs aggressively worked through the legal paperwork to expedite four new NSA FISA court orders for Gabon, Uganda, Nigeria and Bosnia, BLARNEY Operations Division personnel were behind the scenes gathering data determining what survey information was available or could be obtained via their long standing FBI contacts. As they worked to obtain information on both the UN Missions in NY and the Embassies in DC, the target development team greased the skids with appropriate data flow personnel and all preparations were made to ensure data could flow to the TOPIs as soon as possible. Several personnel, one from legal team and one from target development team were called in on Saturday 22 May to support the 24 hour drill legal paperwork exercise doing their part to ensure the orders were ready for the NSA Director's signature early Monday morning 24 May.

(S//SI) With OGC and SV pushing hard to expedite these four orders, they went from the NSA Director for signature to DoD for SECDEF signature and then to DOJ for signature by the FISC judge in record time. All four orders were signed by the judge on Wednesday 26 May! Once the orders were received by the BLARNEY legal team, they sprung into action parsing these four orders plus another "normal" renewal in one day. Parsing five court orders in one day – a BLARNEY record! As the BLARNEY legal team was busily parsing court orders the BLARNEY access management team was working with the FBI to pass tasking information and coordinate the engagement with telecommunications partners.

圖 56 偵監各理事國對決議案的立場。

TOP SECRET//COMINT//NOFORN

August 2010

(U//FOUO) Silent Success: SIGINT Synergy Helps Shape US Foreign Policy

(TS//SI//NF) At the outset of these lengthy negotiations, NSA had sustained collection against France Japan, Mexico, Brazil

(TS//SI//REL) In late spring 2010, eleven branches across five Product Lines teamed with NSA enablers to provide the most current and accurate information to USUN and other customers on how UNSC members would vote on the Iran Sanctions Resolution. Noting that Iran continued its non-compliance with previous UNSC resolutions concerning its nuclear program, the UN imposed further sanctions on 9 June 2010. SIGINT was key in keeping USUN informed of how the other members of the UNSC would vote.

(TS//SI//REL) The resolution was adopted by twelve votes for, two against (Brazil and Turkey), and one abstention from Lebanon. According to USUN, SIGINT "helped me to know when the other Permreps [Permanent Representatives] were telling the truth.... revealed their real position on sanctions... gave us an upper hand in negotiations... and provided information on various countries 'red lines.'"

圖 57 偵聽法國、巴西、日本和墨西哥等國投票意向以利交涉。

下面這份二〇一〇年文件顯示某些國家在美國境內的外交機關受到國安局入侵。文件末尾附有詞彙表，說明動用的種種偵監。

※譯按：此表出現台灣駐紐約經文處受到偵監，這項作業代號REQUETTE，偵監的任務名為VAGRANT，主要是蒐集電腦螢幕出現的畫面。

二〇一〇年九月十日

嚴密入侵作業（LOSE Access SIGADs）

所有嚴密入侵的國內蒐集作業，使用兩個字母為 US-3136 SIGAD 作業目標所在地與任務來命名。

嚴密入侵的海外 GENIE 蒐集作業，使用兩個字母為 US-3137 SIGAD 來命名。

（注意：打星號的目標，表示已經除名或是外來預計除名的目標，請見 TAO/RTD/ROS（961-1578s））

SIGAD　US-3136

字母代號	國家／目標	地點	適用項目	任務
BE	巴西／Emb	華盛頓 DC	KATEEL	LIFESAVER
SI	巴西／Emb	華盛頓 DC	KATEEL	HIGHLANDS
VQ	巴西／UN	紐約	POCOMOKE	HIGHLANDS
HN	巴西／UN	紐約	POCOMOKE	VAGRANT
LJ	巴西／UN	紐約	POCOMOKE	LIFESAVER

YL*	保加利亞／Emb	華盛頓 DC	MERCED	HIGHLANDS
QX*	哥倫比亞／Trade Bureau	紐約	BANISTER	LIFESAVER
DJ	EU／UN	紐約	PERDIDO	HIGHLANDS
SS	EU／UN	紐約	PERDIDO	LIFESAVER
KD	EU／Emb	華盛頓 DC	MAGOTHY	HIGHLANDS
IO	EU／Emb	華盛頓 DC	MAGOTHY	MINERALIZ
XJ	EU／Emb	華盛頓 DC	MAGOTHY	DROPMIRE
OF	法國／UN	紐約	BLACKFOOT	HIGHLANDS
VC	法國／UN	紐約	BLACKFOOT	VAGRANT
UC	法國／Emb	華盛頓 DC	WABASH	HIGHLANDS
LO	法國／Emb	華盛頓 DC	WABASH	PBX
NK*	喬治亞／Emb	華盛頓 DC	NAVARRO	HIGHLANDS
BY*	喬治亞／Emb	華盛頓 DC	NAVARRO	VAGRANT
RX	希臘／UN	紐約	POWELL	HIGHLANDS
HB	希臘／UN	紐約	POWEEL	LIFESAVER
CD	希臘／Emb	華盛頓 DC	KLONDIKE	HIGHLANDS
PJ	希臘／Emb	華盛頓 DC	KLONDIKE	LIFESAVER
JN	希臘／Emb	華盛頓 DC	KLONDIKE	PBX
MO*	印度／UN	紐約	NASHUA	HIGHLANDS

QL*	印度／UN	紐約	NASHUA	MAGNETIC
ON*	印度／UN	紐約	NASHUA	VAGRANT
IS*	印度／UN	紐約	NASHUA	LIFESAVER
OX*	印度／Emb	華盛頓 DC	OSAGE	LIFESAVER
CQ*	印度／Emb	華盛頓 DC	OSAGE	HIGHLANDS
TQ*	印度／Emb	華盛頓 DC	OSAGE	VAGRANT
CU*	印度／EmbAnx	華盛頓 DC	OSWAYO	VAGRANT
DS*	印度／EmbAnx	華盛頓 DC	OSWAYO	HIGHLANDS
SU*	義大利／Emb	華盛頓 DC	BRUNEAU	LIFESAVER
MV*	義大利／Emb	華盛頓 DC	HEMLOCK	HIGHLANDS
IP*	日本／UN	紐約	MULBERRY	MINERALIZ
HF*	日本／UN	紐約	MULBERRY	HIGHLANDS
BT*	日本／UN	紐約	MULBERRY	MAGNETIC
RU*	日本／UN	紐約	MULBERRY	VAGRANT
LM*	墨西哥／UN	紐約	ALAMITO	LIFESAVER
UX*	斯洛伐克／Emb	華盛頓 DC	FLEMING	HIGHLANDS
SA*	斯洛伐克／Emb	華盛頓 DC	FLEMING	VAGRANT
XR*	南非／UN & Consulate	紐約	DOBIE	HIGHLANDS
RJ*	南非／UN & Consulate	紐約	DOBIE	VAGRANT

YR*	南韓／UN	紐約	SULPHUR	VAGRANT
TZ*	台灣／TECO	紐約	REQUETTE	VAGRANT
VN*	委內瑞拉／Emb	華盛頓 DC	YUKON	LIFESAVER
UR*	委內瑞拉／UN	紐約	WESTPORT	LIFESAVER
NO*	委內瑞拉／UN	紐約	NAVAJO	HIGHLANDS
OU	越南／UN	紐約	NAVAJO	VAGRANT
GV	越南／Emb	華盛頓 DC	PANTHER	HIGHLANDS

SIGAD US-3137

任務代碼說明

HIGHLANDS	置入式蒐集
VAGRANT	電腦螢幕蒐集
MAGNETIC	磁力感應蒐集
MINERALIZ	置入式區域網路蒐集
OCEAN	網格電腦螢幕光學蒐集系統
LIFESAVER	硬碟影像

GENIE	多級操作：切換網閘
BLACKHEART	聯邦調查局置入式蒐集
PBX	公共交換機開關
CRYPTO ENABLED	從 AO 的努力而能加密所得來的蒐集
DROPMIRE	使用天線來被動蒐集放射物質
CUSTOMS	利用海關之便進行任務，非 LIFESAVER
DROPMIRE	雷射印表機資訊間接蒐集
DEWSWEEPER	USB 硬體主機網卡，經由 USB 連接提供隱蔽連接到目標網路。操作有 RF 繼電器的子系統，已提供無線橋接至目標網路。
RADON	雙向主機網卡可以注入乙太網路封包到同一目標。允許雙向開發……

國安局服務經濟、外交、安全等方面議題的某些方法，取得全方位的全球優勢，這些方法最具侵入性，而且在國安局的劇目中堪稱最虛偽。多年來，美國政府高聲向全世界提出警告，宣稱中國的「路由器」及其他互聯網設置構成「威脅」，因其具有後門監視功能，使得中國政府有能力偵監任何的使用者。可是國安局的文件顯示，美國人也在從事其指控中國人所從事的同樣勾當。

美國指控中國互聯網設備製造商的砲聲隆隆。例如，二〇一二年以麥克・羅傑斯為首的眾議院情報委員會聲稱，華為和中興電信這兩家中國電信設備公司「可能違反美國法律」，「並未遵守美國法律義務或國際商業行為標準」。委員會建議，「美國應以疑心看待中國電信公司繼續滲透美國的電信市場」。

羅傑斯委員會表示擔心這兩家公司協助中國國家機器進行偵監，可是它也承認並未掌握實際證據可說兩者在其路由器及其他系統植入監視設施。縱使如此，它仍以這些公司不肯和美方合作為由，促請美國業者避免採購他們的產品：

美國民間企業應受強烈鼓勵，要思考與中興電信或華府有設備或服務業務往來會產生的長期安全風險。美國網路供應商及系統開發商應受強烈鼓勵，另尋合作的商家。根據現有的機密及非機密資訊，華為及中興電信不能被信賴說它們不受外國國家影響，因此對美國及我們的系統構成安全上的威脅。

這種持續指控造成極大壓力，華為六十九歲的創辦人兼執行長任正非於二〇一三年十一月宣布，華為放棄美國市場。《外交政策》雜誌報導，任正非對一家法國報紙說：「『假如華為涉入到美、中關係當中』，引起問題，『並不值得』。」

但是，美國公司被警告要遠離所謂的不能信賴的中國製路由器之同時，外國機構其實也該提防美製設備。國安局「獲取及目標開發處」（Access and Target Development Department）處長二〇一〇年六月提出的一份報告，內容十分驚人。國安局例行性地在交貨給國際顧客之前，收到——或攔截——從美國出口的路由器、伺服器及其他網路設施。國安局旋即植入後門偵監工具，重新包裝好器材、貼上工廠封籤，再運送出去。

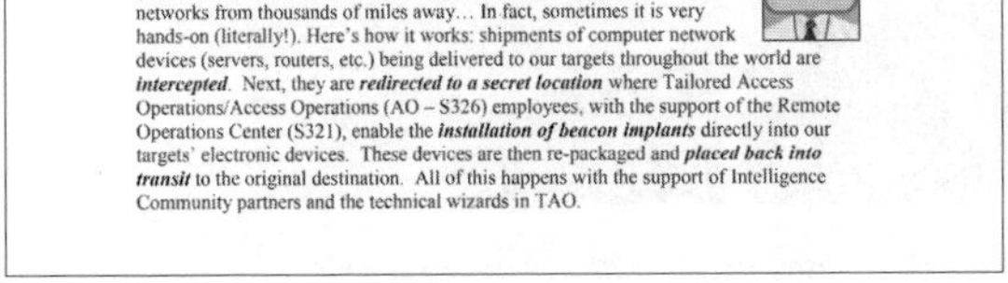

TOP SECRET//COMINT//NOFORN

June 2010

SID today

(U) Stealthy Techniques Can Crack Some of SIGINT's Hardest Targets

By: (U//FOUO) NAME REDACTED, Chief, Access and Target Development (S3261)

IMAGE REDACTED

(TS//SI//NF) Not all SIGINT tradecraft involves accessing signals and networks from thousands of miles away… In fact, sometimes it is very hands-on (literally!). Here's how it works: shipments of computer network devices (servers, routers, etc.) being delivered to our targets throughout the world are ***intercepted***. Next, they are ***redirected to a secret location*** where Tailored Access Operations/Access Operations (AO – S326) employees, with the support of the Remote Operations Center (S321), enable the ***installation of beacon implants*** directly into our targets' electronic devices. These devices are then re-packaged and ***placed back into transit*** to the original destination. All of this happens with the support of Intelligence Community partners and the technical wizards in TAO.

圖 58 文件表示，在美國製資訊產品交貨前植入監偵工具。

國安局藉此就得以截取整個網路和所有用戶的資訊。這份文件得意洋洋地誇稱某些「訊號情資的行業技術……非常方便。」（圖58）。

從這兩張照片看得到國安局從供應鏈前端下手，將攔截下來的物件小心地打開，再植入偵測器。最後，這些植入偵測器的設備可與國安局連線（圖59）。

文件說：「最近有一案例，偵測器植入多月之後，向國安局祕密機器回報。這項回報使我們能夠更進一步查察此一設備，並調查其網路。」（圖60）

國安局也攔截思科公司（Cisco）製造的路由器和伺服器，把大量網路資訊導向國安局的儲存設施。二〇一三年四月，國安局對攔截下來的思科網路交換總機遇上技術困難，影響到布拉爾奈、美景、橡星和風暴醞釀等計畫（圖61）。

中國廠商很有可能在它們的網路設備中植入偵監機

(TS//SI//NF) Such operations involving **supply-chain interdiction** are some of the most productive operations in TAO, because they pre-position access points into hard target networks around the world.

(TS//SI//NF) Left: Intercepted packages are opened carefully; Right: A "load station" implants a beacon

圖 59 安裝偵測器作業。

(TS//SI//NF) In one recent case, after several months a beacon implanted through supply-chain interdiction called back to the NSA covert infrastructure. This call back provided us access to further exploit the device and survey the network.

圖 60 植入偵測器回報文件。

TOP SECRET//COMINT//REL TO USA, FVEY

(Report generated on:4/11/2013 3:31:05PM)

NewCrossProgram **Active ECP Count:** 1

CrossProgram-1-13 New **ECP Lead:** NAME REDACTED

Title of Change: Update Software on all Cisco ONS Nodes

Submitter: NAME REDACTED **Approval Priority:** C-Routine

Site(s): APPLE1 : CLEVERDEVICE : HOMEMAKER : DOGHUT : QUARTERPOUNDER : QUEENSLAND : SCALLION : SPORTCOAT : SUBSTRATUM : TITAN POINTE : SUBSTRATUM : BIRCHWOOD : MAYTAG : EAGLE : EDEN :

Project(s): No Project(s) Entered

System(s): Comms/Network : Comms/Network : Comms/Network : Comms/Network :

SubSystem(s): No Subsystem(s) Entered

Description of Change: Udate software on all Cisco Optical Network Switches.

Reason for Change: All of our Cisco ONS SONET multiplexers are experiencing a software bug that causes them to intermittently drop out.

Mission Impact: The mission impact is unknown. While the existing bug doesn't appear to affect traffic, applying the new software update could. Unfortunately, there is now way to be sure. We can't simulate the bug in our lab and so it's impossible to predict exactly what will happen when we apply the software update. We propose to update one of the nodes in NBP-320 first to determine if the update goes smoothly.

Recently we tried to reset the standby manager card in the HOMEMAKER node. When that failed, we attempted to physically reseat it. Since it was the standby card, we did not expect that would cause any problems. However, upon reseating the card, the entire ONS crashed and we lost all traffic through the box. It took more than an hour to recover from this failure.

The worst case scenario is that we have to blow away the entire configuration and start from scratch. Prior to starting our upgrade, we will save the configuration so that if we have to configure the box from scratch, we can simply uploade the saved configuration. We estimate that we will be down for no more than an hour for each node in the system.

Additional Info: 3/26/2013 8:16:13 AM NAME REDACTED
We have tested the upgrade in our lab and it works well. However, we can't repeat the bug in our lab, so we don't know if we will encounter problems when we attempt to upgrade a node that is affected by the bug.

Last CCB Entry: 04/10/13 16:08:11 jakalte
09 Apr Blarney CCB - NAME REDACTED
ECP lead: NAME REDACTED

Programs Affected: Blarney Fairview Oakstar Stormbrew

No Related Work Tasks

圖 61 文件顯示，攔截下來的思科網路交換總機遇上技術困難。

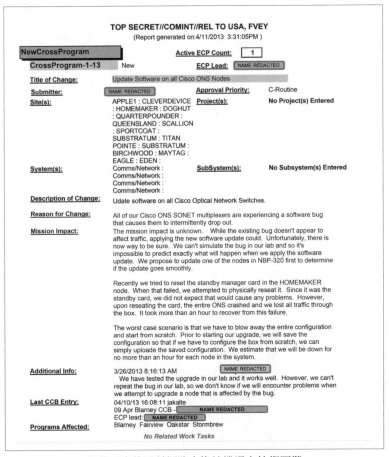

制。美國則肯定在幹同樣的勾當。

警告全世界提防中國的偵監，固然是美國政府宣稱中國的設備不可信賴的動機。另一個同樣重要的動機似乎是阻止中國製設備取代美國製設備，因為它們會限制住國安局本身的偵監能力。換句話說，中國製路由器和伺服器不僅代表經濟競爭，也是偵監競爭：某家公司採購中國製設備、不買美國製設備，國安局就失去偵監許多通訊活動的機會。

無限壯大的怪獸

如果已經曝露的蒐集數量已經令人瞠目咋舌，國安局隨時隨地都要蒐集一切資訊的任務，使得它一再擴張勢力。事實上國安局所蒐集的資料數量之大，已使得它面臨最大的挑戰竟是如何儲存從全球各地累積的資訊。國安局為出席五眼同盟訊號發展會議所準備的一份文件即提出此一中心問題（圖62）。

故事要追溯到二〇〇六年，國安局啟動所謂的「大規模擴大國安局元資料分享」。當時，國安局預測它所蒐集的元資料每年將成長六千億筆紀錄，這項成長將包括每天新增一、二十億筆電話通訊（圖63）。

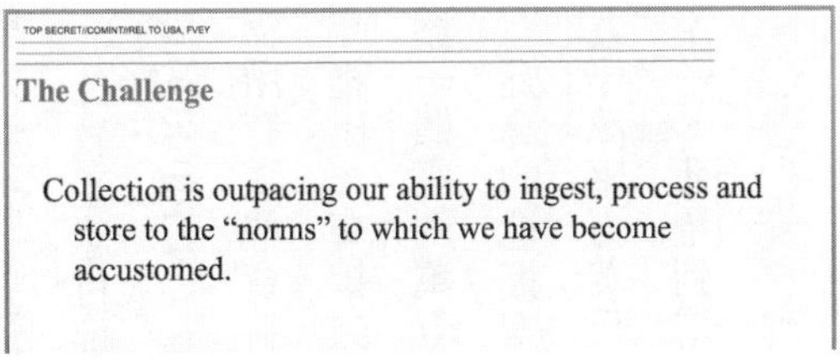

圖 62 五眼同盟訊號發展會議文件。

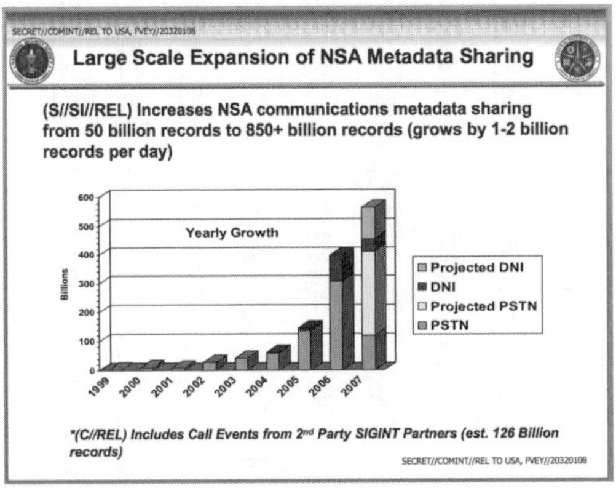

圖 63 蒐集來的元資訊逐年暴增。

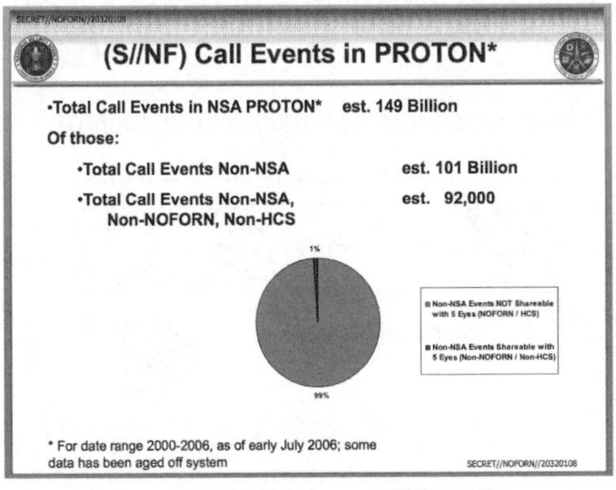

圖 64 電話元資料數量已達 1500 億筆紀錄。

到了二〇〇七年五月，擴張明顯已出現成果：國安局儲存的電話元資料數量——不包括電子郵件及其他網路資料，也不計國安局因缺乏儲存空間而刪去的資料——已增加至一千五百億筆紀錄（圖64）。

若把互聯網的通訊加計進去，儲存的通訊總數接近一兆筆（我們應該加一句話，國安局會把這些資料與其他機構分享。

為了應付儲存問題，國安局在猶他州布拉夫岱爾（Bluffdale）新建一個巨型設施，主要目的就是儲存所有這些資料。記者詹姆斯・班佛德在二〇一二年指出，布拉夫岱爾設施將擴大國安局的能力，增添「四座兩萬五千平方英尺放置伺服器的大堂，還有升高的地板安置纜線、提供儲藏。此外，還將有九十萬平方英尺以上空間供技術支援與行政管理之用」。考量到這座大樓的面積，以及班佛德所說的「〇〇〇資料現在可儲存於一支隨身碟中」，你就可以想像國安局的資料蒐集是多麼的壯觀。

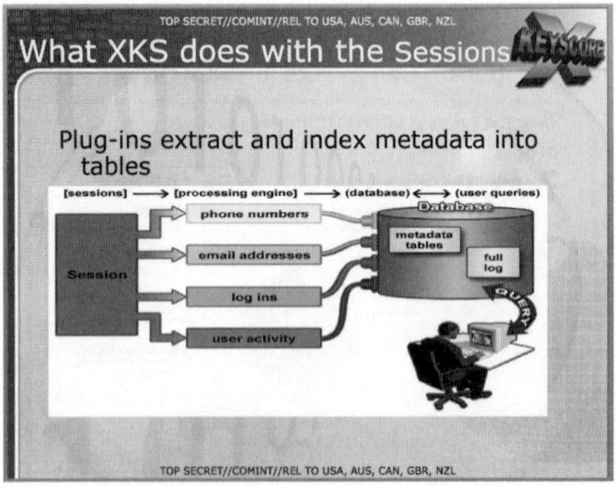

圖 65 分析師搜尋資料的基本方法。

鑒於國安局目前已侵入全球網路活動，從蒐集元資料延伸到包含電子郵件、網上瀏覽、搜尋歷史和聊天種種實際內容，需要更大規模設施的壓力益發沉重。國安局用來蒐藏和搜尋這些資料的主要程式，是二〇〇七年推出的X-KEYSCORE，使得國安局的偵監能力大躍進。國安局稱X-KEYSCORE是蒐集電子資料時「涵蓋範圍最廣大的系統」，不是沒有道理。

為分析師準備的一份訓練文件聲稱這個程式能掌握「典型的使用者在互聯網上幾乎每一件事」，包括電郵信文、谷歌搜尋，以及訪問的網址名稱。X-KEYSCORE甚至可以第一時間同步偵監一個人的網路活動，使得國安局即刻觀察正在進行的電郵和瀏覽活動。

除了蒐集數億人網路活動完整資料，X-KEYSCORE還可以讓國安局任何一個分析師使用電郵地址、電話號碼或其他辨識特徵（如IP位址）搜尋系統的資料庫。分析師用以搜尋的基本方法及可查的資訊之範圍可從這張圖片看出來（圖65）。

另一張X-KEYSCORE幻燈片列出透過這個程式「插入」（Plug-In）功能，能夠搜尋的各種不同領域之資訊。它們包括「每一

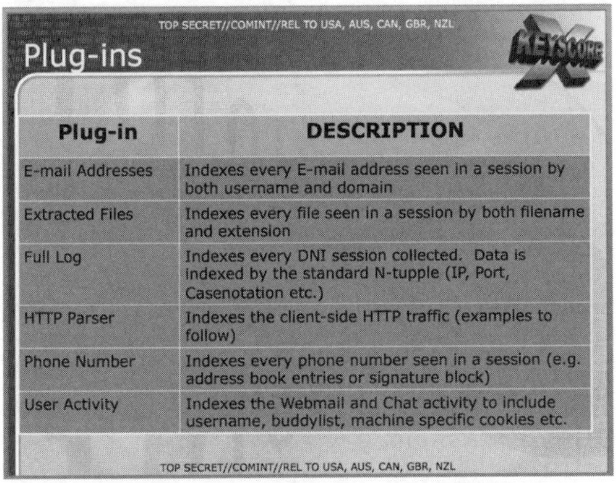

Plug-in	DESCRIPTION
E-mail Addresses	Indexes every E-mail address seen in a session by both username and domain
Extracted Files	Indexes every file seen in a session by both filename and extension
Full Log	Indexes every DNI session collected. Data is indexed by the standard N-tupple (IP, Port, Casenotation etc.)
HTTP Parser	Indexes the client-side HTTP traffic (examples to follow)
Phone Number	Indexes every phone number seen in a session (e.g. address book entries or signature block)
User Activity	Indexes the Webmail and Chat activity to include username, buddylist, machine specific cookies etc.

圖66 程式功能列表。

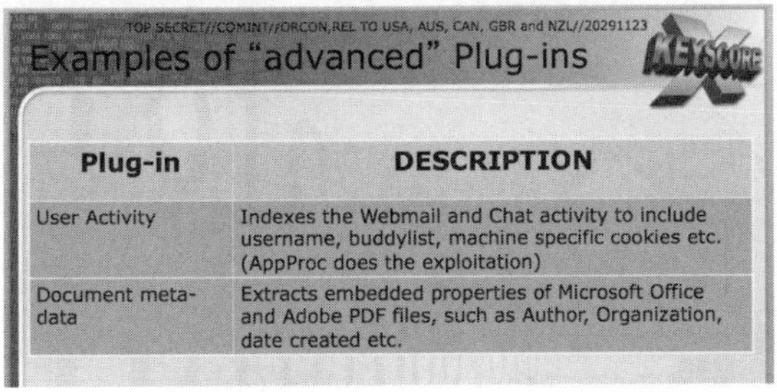

Plug-in	DESCRIPTION
User Activity	Indexes the Webmail and Chat activity to include username, buddylist, machine specific cookies etc. (AppProc does the exploitation)
Document meta-data	Extracts embedded properties of Microsoft Office and Adobe PDF files, such as Author, Organization, date created etc.

圖67 進階功能列表。

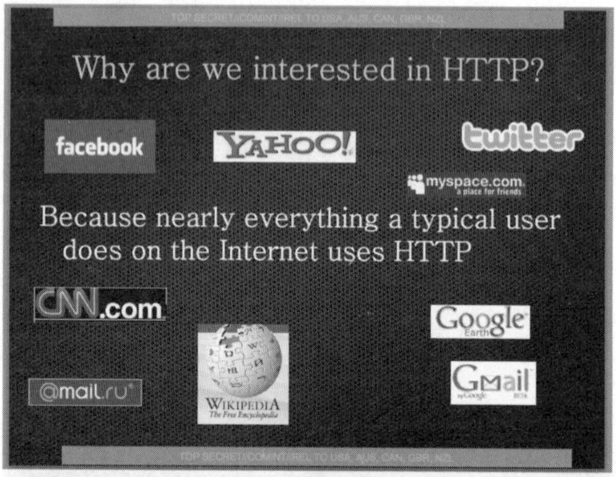

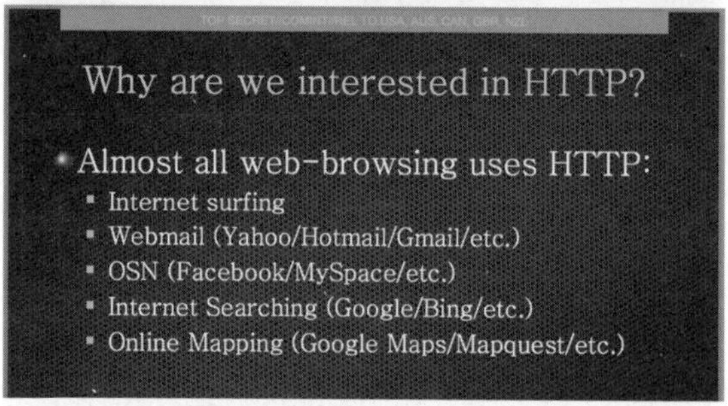

圖 68、69 無所不包的全球雄心。

圖 70 分析師能夠找出某人曾訪問那個網站。

電郵地址」、「每一電話號碼」（包括通訊錄記事），以及「網上郵件及聊天活動」（圖66）。

X-KEYSCORE也使國安局有能力搜尋及復原創作、發送或收到的資訊及圖象（圖67）。

國安局還有幻燈片公開宣稱 X-KEYSCORE 無所不包的全球雄心（圖68、69）。

X-KEYSCORE 的搜尋功能十分強大，使得國安局任何分析師不僅能夠找出某人曾訪問那個網站，還能組成從某一部電腦到訪某特定網站的完整清單（圖70、71）。

最駭人聽聞的是分析師不受任何監督、十分容易就能隨意搜尋。操作X-KEYSCORE的分析師不需向上司或其他任何當局提出申請。他只要填一份基本表單就可合理化偵監動作，系統隨即回報所要求的資訊（圖72）。

史諾登在香港第一次接受錄影採訪時就大膽宣稱：「我坐在桌子邊，可以監聽任何人，從你或你的會計師，到聯邦法官或甚至總統，只要我有個人電郵地址就行。」美國官員強烈否認他這個說法。麥克．羅傑斯明白地指控史諾登「說謊」，又說：「他不可能辦得到

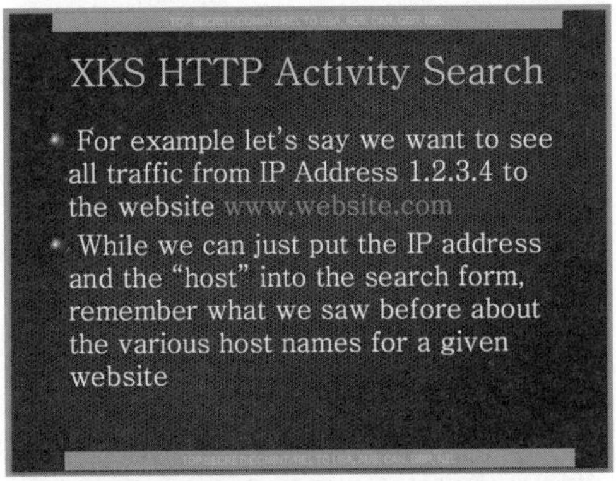

圖71 查出從某部電腦到訪某特定網站的完整清單。

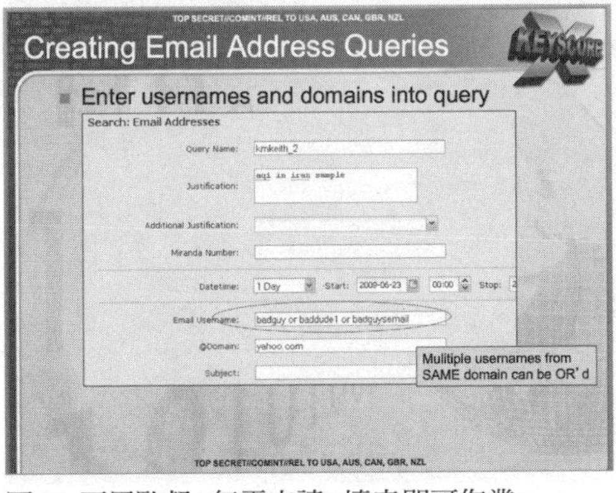

圖72 不用監督、無需申請，填表即可作業。

他說他能做的事。」

但是X-KEYSCORE使分析師做得到史諾登所說的事：鎖定任何使用者全面監視，包括讀取其電子郵件的內容。的確，這個程式使得分析師能搜尋所有的電郵，包括鎖定對象名字只出現在「轉寄」欄或是某一信文當中。

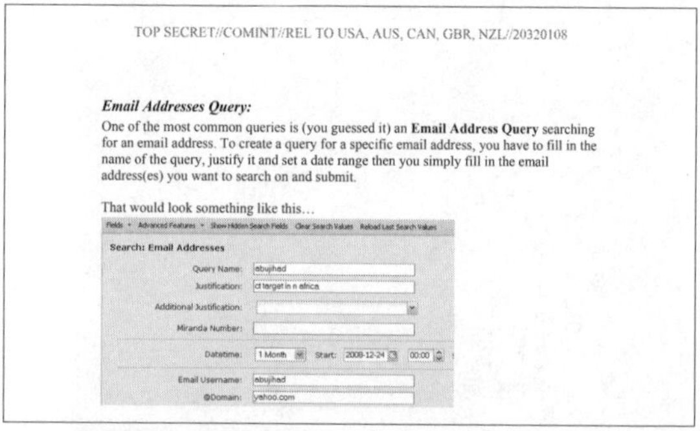
TOP SECRET//COMINT//REL TO USA, AUS, CAN, GBR, NZL//20320108
Email Addresses Query:
One of the most common queries is (you guessed it) an Email Address Query searching for an email address. To create a query for a specific email address, you have to fill in the name of the query, justify it and set a date range then you simply fill in the email address(es) you want to search on and submit.
That would look something like this…
Search: Email Addresses
Query Name: abujihad
Justification: ct target in n africa
Additional Justification:
Miranda Number:
Datetime: 1 Month Start: 2008-12-24 00:00
Email Username: abujihad
@Domain: yahoo.com
圖 73 偵監已知電郵地址，十分容易。

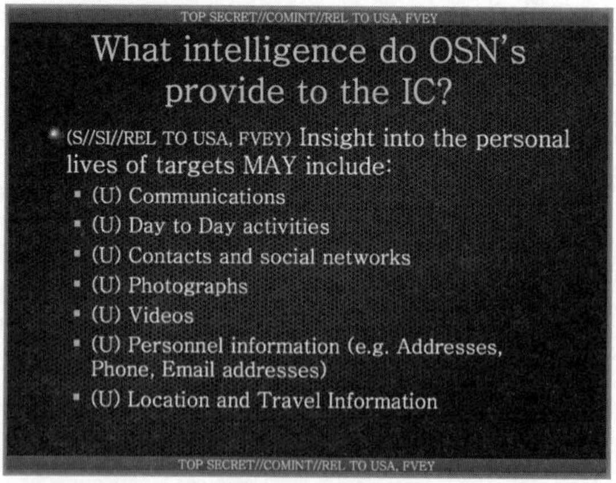
TOP SECRET//COMINT//REL TO USA, FVEY
What intelligence do OSN's provide to the IC?
(S//SI//REL TO USA, FVEY) Insight into the personal lives of targets MAY include:
(U) Communications
(U) Day to Day activities
(U) Contacts and social networks
(U) Photographs
(U) Videos
(U) Personnel information (e.g. Addresses, Phone, Email addresses)
(U) Location and Travel Information
TOP SECRET//COMINT//REL TO USA, FVEY
圖 74 得以深入了解目標對象的私生活。

國安局本身有關透過電郵搜尋的指示，證明分析師要偵監他們已知其電郵地址的人，是多麼的輕鬆、容易（圖73）。

對於國安局來講，X-KEYSCORE最有價值的功能之一就是它能夠偵監臉書和推特這些社群網站上的活動，國安局認為它提供豐富的資訊，「可以深入了解目標對象的私生活」（圖74）。

搜尋社交網站活動的方法就和搜尋電郵一樣簡單。例如，分析師把對象名字輸入臉書，再加上某段時期的活動，X-KEYSCORE就把此人所有的資訊，包括簡訊、聊天及其他私人貼文統統回報（圖75）。

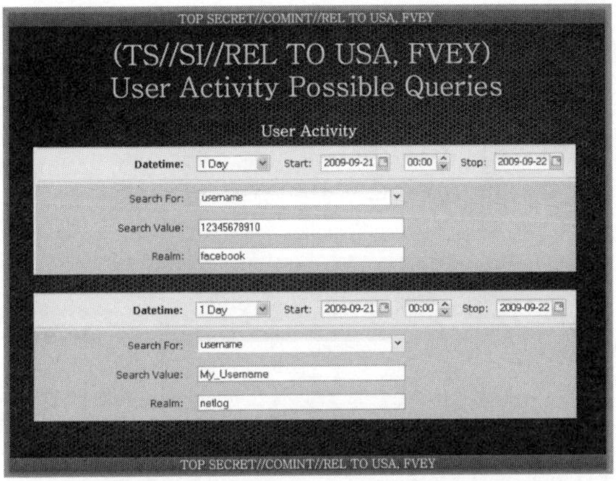

圖75 所有簡訊、聊天及其他私人貼文統統回報。

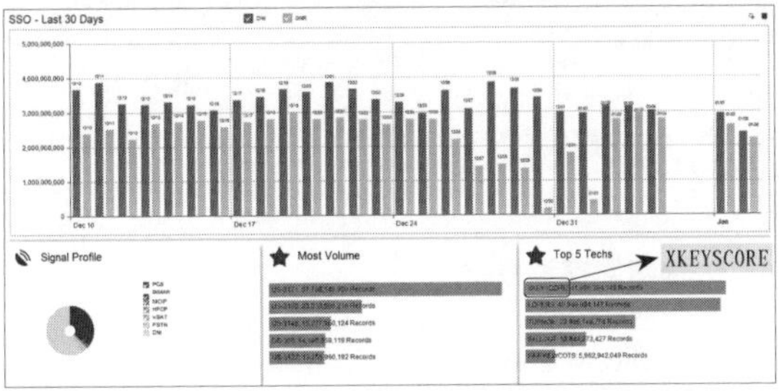

圖76 三十天數量即超過410億筆資訊。

關於X-KEYSCORE

或許最驚人的一點是，它所掌握的資料數量巨大，儲存在全世界好幾個蒐集站。有一份報告說：「在某些蒐集站，每天蒐集的資料數量超過二十多「兆位元組」（terabytes），因為資源所限只能儲存二十四小時。」從二〇一二年十二月起的某一三十天周期，光是國安局一個單位「特別來源作業處」運用X-KEYSCORE所蒐集的紀錄數量就超過四百一十億筆（圖76）。

X-KEYSCORE把「全部收進來的內容儲存三至五天，實質上『遲緩了互聯網』」——意即「分析師可以回頭復原某段通訊」。接下來，「『有趣』的內容即從X-KEYSCORE抽出來，轉放進AGILITY或PINWALE」儲存資料庫——做比較長久的保存（圖77）。

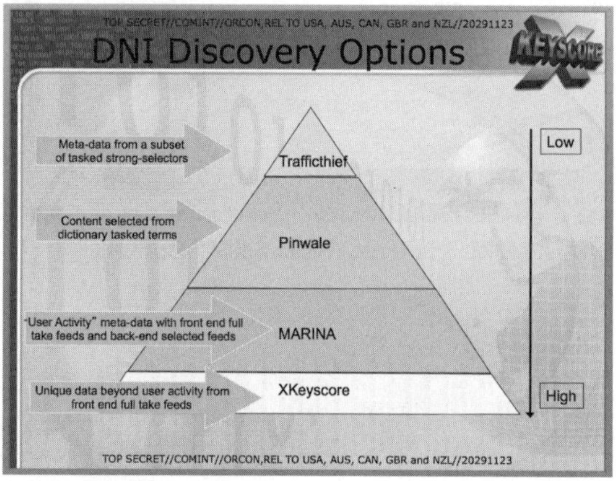

圖77 進階儲存資料庫。

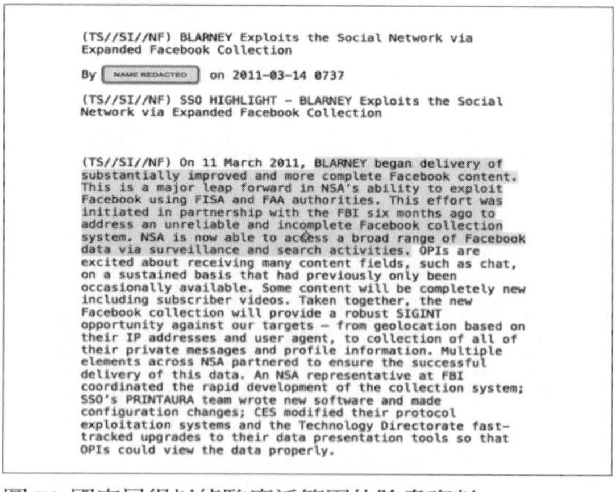

(TS//SI//NF) BLARNEY Exploits the Social Network via Expanded Facebook Collection

By NAME REDACTED on 2011-03-14 0737

(TS//SI//NF) SSO HIGHLIGHT - BLARNEY Exploits the Social Network via Expanded Facebook Collection

(TS//SI//NF) On 11 March 2011, BLARNEY began delivery of substantially improved and more complete Facebook content. This is a major leap forward in NSA's ability to exploit Facebook using FISA and FAA authorities. This effort was initiated in partnership with the FBI six months ago to address an unreliable and incomplete Facebook collection system. NSA is now able to access a broad range of Facebook data via surveillance and search activities. OPIs are excited about receiving many content fields, such as chat, on a sustained basis that had previously only been occasionally available. Some content will be completely new including subscriber videos. Taken together, the new Facebook collection will provide a robust SIGINT opportunity against our targets - from geolocation based on their IP addresses and user agent, to collection of all of their private messages and profile information. Multiple elements across NSA partnered to ensure the successful delivery of this data. An NSA representative at FBI coordinated the rapid development of the collection system; SSO's PRINTAURA team wrote new software and made configuration changes; CES modified their protocol exploitation systems and the Technology Directorate fast-tracked upgrades to their data presentation tools so that OPIs could view the data properly.

圖78 國安局得以偵監廣泛範圍的臉書資料。

X-KEYSCORE進入臉書及其他社交網站的能力獲得布拉爾奈等其他計畫的支援，國安局得以「透過監視及搜尋活動」偵監「廣泛範圍的臉書資料」（圖78）。

另一方面，英國政府通訊總部「全球電信挖掘處」（Global Telecommunications Exploitation，GTE）也投入大量資源在這項任務上，二〇一一年在五眼同盟年度會議的一份簡報即描述箇中詳情（圖79）。

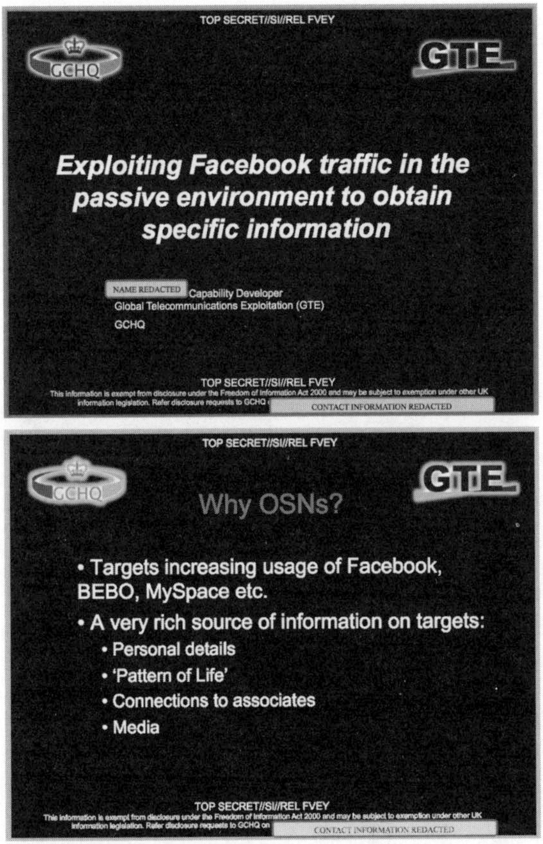

圖79 英國政府也積極投入這項任務。

政府通訊總部特別注意臉書的安全系統弱點，設法取得臉書用戶想掩藏的這種資料（圖80）。

尤其是政府通訊總部找出臉書儲存照片系統的弱點，可藉它取得臉書的用戶

身份及相簿中之影象（圖81、82、83）

除了社群網站，國安局和政府通訊總部持續努力找尋他們的偵監網是否有破綻、是否還有什麼通訊是他們掌控不到的，然後想方設法將它們納入他們的偵監網。有一個似乎不顯眼的計畫即是一個實例。

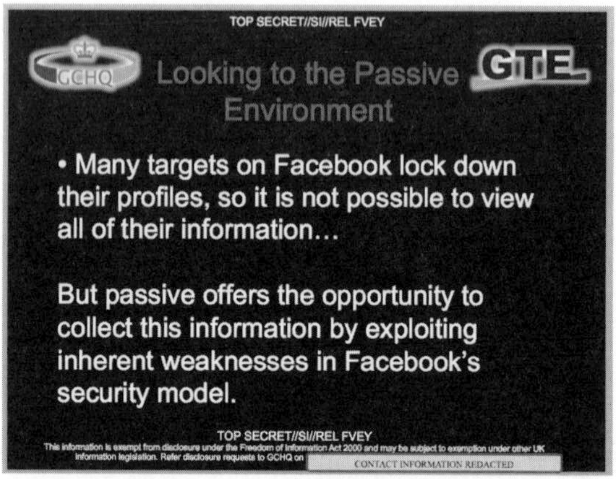

圖 80 著重臉書安全系統的弱點，設法取得資料。

國安局和政府通訊總部一直關心如何監控人們在民航班機上使用互聯網和電話的通訊。由於這些通訊透過獨立的衛星系統運作，它們大多無法截聽。這兩個監聽機關一想到有人在某一段時間可利用互聯網而不虞遭到偵監——即使只有幾小時在空中旅行時刻——就已坐立不安。他們遂投入大量資源開發可攔截飛行期間通訊的系統。

二〇一二年五眼同盟會議中，政府通訊總部報告已在研發一套取名「小偷鵲」（THIEVING MAGPIE）的軟體，鎖定越來越多的飛機上手機通話（圖84、85）。它所提議的解決方案就是一套「涵蓋全球」的系統（圖86）。

要讓某些設備可用於民航班機上偵聽的研發工作，已經有了相當進展（圖87、88）。

國安局在同一會議也提出一份報告，指出有一項名為「回家的鴿」（HOMING PIGEON）的計畫也是針對監聽空中通訊所作的努力。國安局這套計畫要與政府通訊總部協調，整個系統研發成功後，將交給五眼同盟使用（圖89、90）。

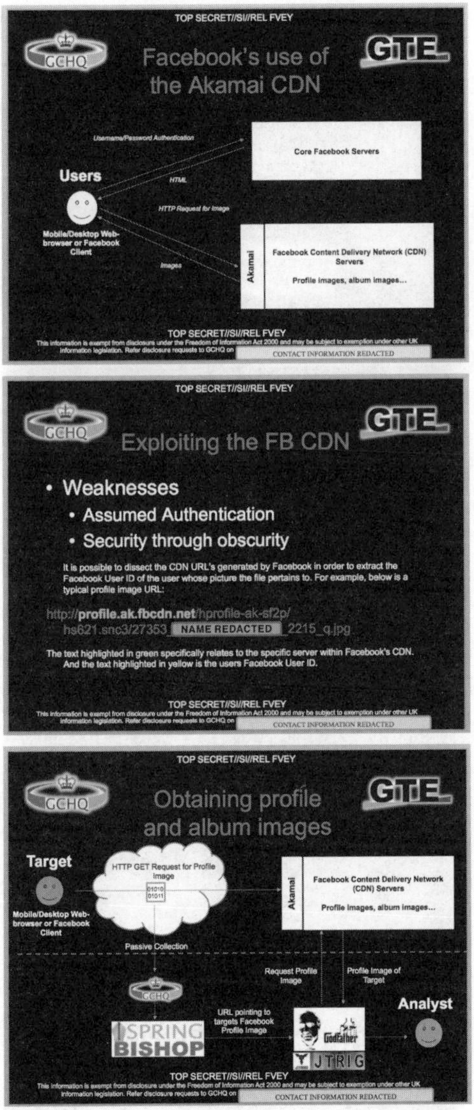

圖 81、82、83　利用臉書儲存照片系統的弱點，取得用戶身份及相簿。

圖 84、85「小偷鵲」軟體鎖定飛機上手機通話。

圖 86 「小偷鵲」提出一套「涵蓋全球」的系統。

國家利益，金錢和自我

國安局內某些單位對於建構如此大規模祕密偵監系統的真正目的，其實十分坦白。國安局一群官員集會討論國際互聯網標準的未來，專為他們準備的一份簡報即提出率直的觀點。簡報的作者是一位「主管科技事務的國安局／訊號情資國家情報官」，自命為「受過良好訓練的科學家及駭客」。

他的簡報標題坦率直白：「國家利益、金錢和自我的角色」。他說，這三個因素加起來，是驅動美國力保全球偵控優勢的主要動機（圖91）。

他指出，美國主導互聯網已使它具有極大力量和影響力，也產生極大利益（圖92）。偵監產業當然也增添這種利潤力量，使得它們更有動機不斷地擴張。九一一事件之後，大量資源爆炸性地投入偵監。這些資源有極大部分由公庫（即美國納稅人）移向民間偵監國防工業的口袋。

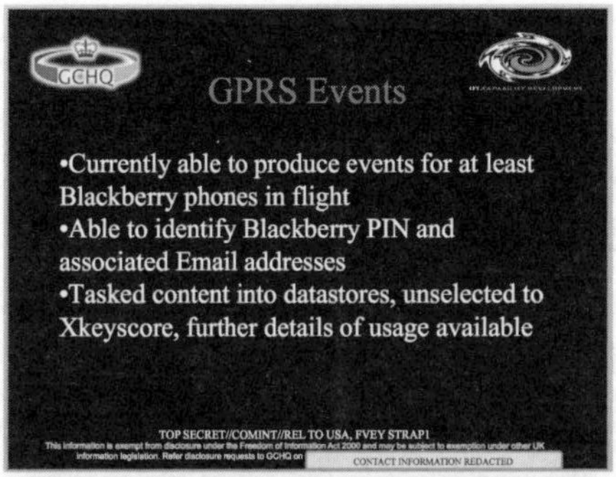

圖87、88 用於民航班機上偵聽的設備研發，已有相當進展。

博世．艾倫和AT&T等公司雇用大批前任政府官員，同時許多現任高階國防官員過去則是這些公司的雇員——很可能日後也會投效業界。國家偵監持續成長是確保政府公款繼續流動的方法，旋轉門也因之上了油。這也是確

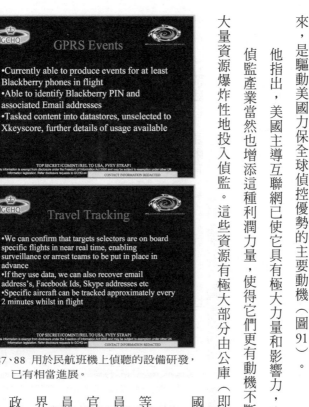

保國安局及其相關機構在華府圈內保持重要地位及影響力的最佳辦法。

偵監產業的規模和野心成長之際，擬想中的敵人也日益擴大。國安局在一份名為「國家安全局：總覽」的文件，列舉美國面臨的各種威脅，其中有一般人料想得到的項目，如「駭客」、「犯罪份子」和「恐怖份子」。可是令人意外的是，它還包羅萬象，把一堆「技術」——包括互聯網本身——也納入威脅之中（圖93）。

互聯網長期以來被贊譽為民主化、自由化，甚至去奴役化的前所未見的工具。但是在美國政府眼裡，這個全球網絡及其他類型的通訊科技會有傷害美國力量之虞。從這個觀點出發，國安局鉅細無遺、通通要蒐集的野心終於前後一致。國安局監視整個互聯網、以及

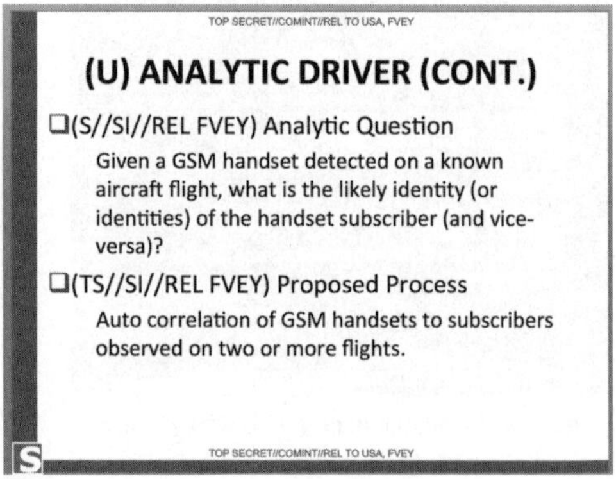

TOP SECRET//COMINT//REL TO USA, FVEY
(U) ANALYTIC DRIVER (CONT.)
❑(S//SI//REL FVEY) Analytic Question
Given a GSM handset detected on a known aircraft flight, what is the likely identity (or identities) of the handset subscriber (and vice-versa)?
❑(TS//SI//REL FVEY) Proposed Process
Auto correlation of GSM handsets to subscribers observed on two or more flights.
TOP SECRET//COMINT//REL TO USA, FVEY

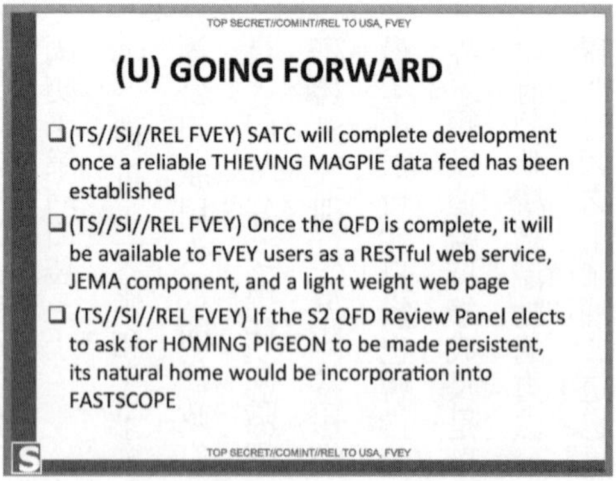

TOP SECRET//COMINT//REL TO USA, FVEY
(U) GOING FORWARD
❑(TS//SI//REL FVEY) SATC will complete development once a reliable THIEVING MAGPIE data feed has been established
❑(TS//SI//REL FVEY) Once the QFD is complete, it will be available to FVEY users as a RESTful web service, JEMA component, and a light weight web page
❑ (TS//SI//REL FVEY) If the S2 QFD Review Panel elects to ask for HOMING PIGEON to be made persistent, its natural home would be incorporation into FASTSCOPE
TOP SECRET//COMINT//REL TO USA, FVEY

圖 89、90 「回家的鴿」監聽空中通訊，研發中。

任何其他通訊方式，就變得十分重要，因此無人可以脫離美國政府的控制。

除了外交操縱和經濟利得之外，無所不在的偵監系統使美國得以保持對全世界的掌控。當美國能夠了解每個人——包括美國公民、外國人士、跨國公司、其他政府領袖——所做、所說、所想和所計畫的一切，它對這些人的力量就最大化。如果這套系統以最高機密的層次運作，無疑更倍添實力。這種機密手段創造一片單向鏡：美國政府看得見全世界

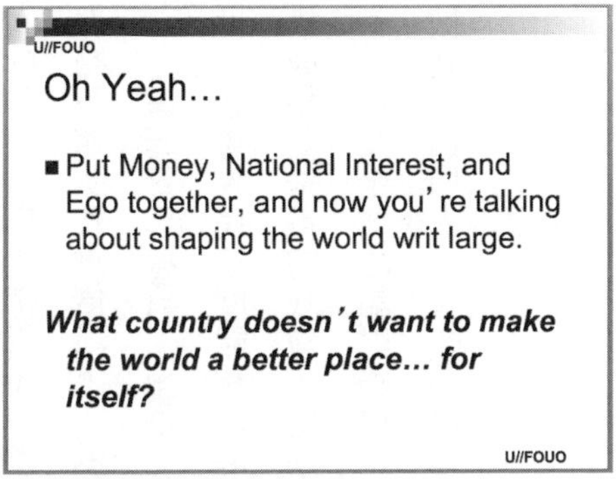
U//FOUO
Oh Yeah…
■ Put Money, National Interest, and Ego together, and now you're talking about shaping the world writ large.
What country doesn't want to make the world a better place… for itself?
U//FOUO

圖 91　國家利益、金錢和自我，驅動美國努力發展偵控。

SECRET//REL TO USA, FVEY
What's the Threat?
■ Let's be blunt – the Western World (especially the US) gained influence and made a lot of money via the drafting of earlier standards.
□ The US was the major player in shaping today's Internet. This resulted in pervasive exportation of American culture as well as technology. It also resulted in a lot of money being made by US entities.

圖 92　美國成功主導互聯網。

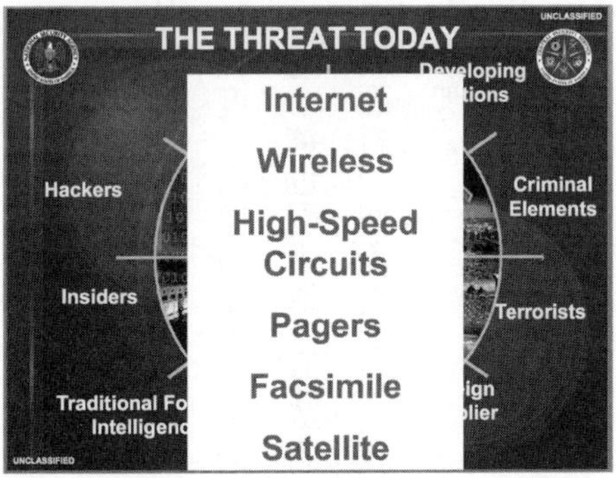
UNCLASSIFIED
THE THREAT TODAY
Internet
Wireless
High-Speed Circuits
Pagers
Facsimile
Satellite
Hackers
Insiders
Criminal Elements
Terrorists
UNCLASSIFIED

圖 93　國安局列舉種種網路威脅。

在幹什麼，別人卻看不見美國有什麼動靜。這是最大的失衡，創造出最危險的人間條件：在毫不透明及責信之下，毫無限制地運作其力量。

史諾登一爆料，讓世人看到此一系統、以及它如何運作，徹底顛覆此一危險動態。全世界各國人民首度能夠理解監聽能力已經可以侵犯他們到什麼程度。由於偵監對民主治理構成極其嚴重的威脅，這則新聞才會引爆全世界激烈、持久辯論。這也引爆進行改革的提議，以及全球討論網路自由及電子時代隱私的重要性，也讓我們面對一個重大問題：我們做為一個個人、在我們自己的生命中要如何去看待毫無限制的偵監？

第四章　被監視的國度：政府權力與公民自由

世界各國政府都極力企圖勸服公民摒棄本身的隱私權。一大堆耳熟能詳的說法，被用來說服人們容忍對他們私領域的嚴重侵犯；這些道理竟然相當成功，當局大量收集老百姓所說、所讀、所買、所做，以及與他人互動的資料，還有許多人為之喝采。

這些當局侵犯隱私，竟得到一堆網路大亨的贊許，他們是政府監聽所不可或缺的夥伴。二〇〇九年，谷歌執行長艾瑞克．史密特（Eric Schmidt）接受CNBC訪問，被問到公司保留使用者資料這件事，他留下一句名言：「如果你有些事不希望任何人知道，或許打一開始就不該做。」二〇一〇年，臉書創辦人兼執行長馬克．祖克伯（Mark Zuckerberg）接受採訪時也同樣不屑地表示：「人們已經相當舒坦，不僅可以分享更多、不同的資訊，也能更公開地與不同的人分享。」他宣稱，隱私在數位時代不再是「社會常態」，這個概念挺「速配」一家出售個人資訊的網路公司之利益。

隱私很重要，有一項證明——如果需要證明的話——那就是即使貶抑隱私、宣稱隱私已死或可拋棄的人，也不相信自己所說的話。他們經常煞費苦心控制自己本身行為和訊息的能見度。美國政府本身利用極端措施屏蔽其行動、不讓公眾知曉，還建立更高的保密大牆，躲在背後作業。二〇一一年，美國公民自由聯盟一項報告指出：「今天我們政府的許多業務都在黑箱作業中進行。」《華盛頓郵報》報導說，這個黑暗世界之神祕，「巨大、不可控制」，以致「沒有人曉得花了多少錢、雇了多少人、究竟裡面有多少計畫，或是有多少機構在幹同樣的工作」。

同樣地，如此樂於貶抑我們隱私的這些網路大亨，也強烈保護他們自己的隱私。科技新聞網站CNET公布艾瑞克．史密特的個人資料，包括他的薪水、競選捐款和地址之後，谷歌堅持其政策，不和CNET記者對話。其實這些資料全透過谷歌搜尋而來，CNET藉此凸顯艾瑞克．史密特公司有侵犯隱私的危險。

另一方面，馬克．祖克伯花了三千萬美元，買下他在加州帕洛奧托住家鄰近的四棟房子，以確保他的隱私。CNET說：「你的私生活，叫做臉書的資料。它的執行長的私生活，則是請勿干擾。」同樣的矛盾，也表現在許多一般百姓身上，他們挺身替國家偵監辯護，可是自身的電子郵件和社交網站帳號要設密碼。他們在自家浴室門裝設門鎖；他們寄信時要黏上信封。他們私底下進行的一些動作絕不會在眾目睽睽下去做。他們向親朋好友、心理醫師和律師所說的話，可不願別人也知道。他們在網路上發言，卻不欲和真實姓名扯在一起。

自從史諾登爆料之後，許多和我辯論過的支持偵監作業的人士，迅速呼應艾瑞克．史密特的觀點，認為有事要隱瞞的人才講隱私。但是這些人可沒有任何一位願意給我他們的電子郵件和社交網站帳號的密碼，或允許在他們家安裝攝影機。參議院情報委員會主席范士丹堅稱，國安局蒐集元資料並不構成偵監，因為元資料不包括任何通訊的內容，抗議者立刻要求她言行一致：請問參議員可否每個月公布她打過電話、寄發電郵的對象清單，列舉他們通話時間長短，以及他們通話時，彼此所在位置？她如果肯答應，那才奇怪，因為這些資訊可以透露許多玄機，公布元資料會構成對某人私領域的侵犯。

重點不在於這些人偽善，一方面貶抑隱私的價值，另一方面卻強力捍衛自己的隱私，雖然這一點的確令人驚訝。重點在於，渴望隱私是人人皆有的基本想法，視之為人性之根本。我們全都本能地了解，私領域是我們可以動作、思考、說話、寫作、實驗，躲開別人批判眼神的地方。隱私是做為自由人的核心條件。

關於隱私是什麼、為什麼隱私是普世價值、又受到最大的渴望，最有名的說法，或許當推一九二八年聯邦最高法院大法官路易斯・布蘭岱斯（Louis Brandeis）在〈歐姆斯迭德控美國〉（Olmstead v U.S.）這個案子上所說的：「不被干擾的權利是最廣泛的權利，也是自由人最珍貴的權利。」他寫下，隱私的價值比起公民自由「範圍更加廣大」。他說，隱私是最基本的：

> 我們制憲先賢許諾取得有利於追求幸福的環境。他們體認一個人精神本質、他的感覺、他的才智的重要性。他們曉得在物質事物上只能找到部分生活的苦、樂和滿足。他們設法保護美國人的信仰、思想、情緒和感情。他們賦予我們不受政府干擾的權利。

布蘭岱斯出任大法官之前即已強烈支持隱私權的重要性。他和律師桑繆爾・華倫（Samuel Warren）合作，在一八九〇年的《哈佛法學評論》上發表著名的論文〈論隱私權〉（The Right to Privacy），主張奪走某人的隱私，其罪行性質完全不同於偷走其物質所有品。「保護個人著作及其他所有個人創作的原則，不在反制竊盜和實質佔有，而在反制以任何形式複製，在實質上不是私有財產的原則，而是不可侵犯人格的一種原則。」

隱私是人類自由與幸福最基本的部分，這一點罕有討論，但不辯自明。首先，人類若是曉得他們受到監視，會激烈改變他們的行為。他們會努力去做他們被期待的事。他們會避免羞辱和譴責。他們會緊密遵守大家所接受的社會作法，留在大家遵守的範圍內，避免可能被視為偏差或不正常的行為。

當人們認為遭受注視時，他們選擇的範圍就比他們能在私領域自由行動時，來得更受限制。否定隱私會嚴重限制一個人的選擇自由。

好幾年前，我參加一個摯友女兒的成年禮。儀式中，猶太拉比（rabbi）強調，身為女孩子要學的「中心課題」是她「一直都會受到注視和評判」。他告訴她，上帝永遠曉得她在幹什麼，她的每一項選擇、每一個動作，甚至每一個想法，不論是多麼隱密。他說：「妳絕不會孤獨一人。」也就是說她應該永遠遵守上帝的意志。

猶太拉比的意思很清楚：如果你根本逃不過最高主宰的法眼，你沒有選擇，只能遵循上帝的意旨。你甚至不能想要超越這些規則，打造自己的道路：如果你一直都遭到注視和評判，你並不算是自由的個體。

所有高壓的權威，不論是政治、宗教、社會或一家戶長的權威，依賴此一最重要的真理，利用這來做為執行正統、驅使服從和粉碎異議的主要工具。傳遞他們子民的一切作為都逃不過權威知曉的這個信念，正符合他們的利益。剝奪掉隱私遠比警察力量還更有效，可以粉碎偏離規則的誘惑。

私領域被摧毀後所失去的，乃是與生活品質攸關的許多特質。大多數人曾經歷過隱私如何讓我們從局限中解放出來。反之，我們全都有過以為自己獨處、旁邊無人時會做出私密行為的經驗，譬如我們會歌唱跳舞、懺悔禱告、探測性行為、未曾試過的想法，可是一發現別人看著這些，又覺得難為情。只有在我們認為別人沒有盯著我們的時候，我們才會覺得自由自在，感到放心，可以進行實驗、測試局限、探索新的思維方式，表現出自我。互聯網之所以令人趨之若鶩，正是因為允許我們匿名講話和動作，這正是個人會去探索新境界的重大關鍵。

基於這個理由，私領域正是創意、異議和向正統挑戰的搖籃。在一個人人曉得他們會被國家監視的社會，就是私領域實質上已被消滅的地方，也是社會及個人層次的特性都已失去的地方。

國家全面監控因此隱含高壓性質。不管監控是如何運作或濫用，其對自由所產生的限制實質上存在。

連想到喬治．歐威爾（George Orwell）的《一九八四》，其實已是老生常談，國安局的國家偵監系統建構出歐威爾筆下的世界，已經殆無疑問：兩者都靠一套技術系統的存在，有能力監視每個公民的一言一行、一舉一動。擁護偵監的人否認此一相似性，他們認為：我們並沒有一直受到監視。但這個說法沒抓到重點：在《一九八四》裡，公民不必要一直受到監視；事實上，他們不知道他們是否真的受到監視，但重要的是，國家有能力隨時監視他們。鉅細無遺的偵監有可能性、又不確定何時會發動，這正好讓人人循規蹈矩、不敢逾越：

> 你必須活在一種假設中：你發出的每個聲響，都會被監聽到，而且除非是在黑暗中，否則每一個動作都會被注視。

即使國安局本事再大，也無法去讀每一則電郵、去聽每一通電話，以及去追蹤每個人的行動。偵監系統能夠有效控制人類行為，乃是因為大家認為一言一行都受到監視。

這個原則正是英國哲學家傑瑞密·邊沁（Jeremy Bentham）「圓形監獄」（Panopticon）概念的核心。所謂「圓形監獄」是一種建築設計方式，大型監控中心塔位於中央，可以俯瞰、統攬全局，隨時監看每一房間、教室或區域。邊沁認為這種建物結構可以用在「各種機關，不論哪一種人都可以置於監視之下」。可是，居住者卻看不到監控塔，因此也不知道自己是否受到監視。

由於任何機關都不可能分分秒秒盯住所有的人，邊沁這個設計就是在居住者心目中建立「檢查員無所不在」的形象。「被檢查的人應該永遠覺得他們受到檢查，至少有極大機率受到監視。」因此即使他們沒受到監視，也會像受到監視時那樣不敢逾越。

其結果就是順從、聽話和合乎期望。邊沁認為他的創作會推及到監獄、精神醫院之外，遍布到各種社會組織。他明白，人民腦中深鑄著可能一直受到監視的印象，會使人類行為掀起革命化的變化。

一九七〇年代，米榭．傅柯（Michel Foucault）注意到邊沁的圓形建築原則是現代國家基本機制之一。他在《權力》（*Power*）一書寫下，圓形建築主義是「以持續監管，控制、懲罰和補償，以及矯正的方式運用在個人身上的一種權力，也就是以某種標準塑造及改造個人。」

傅柯在《紀律與懲罰》（*Discipline and Punishment*）中進一步解釋，無所不在的偵監不僅讓當局權力擴大、迫人順服，還可以使得個人「內化」其監視人。他們會本能地選擇依照期望去做，不覺得自己受到控制：圓形監獄「誘使囚犯進入自覺、永久被別人盯著的意識，權力即因之自動運作。」控制一旦內化，「外來力量可能脫去其力道；不需要體罰；越是逼近局限，其效果越是持續、深刻和永久：這是一種重大勝利，不需有任何實質對抗，而且總是事先即已決定。」

另外，這種控制模式還有一種好處，同時製造出自由的幻象。個人心中存著不可抗拒的衝動要服從。他自動選擇聽命，因為害怕受到監視。人們受到控制，還誤以為自己是自由之身。

因此，每個高壓國家視監控為一個最重要的控制工具。當一向節制有度的德國總理梅克爾（AngelaMerkel）曉得美國國安局多年來竊聽她個人手機時，氣得痛斥美國的竊聽形同臭名昭彰的東德情報機關「國家安全部」（Stasi）。梅克爾的意思很清楚：國家機關脅迫性地監聽，不論是美國國安局、東德國家安全部、蘇聯老大哥或是圓形監獄，其本質就是曉得自己隨時隨地受到看不見的當局監視。

偵監等同恫嚇

我們不難理解為什麼美國及其他西方國家當局會針對本身公民建構一個無所不在的監

視系統。經濟上的不平等日益惡化，因為二〇〇八年的財金崩盤又轉為全面大危機，已在各國內部產生嚴重的不安定。即使在超級穩定的民主國家也出現明顯的動盪。二〇一一年，倫敦出現暴動。美國方面，右派於二〇〇八年和二〇〇九年的茶黨抗議，以及左派的佔領運動，都發動憤怒的公民起而抗議。兩國的民意調查都發現對政治階級及社會方向有極高度的不滿。

當局面對動盪，通常有兩種選擇：以象徵性的讓步安撫老百姓，或增強控制以最小化其對當局利益所產生的傷害。西方精英似乎把第二種選擇——增強其權力——做為其最佳、或許也是唯一可行的行動路線，以保護他們的地位。針對「佔領運動」的反應，就是透過催淚瓦斯、胡椒噴劑和起訴提告強力鎮壓。國內警察力量的準軍事化在美國城市充分呈現，員警拿出在巴格達街頭可見的武器鎮壓合法集會、而且大多是和平的抗議民眾。當局的策略就是讓人害怕參加遊行與抗議，而這招果真奏效。更廣泛的目標則是培養一個概念：抵抗巨大、無可摧毀的體制，是徒勞無功。

鉅細無遺的偵監系統達成同樣的目標，但是功效更強。當政府緊盯住每個人一舉一動時，光是要組織異議運動就很困難。但是廣泛的偵監在一個更深層、更重要的地方——心裡——扼殺了異議；人們在心裡告訴自己，思想必須中規中矩。

歷史肯定地告訴我們，集體的恫嚇和控制乃是國家偵監的重點。好萊塢劇作家華德・柏恩斯坦（Walter Bernstein）在麥加錫時期被列入黑名單、受到監視，被迫化名寫作、繼續工作。他描繪從意識到身受監視、必須強制壓抑、自我檢查寫作的心境：

> 人人都小心翼翼。這可不是冒險的時候……有些作家、沒在黑名單上榜的作家，我不曉得你要怎麼稱呼，但我說是在做「尖銳的事」，不過絕不碰觸政治。他們避開政治……我認為普遍的想法是「不要出面」。
>
> 這種氣氛不會有益創意或促進思想自由奔放。你永遠處於自我檢查的危險，一再告訴自己：「不，我不要這麼做，因為我知道這樣做行不通；或者是這會冒犯政府」等等。

柏恩斯坦的觀察得到美國筆會（PEN America）二〇一三年十一月份發表的報告〈寒蟬效應：國安局偵監造成美國作家自我檢查〉的回應。「本會針對會員調查，希望了解國安局事件的影響，發覺許多作家現在認為他們的通訊受到監視」，因而「以限縮他們表達自由及限制訊息自由流動的方式」來改變他們的行為。具體地講，「二四％受訪者刻意在電話或電郵中迴避某些主題」。

鉅細無遺的偵監以及自我檢查所產生的有害的控制力量，可在許多實驗中得到證實，並不只限於政治活動的相關實驗。許多研究顯示偵監如何在最深刻的個人和心理層次產生作用。

一群研究者將他們的發現發表在《演化心理學》（*Evolutionary Psychology*）期刊。他們向研究對象提出道德上可議的行為，例如街上撿到大量金錢卻據為己有或是明知好友在學經歷上造假，然後要求研究對象評估行為不當的程度。研究顯示，研究對象若是見到暗示受到監視的圖象，例如一雙大眼睛，會比只看到一般圖象的人，更把上述這些行為評為「更該斥責」。研究人員得到結論：監視會鼓勵受到注視的人「更為堅定支持社會常態」，因為他們試圖「積極照料自己的信譽」。

史丹福大學心理學家菲力浦・辛巴度（Philip Zimbardo）和葛利格萊・懷特（Gregory White）於一九七五年進行一項完整的「監視的寒蟬效應」實驗。他們試圖評估，受到監視是否會影響對有爭議的政治意見之表達。之所以進行此一研究，是因為美國人關切政府的偵監行動：

水門醜聞、白宮被掀爆竊聽，以及國會調查中央情報局在國內進行偵監作業，使得美國人民人人自危：老大哥可能已盯上你！當局提議建立全國資料庫、大都會警察動用偵察直升機、銀行和超級市場安裝監視攝影機，以及機場對人員及財物進行安全搜查，在在顯示我們的私生活日益遭到監視。

參與研究的對象受到不同程度的監視，也被要求對大麻合法化發表意見。調查顯示，「感受到威脅」的研究對象，即被告知基於「研究需要」，他們的說法將轉供警方參考的人，比較會譴責吸食大麻，並且講話愛用第二人稱或第三人稱。受監視的研究對象只有四四%贊成大麻合法化，沒有感受到威脅的研究對象則有七七%贊成大麻合法化。更有意思的是，受監視的研究對象有三一%同時會尋求研究人員的認同（譬如，會問「這樣行吧？」），另一組群只有七%會這樣做。感受到威脅的研究對象也顯示有較高程度的焦慮和抑制。

菲力浦．辛巴度和葛利格萊．懷特在結論中說：「感受到威脅，或是政府實際監視，可能在心理上壓抑言論的自由。」他們又說，固然他們的「研究設計不允許『迴避集會』的可能性，他們預期「因受監視的威脅所產生的焦慮會使許多人完全避開」他們可能會受到監視的情況。他們寫說：「由於這些假設只受一個人想像力之限制，而且每天都受到政府及體制侵犯隱私遭掀爆的激勵，驚慌的妄念和合理的警戒兩者之間的界限變得很微薄。」

沒有錯，偵監可以促進或許可稱之為「親善社會」的行為。有一項研究發現，在裝置安全攝影機之後，瑞典足球迷向場裡丟擲飲料瓶子的粗暴行為下降六五％。鼓勵民眾勤洗手的公共衛生海報，的確發揮宣導作用。

問題在於偵監不僅鼓勵服從的精神，也會滋生互不信任和焦慮。將人民置於偵監之下的政府製造出一種氣氛，讓人民覺得受到脅迫、而非實質受鼓勵去和當局合作。在職場和政府當中，工人與上司、公民與政府之間的信賴，是導致人們依本身自由意志而合作的關鍵因素。

即使在最親密的環境，譬如家庭當中，只因為受到注視，偵監也會使不重要的行動變成一樁大事。英國有一項實驗，研究人員提供調查對象追蹤器可盯住家人的動向。任何時候都可以知道任何家人的地理位置，而且一看到某人的位置，他就會收到訊息。每次甲成員追蹤某乙位置時，某乙都會收到問卷，問他為什麼要這麼做，也會問某甲，某乙的回答是否符合他的預期。

在討論過程中，參與調查的人表示：固然有時候覺得追蹤沒什麼不好，但是他們也會感到焦慮，如果他們出現在事先預期不到的地方，家人會對他們的行為「驟下結論」。假如關掉分享位置的機器，「化為隱形」，也不能解決焦慮。許多參與調查的人表示，避免偵監會引起猜疑。研究人員因此得到結論：

> 我們日常生活裡有些痕跡是我們無法解釋的，並且也可能完全不重要。可是，透過追蹤器呈現出來……卻使痕跡有了某種意義，要求要有相當程度的交代。這會造成焦慮，尤其是在親密關係當中，在親密關係當中，有些人可能覺得講不清、道不白，壓力很大。

芬蘭有一項實驗來模擬最激進的偵監，把攝影機裝在調查對象的家中，浴室和臥室除外，另外也全部追蹤所有的電子通訊。雖然研究人員上社群網站做廣告、召募對象，卻連十家人都號召不到。

參與調查的人則抱怨研究怎麼盯著他們日常生活的普通部分。有一個人表示，感到不方便在家裡赤身裸體；另一個人說，她洗完澡出來在梳頭時，老是惦記有個攝影機在旁邊；也有人在注射藥劑時，想到受到偵監。無害的動作在監視之下突然增加許多重要性。

參與調查的人起先認為偵監很討厭，可是他們很快就「變習慣了」。原本很有侵入性的偵監卻變成正常化，變成常態，不再受到注意。

這些實驗顯示，有許多事並非「做壞事」，但人們做的時候希望是悄悄做、不為外人知道。就很大範圍的人類活動而言，隱私是不可缺少的要素。假設有人打電話給防制自殺熱線，或是到墮胎診所，或是常到色情網站瀏覽，或是吹哨人打電話給記者，他們有許多理由要保密、而且不涉及違法。

總而言之，人人都有些事不欲人知。《華盛頓郵報》記者巴東．季爾曼說：

> 隱私要看關係而定。要看你的觀眾是誰而定。你不希望你的雇主知道你在另謀出路；你不會向你老媽或兒女全盤吐露情史；你不會向對手吐露生意機密。我們不會不分輕重地充分暴露自己，我們當然也很小心不希望被人看穿我們言不由衷。即使在正直的人當中，研究人員也一再發現說謊是「一種每天都出現的社會互動」，大學生每天說謊兩次，真實世界每天說謊一次……全面透明化會是夢魘……人人都有些事不欲人知。

以反恐之名打壓異議

偵監作業的藉口：這麼做是為了全民福祉。這是以「把人民分為好人與壞人兩大類」的世界觀做為基礎。依據這個觀點，當局的偵監力量只用來對付壞人、對付「做了壞事的人」，也只有這種人害怕隱私遭到侵犯。這是一套老招式。一九六九年，《時代》雜誌有一篇討論美國人越來越擔心美國政府的偵監力量的文章，尼克森的司法部長約翰・米契爾（John Mitchell）向讀者擔保，「任何不涉及到非法行動的美國公民，根本都不用擔心。」

二〇〇五年，白宮發言人回應小布希總統非法監聽作業的爭議，也表示了相同的說法：「這不是要監聽什麼安排少棒比賽或好友聚餐的電話。這是要監聽大壞蛋打給大壞蛋的電話。」歐巴馬總統二〇一三年八月親上《今夜秀》（*Tonight Show*），主持人傑・雷諾（Jay Leno）問起國安局遭爆料事件時，他答說：「我們沒有在國內偵監作業的計畫。我們有的是一種可以追蹤與恐怖攻擊連結得上的電話號碼或電郵地址的機制。」

這一招還真管用。侵入性的偵監僅限於邊緣化及罪有應得的一群壞人，這種說法使得大多數人默然接受政府濫權，甚至還為之歡呼。

可是，這個觀點完全不了解所有的權力體制所要追求的目標。在權威體制眼裡，「做壞事」遠超過非法行為、暴力行為和恐怖份子密謀，還包括有意義的異議及任何真實的挑戰。權威，不論政府的、宗教的或家族的權威，都有一個天性，會把異議視同不當行為，或至少是威脅。歷史紀錄充滿許多事例，許多團體和個人因為持有異議觀點或主張受到政府監控，馬丁路德·金恩、民權運動、反戰份子、環保人士，莫不如此。在政府以及艾德加·胡佛（J. Edgar Hoover）的聯邦調查局眼裡，他們全都「做壞事」：他們的政治活動威脅到當今秩序。

沒有人比胡佛更了解偵監能粉碎政治異議的力量，他所面對的挑戰是國家不能因人民表達不受歡迎的觀點就逮捕他們，他要如何防止美國憲法第一條修正案有關言論及集會自由的運行。一九六〇年代，聯邦最高法院出現一系列判例，對言論自由建立強大的保護，其高潮是一九六九年全體大法官在「布蘭登堡控俄亥俄」（Brandenburg v. Ohio）一案一致通過，推翻某個三K黨領袖的定罪，此人在演講中威脅要以暴力對付某個政治官員。最高法院指出，憲法第一條修正案的保障十分堅強，因此憲法保障言論自由和出版自由，「並不允許州禁止或摒棄主張使用武力」。

有鑒於這些保障，胡佛制訂一套系統，從源頭開始即防止異議滋生。

聯邦調查局的國內反情報計畫COINTELPRO最先遭到一群反戰人士揭露。這群人認為反戰運動已被滲透、受到監視，並且遭到各種陰謀詭計修理。沒有文件證據可資證明，也沒辦法說服新聞記者報導他們的懷疑，他們潛入聯邦調查局在賓夕法尼亞州的辦公室，偷走數千份文件。有關COINTELPRO的文件顯示，聯邦調查局是如何鎖定認為有顛覆性質及危險的政治團體及個人，包括全國有色人種權益促進會（NAACP, National Association for the Advancement of Colored People）、黑人民族主義運動、社會主義及共產主共義組織、反戰抗議團體，以及各種右翼團體。聯邦調查局派幹員滲透進入這些團體，這些幹員設法操縱其成員同意犯下罪行，聯邦調查局就可以動手抓人、起訴他們。

聯邦調查局成功地說服《紐約時報》壓下這則新聞，甚至歸還掌握到的文件，但是《華盛頓郵報》卻推出系列報導。這些爆料導致參議院成立邱池委員會進行調查。委員會的結論是，十五年來：

> 聯邦調查局逕自針對防止憲法第一條修正案有關言論與集會自由之運行，進行精細的警戒作業，根據的理論是防止危險團體的成長及危險思想的宣傳，可保護國家安全、阻卻暴力。即使所有的鎖定對象都涉及暴力活動，但聯邦調查局所使用的許多方法，在民主社會都將不容；但是COINTELPRO有過之而無不及。

這項計畫沒有說出來的主要假設前提是：執法機關有責任採取一切必要行動，對付可見的對現存社會及政治秩序之威脅。

COINTELPRO有一份重要的備忘錄說，若是讓反戰份子認為「每個信箱後頭都躲個聯邦調查局探員」，可在反戰份子心目中種下「恐慌」。異議份子因為相信一直受到監視，就會身陷恐懼、不敢囂張。不足為奇，這一招還相當管用。

二〇一三年有一份紀錄影片《一九七一年》，好幾位民運人士敘述當年胡佛的聯邦調查局是如何在民權運動中「到處密布」線民、進行偵監，有人來參加會議後，立即向局裡報告。聯邦調查局的偵監破壞了運動的組織和成長。

COINTELPRO絕不是邱池委員會所發現的唯一濫權偵監作業。委員會最終報告宣稱，「從一九四七年至一九七五年期間，發出、送至或經過美國的數百萬件電報，透過和美國三大電報公司的祕密安排，都被國家安全局取走。」甚且，中央情報局有一項CHAOS作業，從一九六七年至一九七三年間，「約三十萬人被中情局電腦系統鎖定，還有大約七千兩百名美國人及一百多個國內團體被個別設立檔案追蹤」。此外，「在一九六〇年代中期至一九七一年之間，估計約有十萬名美國人成為美國陸軍情報單位列檔關心的目標」，還有約一萬一千個個人及團體「因政治因素、而非稅務因素」遭到國稅局調查。聯邦調查局也利用竊聽手段，挖掘諸如性活動的弱點，來逼退偵察對象。

這些事件並非超乎常態。譬如小布希總統執政期間，美國公民自由聯盟於二〇〇六年取得的文件，揭露「五角大廈偵監反對伊拉克戰爭的美國人，包括貴格教派（Quakers）和學生團體之新內容」。五角大廈針對「非暴力抗議人士進行監聽，蒐集資訊，儲存進軍方的反恐資料庫之中」。美國公民自由聯盟指出，有一份文件「標誌『潛在的恐怖份子活動』，把俄亥俄州奧克隆的『現在就停止戰爭』集會等事件列入其中。」

證據顯示，官方保證偵監作業只針對「做壞事的人」，並不足信，因為國家將反射性地把對其權力的挑戰統統視為壞事。

掌權者一再證明，碰上有機會把政治上的反對者貼上「國家安全之威脅」或甚至「恐怖份子」標籤時，都會抵抗不住誘惑。過去十年，美國政府承胡佛的聯邦調查局之遺緒，正式把環保人士、許多反政府的右翼團體、反戰人士，以及為保護巴勒斯坦人權利而成立的團體，統統貼上這種標籤。這些團體內的某些個人或許確實符合標籤，但毫無疑問，許多人只因為具有對立的政治觀點，就被戴上帽子。這些團體一再被國安局及其夥伴鎖定為偵監對象。

英國當局在希斯洛機場祭出反恐法條扣押我的伴侶大衛・米蘭達之後，英國政府的確明白地將我的報導視為恐怖主義來看待，理由是公布史諾登文件「旨在影響政府，以便推動政治及意識型態目標。因此，得以歸入恐怖主義的定義」。這是最清晰的聲明，把對權力者利益的威脅與恐怖主義等同看待。

美國的穆斯林社群對這一切都不會覺得驚訝。他們普遍擔心會被套上涉及恐怖主義之嫌而遭到偵監。二〇一二年，美聯社的亞當・高德柏（Adam Goldberg）和麥特・阿普佐（Matt Apuzzo）揭露中央情報局和紐約市警察局的一項合作計畫，根本不問是否有絲毫不法，就把全美國穆斯林社群統統納入實體及電子偵監。美國穆斯林一再描述偵監對他們生活造成的影響：每當有個新面孔出現在清真寺，都會被懷疑是否是聯邦調查局的抓耙仔；朋友和家人因害怕遭到監聽，談話極為小心，深怕任何公開表達的意見若被視為對美國有敵意，就會被當成藉口遭到調查、或甚至遭到起訴。

史諾登掀出的一份二〇一二年十月三日文件，令人不寒而慄，並且看清這一點。文件揭露國安局針對其認定為表達「激進」思想、或是會對他人產生「激進化」影響的個人之網路活動展開偵監。這份備忘錄特別討論六個人，全是穆斯林，不過也強調他們只是「樣板」。

國安局明白表示，這些人沒有一個是恐怖組織的成員，或是涉及到任何恐怖陰謀。他們的「罪行」只是他們表達了觀點，而這些觀點被認為「激進」，光憑這個字詞就可以對他們鋪天蓋地監視、進行破壞動作以「利用其弱點」。

針對這幾個人所蒐集到的資訊——其中至少一人具有美國籍——包括他們在網路上的性活動細節，以及「網路上的胡作妄為」，譬如他們瀏覽了那個色情網站、和不是妻子的女人在網路上性話連連。國安局討論要如何利用此一資訊摧毀他們的名譽和可信度（圖94）。

美國公民自由聯盟法務副主任賈米爾・賈菲指出，國安局的資料庫「儲存有

BACKGROUND (U)

(TS//SI//REL TO USA, FVEY) A previous SIGINT assessment report on radicalization indicated that radicalizers appear to be particularly vulnerable in the area of authority when their private and public behaviors are not consistent. (A) Some of the vulnerabilities, if exposed, would likely call into question a radicalizer's devotion to the jihadist cause, leading to the degradation or loss of his authority. Examples of some of these vulnerabilities include:

- Viewing sexually explicit material online or using sexually explicit persuasive language when communicating with inexperienced young girls;
- Using a portion of the donations they are receiving from the susceptible pool to defray their own personal expenses;
- Charging an exorbitant amount of money for their speaking fees and being singularly attracted by opportunities to increase their stature; or
- Being known to base their public messaging on questionable sources or using language that is contradictory in nature, leaving them open to credibility challenges.

(TS//SI//REL TO USA, FVEY) Issues of trust and reputation are important when considering the validity and appeal of the message. It stands to reason that exploiting vulnerabilities of character, credibility, or both, of the radicalizer and his message could be enhanced by an understanding of the vehicles he uses to disseminate his message to the susceptible pool of people and where he is vulnerable in terms of access.

圖 94 以反恐為名，侵犯穆斯林隱私。

關你的政治觀點、就醫歷史、私密關係以及網路活動的種種訊息」。國安局聲稱不會濫用這些個人資訊，「但是這些文件顯示國安局對『濫用』的定義界定得很狹隘」。賈米爾．賈菲指出，傳統上，國安局應總統之請，「利用偵監成果鬥臭政治對手、記者或人權運動者」。他說，認為國安局「不會再用這種方法運用此一權力」，真是「天真」。

其他文件顯示，政府不僅鎖定維基解密及其創辦人朱利安．阿桑傑，也鎖定該局所謂的「支持維基解密的人際網」。二〇一〇年八月，歐巴馬政府促請若干盟國針對阿桑傑提出刑事告訴，罪名是這個團體公布了阿富汗戰爭日誌。迫使其他國家起訴阿桑傑的討論，出現在國安局一份「獵殺時間表」（Manhunting Timeline）的文件當中。文件以各國為別，詳列美國及其盟國是如何找出、起訴、逮捕，和／或殺害一些人，其中包括涉嫌的恐怖份子、毒梟和巴勒斯坦領導人。二〇〇八年至二〇一二年之間，每年都有一份「獵殺時間表」（圖95）。

另一份文件則摘要二〇一一年七月的一項談話，涉及到是否能將維基解密及另一個文件分享網站「海盜灣」（Pirate Bay）「基於偵監目的列為『惡意的外國行動者』」。如果行的話，就可以針對這些團體（包括美國人）進行鋪天蓋地的電子偵監。這個討論出現在一份「問與答」清單上，NTOC 監督及遵守處（NOC, NTOC Oversight and Compliance

Office）及國安局法務室（OGC, Office of General Counsel）官員就提出的問題提供解答（圖96）。

二〇一一年的一項對話顯示，國安局根本沒把違反偵監規定當一回事。文件中，一位作業員說，「我搞砸了」，竟把一個美國人當成外國人鎖定為偵監對象。國安局監督處及法務室的答覆竟是「別擔心」（圖97）。

針對「匿名者」（Anonymous）和泛稱「駭客活動份子」（hacktivists）的一群人之處理，手段更極端、別具爭議。因為「匿名者」並不是一個有組織結構的團體，只是基於相同理念而鬆散地結合起來的一群人：某人之與「匿名者」結合，只因彼

(U) Manhunting Timeline 2010

TOP SECRET//SI/TK//NOFORN

Jump to: navigation, search

Main article: Manhunting

See also: Manhunting Timeline 2011
See also: Manhunting Timeline 2009
See also: Manhunting Timeline 2008

(U) The following **manhunting operations took place in Calendar Year 2010**:

[edit] (U) November

Contents

圖 95 獵殺時間表

[edit] (TS//SI//REL) Malicious foreign actor == disseminator of US data?

Can we treat a foreign server who stores, or potentially disseminates leaked or stolen US data on it's server as a 'malicious foreign actor' for the purpose of targeting with no defeats? Examples: WikiLeaks, thepiratebay.org, etc.

NOC/OGC RESPONSE: Let us get back to you. (Source #001)

圖 96 涉及對維基解密及海盜灣進行全面偵監。

[edit] (TS//SI//REL) Unknowingly targeting a US person

I screwed up...the selector had a strong indication of being foreign, but it turned out to be US...now what?

NOC/OGC RESPONSE: With all querying, if you discover it actually is US, then it must be submitted and go in the OGC quarterly report...'but it's nothing to worry about'. (Source #001)

圖 97 鎖定錯誤對象也不當一回事。

此立場相近。更糟的是，何謂「駭客活動份子」，更沒有固定的定義：可以指稱利用程式技能破壞互聯網安全與運作，但也可以指稱利用網路工具促進政治理想的人。國安局偵監如此廣泛類別的人，不啻允許自己到處偵察任何人，包括在美國國內的人，只要政府覺得他們的思想具有威脅就行。

麥吉爾大學的蓋布瑞兒．柯爾曼（Gabrielle Coleman）是研究「匿名者」的專家。她說，這群人「不是界定清楚的」實體，只是「基於理念動員活躍份子採取集體行動，發抒政治不滿。這是個廣泛基礎的全球社會運動，沒有中央的或正式的有組織的領導結構。有些人在這個名號下集合起來從事數位的公民不服從，但是與恐怖主義根本不相干」。柯爾曼聲稱，大多數人擁抱理念而加入，「主要是為了一般的政治表達。針對『匿名者』及『駭客活動份子』偵監，形同針對表達政治信念的公民偵監，會扼殺正當的異議。」

可是，「匿名者」遭到情報單位動用極具爭議性、最激烈的手法對付，包括：「假旗作業」（false flag operation）、「甜蜜陷阱」（honey trap）、病毒及其他攻擊、欺騙策略，以及「破壞名譽的資訊戰」。

英國政府通訊總部官員在二〇一二年訊號發展會議上提出一張幻燈片，描述兩種攻擊：「資訊戰（影響或擾亂）」以及「技術干擾」。政府通訊總部稱這些措施為「網路祕密行動」，預備達成文件中所謂的「四個D：否定／干擾／污衊／欺騙」（圖98）。

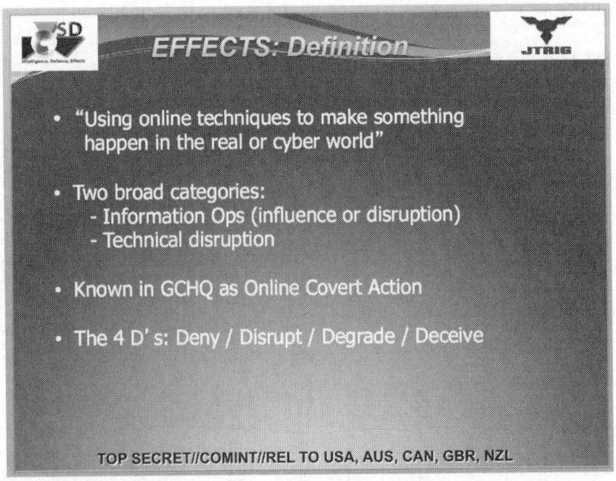

圖 98 網路攻擊策略：否定、干擾、污衊、欺騙。

另一張幻燈片描述用以「污衊目標」的伎倆，包括：「設立甜蜜陷阱」、「變更他們在社群網站上的照片」、「在部落格貼文聲稱身受他們之害」，以及「發送電郵／簡訊給

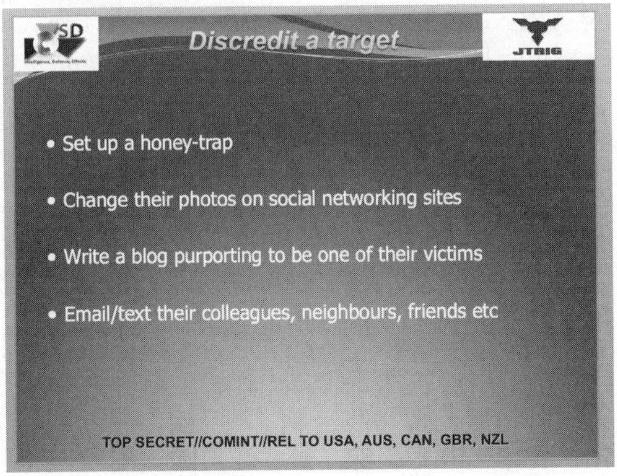

圖 99 污衊目標的伎倆。

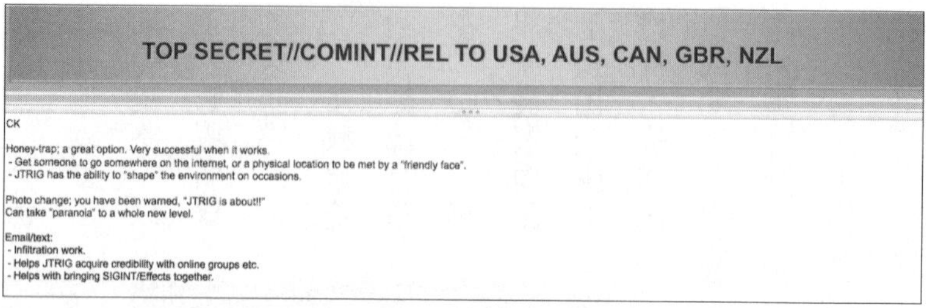
TOP SECRET//COMINT//REL TO USA, AUS, CAN, GBR, NZL
CK
Honey-trap; a great option. Very successful when it works.
- Get someone to go somewhere on the internet, or a physical location to be met by a "friendly face".
- JTRIG has the ability to "shape" the environment on occasions.
Photo change; you have been warned, "JTRIG is about!!"
Can take "paranoia" to a whole new level.
Email/text:
- Infiltration work.
- Helps JTRIG acquire credibility with online groups etc.
- Helps with bringing SIGINT/Effects together.

圖 100 色誘招數依舊適用於網路時代。

他們的同事、鄰居及友人等」（圖99）。

政府通訊總部在附帶的備註中解釋，「甜蜜陷阱」為冷戰時期的舊招數，以美女色誘男性對象，抓住他的把柄。這套方法進入數位時代已更新：可以把對象誘導到有傷名譽的網站或是線上交友。備註指出：這是「很棒的選擇。一旦奏效，十分成功」。同樣地，向團體滲透的傳統手法也可在網上完成（圖100）。

另一個手法是停止「某人的通訊」。政府通訊總部「用簡訊轟炸塞爆他們電話」、「狂打電話癱瘓他們電話」、「刪除他們網路存在」及「堵塞他們的傳真機」（圖101）。

政府通訊總部也喜歡用「傳統執法機關」常用的「干擾」技術，如搜證、上法庭和起訴等手法。政府通訊總部在一份標題「網路攻勢時段：全力推進、對付駭客活動份子」的文件中，討論以駭客之道還治其身，祭出「阻絕服務」之招數（圖102）。

這個英國偵監機構也雇用一組包括心理學家在內的社會科學家團隊，研發「線上人情報」（online UMINT）和「策略性影響力干擾」的技術。「欺騙的藝術：新世代線上祕密作業之培訓」這份文件即討論這些招數。文件由政府通訊總部的「人類科學作業組」（HSOC, Human Science Operation Cell）起草，聲稱將借重社會學、心理學、人類學、神經科學和生物學等不同領域知識，最大化政府通訊總部的線上欺騙技能。

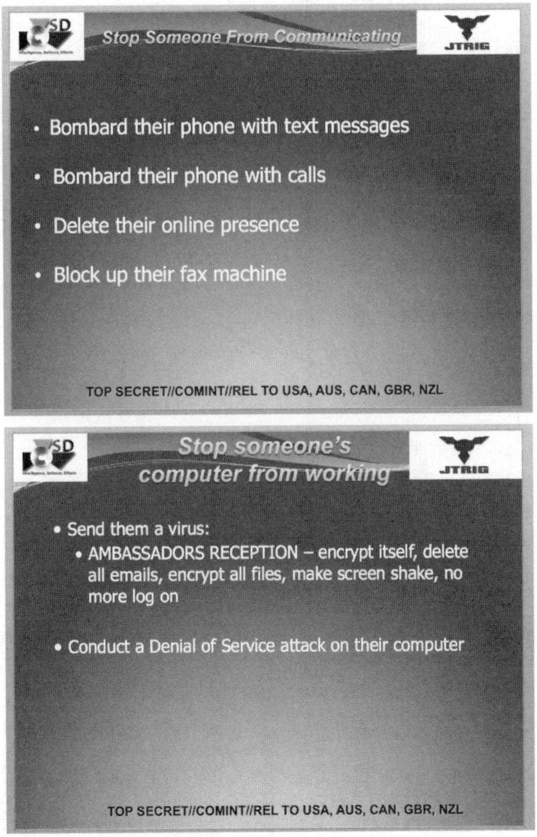

圖 101 停止「某人的通訊」的手法。

有一張幻燈片顯示如何進行「掩飾—藏真」（Dissimulation-Hide the Real），而同時宣傳「偽裝—扮假」（Simulation-Show the False）。這檢視「欺騙的心理組塊」以及用來

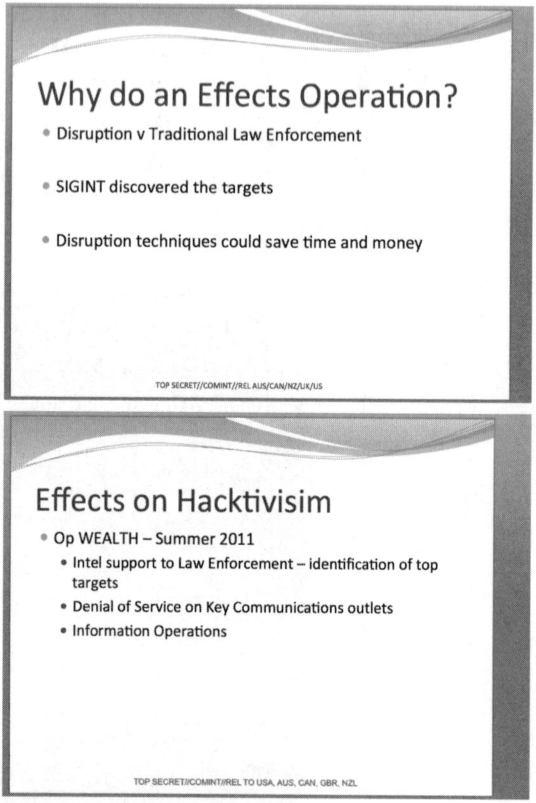

圖 102 政府以駭客之道還治其身。

執行欺騙的「科技地圖」，如臉書、推特、LinkedIn 和各種網頁等。

強調「人類因情感因素、而非理性因素做決定」，政府通訊總部認為線上行為是受「映照」（mirroring）、「調適」（accommodation）和「模仿」（mimicry）所驅動。映照指的是「人們在社交互動中彼此複製對方行為」，模仿指的是「溝通者採取其他參與者的特定社交特點」。這份文件接下來交代其所謂的「干擾作業劇本」，包括「滲透作業」、「要詐作業」、「假旗作業」和「刺傷作業」。文件宣稱，「到二〇一三年初」，「一百五十多位同仁皆完整訓練」完畢，即可「全面推出」干擾計畫（圖103）。

還有一份標題「神奇技術與實驗」的文件，提到「暴力的合法化」、「在對象心目中建構經驗，使之不自覺地接受」，以及「最適化欺騙管道」。

政府這些類型的偵監、影響互聯網通訊，以及在網路散布假情報的計畫，長久以來即有人如此猜測。哈佛大學法學教授凱斯・桑士丹（Cass Sunstein）是歐巴馬的親信顧問、曾任白宮資訊及規範事務室主任，現被白宮派為檢討國安局活動的專案小組成員。他在二○○八年寫了一份引起爭議的文章，提議聯邦政府雇用祕密探員和偽裝的「獨立」支持者，「認知地滲透」（cognitively infiltrate）進入線上團體、聊天室、社群網站和一般網站，乃至非線上團體。

政府通訊總部這些文件首次顯示，這些有爭議性的欺騙和抹黑技術已從提議階段進入執行。

所有證據都凸顯其向公民兜售：不構成挑戰，你就不用擔心這個概念；少管閒事，支持或至少容忍我們所作所為，你就不會有事。換個說法，如果你希望被認定為沒做壞事，你必須節制，別去挑釁有偵監權力的當局。政府用此來誘導人民消極不作為、服從、不要自作主張。最安全的路、確保「不受干擾」的路，就

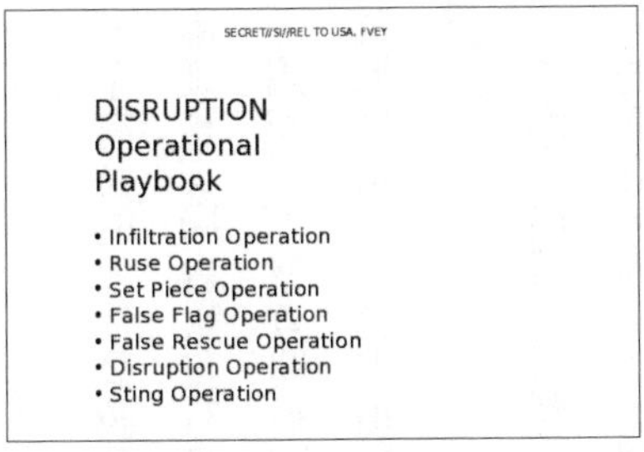
SECRET//SI//REL TO USA, FVEY
DISRUPTION
Operational
Playbook
• Infiltration Operation
• Ruse Operation
• Set Piece Operation
• False Flag Operation
• False Rescue Operation
• Disruption Operation
• Sting Operation

圖 103　培訓各種干擾作業。

是保持緘默、不提出威脅、當個乖乖牌順民。

許多人認為這也不錯呀，大多數人因而認為偵監是善意的、甚至是有益的。他們認為自己太平凡了，政府才不會注意到他們。我聽到許多人說：「我很懷疑國安局會對我有興趣。如果他們想監聽我的無聊生活，那就聽吧！」也有人逗趣說：「國安局不會有興趣聽老祖母討論食譜、或老爹籌劃到高爾夫球場較量球技。」這些人認為他們本身不會被鎖定為目標，因此不是否認有監聽這回事，就是不在乎，或甚至樂於支持監聽。

MSNBC節目主持人勞倫斯·歐唐納（Lawrence O'Donnell）在國安局濫行監聽新聞曝光後不久訪問我，他嘲笑國安局是個「巨大、可怕的偵監怪獸」的觀念。他把他的觀點總結為：

> 我目前的感覺是……我不怕……政府如此大規模蒐集資料，代表他們更難找到我……他們絕對沒有誘因要找我。因此，現階段，我完全沒感覺遭受威脅。

《紐約客》的亨德立克·赫茲伯格（Hendrick Hertzberg）也對國安局體系抱持善意觀點，承認「固然有理由關切情報機關逾越本分、過度神祕和缺乏透明」，但是「也有理由保持鎮靜」。尤其是「類似對公民自由構成的威脅，是抽象、臆測和不明確的」。《華盛頓郵報》專欄作家露絲・馬可士（Ruth Marcus）壓低對國安局權力的關切，荒謬地宣稱「我的元資料幾乎肯定不曾被檢查過」。

從某個重要意義而言，歐唐納、赫茲伯格和馬可士都對。美國政府「絕對沒有誘因」鎖定他們這樣的人物，因為對他們而言，來自國家機關偵監的威脅只不過是「抽象、臆測和不明確的」。這是因為工作上一直尊崇、吹捧全國最有權力的官員——國家安全局頂頭上司、總統——以及迴護其政黨之新聞記者，不會冒犯當權者。

當然，忠貞支持總統及其政策的人、不做任何可吸引當權者負面注意的善良公民，沒有理由擔心國家偵監。每個社會情況大都如此：不構成挑戰的人很少被高壓措施鎖定為對象，而從他們的角度來看，他們可以說服自己，高壓並不存在。但是社會自由與否的真正尺度，在於對待異議份子及其他邊緣團體的方式、不是取決於對待忠貞份子的方式。即使在全世界最惡劣的暴政下，忠誠的支持者也不會受到國家權力的虐待。在穆巴拉克的埃及，走上街頭、鼓吹推翻他的人才被逮捕、動刑、槍殺；穆巴拉克的支持者和乖乖待在家裡的人不會惹禍上身。在美國，被胡佛盯上監視的是全國有色人種權益促進會領導人、共產黨和民權及反戰活躍份子，不是循規蹈矩、對社會不公靜默的人。

我們不應該必須是掌權者忠誠信徒，才能覺得安全、不會遭受國家偵監。有爭議、或有挑釁意味的異議份子也不應遭受偵監之苦。我們不應該要一個社會，它給人的信息是唯有你仿效能被接納的行為、以及華府著名專欄作家的傳統智慧，你才不會受到干擾。

但是，不管怎麼說，任何組群的人若自認可以不受干擾，肯定是幻覺。當我看到黨派歸屬關係如何影響人們對國家偵監危險的意識時，就會更明白這一點。換了位置，就會換了腦袋。昨天的啦啦隊很快就會變成今天的異議者。

二〇〇五年，國安局未向法院申請許可即竊聽的風暴鬧得沸沸揚揚時，自由派和民主黨人一面倒地認為國安局的監聽構成威脅。當然，這有一部分出自典型的黨派立場：小布希是總統，民主黨發現有機會在政治上傷害他及他的黨。但是他們的擔心大部分也都有理：因為他們認為小布希惡毒和危險，他們認為在他控制下的國家偵監也是危險的；身為政治反對者，他們尤其身陷危險之境。共和黨人對國安局的行動則有比較善意或支持的觀點。反之，到了二〇一三年十二月，民主黨人和進步人士反而變成國安局的主要辯護人。

許多調查資料反映此一變化。二〇一三年七月底，皮優研究中心（Pew Research Center）發表一份民調，顯示大多數美國人不相信替國安局行為辯護的言論。特別是，「大多數美國人（五六%）表示聯邦法院對政府反恐作業時蒐集電話及網路資料，沒有提供適度的限制」。「更大百分比的人（七〇%）相信政府把這些資料用在調查恐怖主義以外的目的」。甚且，「六三%的人認為，政府也蒐集有關通訊內容的資訊」。

最值得注意的是，美國人現在認為監聽的危險大過恐怖主義的危險：

> 整體而言，四七%認為他們對政府反恐怖主義政策更大的關切是，政府太逾越，限制了一般人的公民自由；同時另有三五%表示他們更關心政策不足以保護國家。這是皮優研究中心二〇〇四年首次調查此一問題，第一次有更多人表示關切公民自由、甚於保護不受恐怖主義侵襲（圖104）。

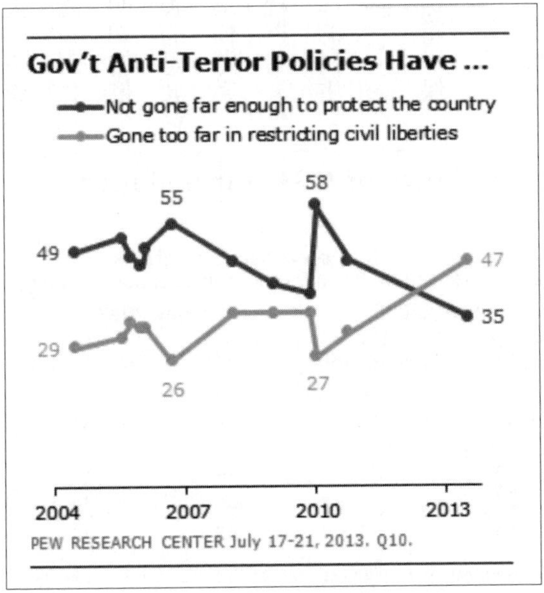

圖 104　美國人現在認為監聽的危害大過恐怖主義，已限制一般人的公民自由。

對於感受到政府權力過甚、且長久以來誇大恐怖主義威脅的人士來說，這項調查資料是個好消息。但是這項調查凸顯一個很明顯的倒轉現象：小布希總統時期替國安局辯護的是共和黨人，現在卻換成了民主黨人，因為偵監系統現在已換由和他們同黨的歐巴馬總統控制。「全國範圍內，支持政府蒐集資料作法的民主黨人（五七%）大過共和黨人（四四%）。」

《華盛頓郵報》類似的民調資料透露，保守派比自由派更加關心國安局的偵監。被問到「假如國家安全局蒐集及運用你的個人資料，你會有多麼關切？」時，保守派有四八%表示「非常關切」，自由派只有二六%非常關切。法學教授歐林．柯爾（Orin Kerr）指出，這代表根本上的變化：「這是從二〇〇六年以來一

Partisan Shifts in Views of NSA Surveillance Programs

Views of NSA surveillance programs
(See previous table for differences in question wording)

	January 2006		June 2013	
	Accept-able %	Un-acceptable %	Accept-able %	Un-acceptable %
Total	51	47	56	41
Republican	75	23	52	47
Democrat	37	61	64	34
Independent	44	55	53	44

PEW RESEARCH CENTER June 6-9, 2013. Figures read across. Don't know/Refused responses not shown.

圖 105 保守派比自由派更加關心國安局的偵監。

個有趣的倒轉現象，當時的總統是共和黨、不是民主黨。當時，皮優一項調查顯示七五%的共和黨人支持國安局偵監，但民主黨人只有三七%贊成。」皮優中心一張表格把轉變交待得更清楚（圖105）：

對於偵監作業的正、反主張，都同樣受到抨擊。有位聯邦參議員二〇〇六年在《晨間秀》電視節目上譴責國安局大肆蒐集元資料，他說：

> 我不需要竊聽你的電話，就曉得你在幹什麼。如果我知道你打出、打進的每一通電話，我就可以斷定你談過話的每一個人。我可以了解你的生活模式，這是非常、非常侵入性……但是真正的問題是：他們蒐集到和凱達組織毫不相干的這些資訊，究竟拿來幹了什麼？……要我們信賴美國總統、副總統他們一定做正確的事嗎？別我辦不到。

如此猛烈抨擊蒐集元資料的這位參議員，名叫喬·拜登（Joe Biden），正是今天的美國副總統。他所屬的民主黨政府今天提出的辯護，正是他當時所猛烈抨擊的說詞。

我在這裡要說的，黨派政客往往是沒有原則的偽君子，除了追逐權力之外，沒有真正的信念，即使他們本來就是如此。更重要的是，這類話透露出一般人怎麼看待國家偵監的本質。和許許多多不公不義的事情一樣，當人們相信掌權者善良、可靠時，人們樂意摒棄對國家濫權的害怕。唯有在他們本身認為受到威脅或敵意時，他們才覺得偵監危險、值得關切。

權力激進擴張通常是以這種方式來進行，即先說服人們這只會影響到特定的、不相干的一群人。這種立場帶有明顯的道德瑕疵——只因為針對少數民族，就不去責備種族歧視；因為自己吃飽飯，就不重視有人挨餓。就算先不談這類的道德瑕疵，這種立場也幾乎是短視的。

自認不會受到國家濫權侵犯的人漠不關心、甚至支持，無可避免會使得權力擴大到超乎原始範圍，有一天將無法控制濫權情形，是這肯定的。實際事例已經不勝枚舉，但或許最近、最有力的例證即是愛國法案遭到濫用。國會在九一一事件後，幾近無異議通過大幅擴大偵監及羈押權力，認為這樣可以偵知並防止未來遭受攻擊的可能性。

這裡暗示的假設是，權力主要將用來對付涉及恐怖主義的穆斯林，這是擴權僅限於針對從事某特定行為之特定族群的典型實例，這也是為什麼此一法案得到一面倒支持的一個原因。但是，實際發展卻完全走樣：愛國法案適用範圍超過原訂意向。事實上，自從愛國法案立法通過以來，法案一面倒地用在與恐怖主義或國家安全毫不相干的案例上。《紐約》雜誌揭露，從二〇〇六年至二〇〇九年，愛國法案的「告密者與山」（Sneak and peak）條款（即准許不立即告知偵監對象，即發給搜索令），用在一千六百一十八個與毒品相關的案例；一百二十二個與詐欺相關的案例，只有十五個案例涉及恐怖主義。一旦公民默許新權力，認為權力不會影響到他們，權力就會體制化、合法化，無法加以反對。邱池參議員一九七五年學到的最核心教訓就是，大規模偵監所構成的危險非同小可。他接受《面對新聞界》訪問時表示：

> 這個能力隨時可能反過頭來對付美國人民，美國人再也不會有任何隱私，這種監聽一切電話、電報的能力。大家再也無處可躲。假如這個政府變成暴君……情報機關給予政府的科技能力可以使政府全面實施暴政，而且百姓無力反抗，因為最小心翼翼、集合起來抵抗的努力……都會被政府偵知。這種科技就有這個本事。

二〇〇五年，詹姆斯·班福德在《紐約時報》撰文說，今天來自國家偵監的威脅，遠遠大過一九七〇年代。「人們在電郵上表達最內心的思想、在互聯網上曝露醫療及財務紀錄，而且不停地在手機上聊天，國安局實際上有能力侵入一個人的思想。」

邱池所關切的「任何偵監能力可反轉來對付美國人民」，正就是國安局在九一一事件之後的所作所為。儘管要依外國情報監視法作業、儘管禁止在國內偵監，國安局打從一開始就顯示其任務：國安局的偵監活動現在大部分專注在美國領土上的美國公民。

即使沒有濫權、即使沒有人被特定鎖定為目標，一個無所不蒐集的國家偵監機制依然存在著，傷害整體的社會和政治自由。在美國與在其他國家一樣，唯有透過挑戰權力與正統、創新思想與生活方式的力量，才能進步。害怕受到監視、而自由受到遏抑時，每個人都會受害，即使未從事政治異議或活動的人也難逃。赫茲伯格雖然認為國安局的偵監不足掛意，卻也承認「已經過成傷害。傷害在民間。傷害具集體性。傷害在於信任的建構，以及來自支持開放社會和民主政體的問責。」

替偵監喝采的人基本上只有一個辯護說詞：大規模偵監作業是為了制止恐怖主義、確保人民安全。美國政府十多年來以恐怖主義的危險為理由，合理化其一系列激烈行為，從刑求到入侵伊拉克不等。的確，以外來威脅為藉口，是自古以來讓老百姓順從政府權力的老招數。但是以偵監而言，證據顯示，認為這樣做具有效力，恐怕很有問題。

首先，國安局進行的資料蒐集大部分明顯與恐怖主義或國家安全無關。攔截石油巨子巴西石油公司的通訊、在經濟高峰會議竊聽談判進程，或鎖定盟國領袖監聽，根本和恐怖主義無關。國安局核定自己的任務包括竊聽以取得經濟與外交的優勢。以國安局實際的偵監來看，制止恐怖主義明顯只是幌子。

甚且，歐巴馬總統和一些國家安全官員指稱國安局偵監制止了恐怖陰謀，這也被證明虛偽不實。《華盛頓郵報》二〇一三年十二月有一篇文章，標題是「官員為國安局偵聽電話的辯護可能洩露玄機」。文章指出：有位聯邦法官宣布，蒐集電話元資料的計畫「幾乎肯定」是違憲行為，過程中又說，司法部拿不出「單一一個案例可說國安局大量蒐集元資料實際上制止了即時的攻擊」.同一個月，歐巴馬親自挑選的顧問委員會（主要成員包括一位中央情報局前任副局長、一位白宮前任助理，委員會任務是研究國安局取得機密資料的各種計畫）得出結論，元資料蒐集計畫「並非制止攻擊之攸關重要因素，可以用傳統的（法庭）命令及時取得相關資訊」。

我在這裡還要再引述《華盛頓郵報》一段話：「基斯．亞歷山大在國會作證時，歸功此一計畫協助偵破在國內與海外數十件陰謀。」但顧問委員會的報告「深刻質疑這個說法的可信度」。此外，民主黨籍的參議員隆．魏登、馬克．尤達爾和馬丁．亨立克（Martin

Heinrich）在《紐約時報》大膽表示，大量蒐集電話紀錄並沒有增強美國免遭恐怖主義威脅的保障。

> 大量蒐集計畫的有效性已被過度誇大。我們還未看到任何證明可證明其提供了真實、獨特的價值來保障國家安全。儘管我們一再要求，國安局一直拿不出任何事例證據，可說國安局利用這個計畫檢視的電話紀錄，是利用常規法庭命令或緊急授權所拿不到的。

中間派的「新美國基金會」（New America Foundation）進行研究，測試官方對大量蒐集元資料的理由之真實性，研究也附合說，這項計畫「對防止恐怖主義行為並無可辨識的影響」。這份報告反而和《華盛頓郵報》的報導一樣，認為大多數陰謀被阻的案例是靠「傳統執法及調查方法提供訊息或證據」。

紀錄的確乏善可陳。國安局無所不包、統統蒐集的系統並沒有偵察到、更談不上阻止二〇一三年波士頓馬拉松賽爆炸事件；也沒有偵察到一架噴射機聖誕節試圖飛越底特律的引爆事件；也沒有偵察到試圖炸毀時報廣場的計畫，或是攻擊紐約市地下鐵系統的陰謀，這些事件全靠機警的路人或傳統的警力所制止。監察也肯定完全沒能制止從奧羅拉（Aurora）到新鎮（Newtown）的一系列濫射事件。

儘管國安局一再有相異說法，該局一再擴大作業並未給予情報機關更好的工具防止九一一攻擊。基斯．亞歷山大向眾議院情報委員會說：「我寧願今天在此辯論」計畫，「而不是試圖解釋我們如何未能防止另一起九一一事件」。同樣的說法，一字不差，出現在國安局發給同仁的談話提示，用以抵擋發問。箇中含義等於畏懼、甚至可說是欺騙。CNN有線電視新聞網安全事務分析家彼得．柏根（Peter Bergen）曾表示，中情局掌握多重報告，知道凱達組織有一項陰謀，「也有相當多訊息關於兩名劫機者在美國現身」，可是「該局沒有與政府其他機關分享，以致貽誤處理時機」。

《紐約客》雜誌專門研究凱達組織的專家勞倫斯．萊特（Lawrence Wright）也揭穿國安局的蒐集元資料可以制止九一一事件的說法，報導解釋：中央情報局「扣住重大情資不給聯邦調查局知道；而聯邦調查局是對調查美國境內恐怖主義及在海外攻擊美國人事件，擁有最高權力的機關」。他認為，聯邦調查局應該可以制止九一一事件。

法院許可，可以監聽美國國內與凱達組織有關聯的任何人；可以跟蹤他們、監聽他們的電話、複製他們的電腦資料、讀他們的電子郵件、調閱他們的醫療、銀行和信用卡紀錄；有權向電話公司索取他們一切通聯紀錄，根本不需要有蒐集元資料的計畫。需要的是與其他聯邦機關合作，但是為了細小、隱蔽的理由，這些機關選擇向最有可能防阻攻擊的調查人員隱藏重大線索。

政府已擁有必要的情資，卻未能解讀、據以行動。後來發動的解決方法——鉅細無遺、統統蒐集——根本解決不了這個失敗。

我們一再從許多面向來揭露：以恐怖主義威脅來合理化偵監，其實都是謊言。

事實上，大規模偵監反而有反效果：這使偵察和制止恐怖行動偵更加困難。民主黨籍眾議員拉許．賀特（Rush Holt）是個物理學家、國會少有的科學家之一。他強調，把每個人的通訊不分青紅皂白統統蒐集起來，只會隱晦真正的恐怖份子正在商量的陰謀詭計。直接偵監才會出現更明確、有用的資訊。目前的作法讓情報機關充斥太多資料，無法有效消化、整理。

除了提供太多資訊之外，國安局的偵監作業反而增添國家的弱點：國安局刻意要破解保護互聯網一般通訊，如銀行交易、醫療紀錄和商務往來的加密方法，反而使得這些系統更易受到駭客及其他敵意團體的滲透。

安全專家布魯斯・史奈爾（Bruce Schneier）在二〇一四年元月號《大西洋》雜誌撰文指出：

> 鉅細無遺的偵監不僅沒有效率，成本也特別高昂……這使我們的技術系統不堪負荷，互聯網的傳送協定變得無法信賴……我們不僅必須擔心在國內的濫權，也要擔心在世界各地的胡作妄為。我們越是在互聯網及其他通訊技術上面竊聽，我們就越不安全、也會受到別人竊聽。我們不是要選擇一個國安局可以竊聽的數位世界、或是國安局無法竊聽的數位世界；我們要選擇的是，一個易受各種攻擊者侵害的數位世界，還是一個所有使用者都安全的數位世界。

拿恐怖主義的威脅無限上綱，最值得注意的一點或許就是這說法十分誇大。任何美國人死於恐怖份子攻擊的機率小得不能再小，恐怕比遭雷電劈到的機率還更小。俄亥俄州立大學教授約翰・穆勒（John Mueller）經常撰文討論威脅與反恐作戰經費之間的平衡。他在二〇一一年曾說：「全世界死於穆斯林型態恐怖份子、凱達組織之手的人數，在作戰區之外或許只有幾百人，基本上相當於每年在澡缸裡淹死的人數。」

麥克拉奇（McClatchy）通訊社報導，「毫無疑問」，「在海外死於交通事故或腸道疾病」的美國公民一定比「死於恐怖事件」的人數更多。我們應該拆解對我們政治制度的核心保護。建立無所不在的國家偵監體系，可謂最最不理智。可是，有人就能一再地利用這種威脅。二〇一二年倫敦奧運開幕前不久，爆出安全措施嚴重不足的爭議。提供保全服務的簽約公司未能依合同派遣足夠數量的警衛，全世界群相指責奧運會恐怕不堪恐怖份子一擊。

倫敦奧運安然無事落幕之後，史帝芬．瓦特（Stephen Walt）在《外交政策》上指出，之所以會喧嚷，全是因為過度誇大威脅所致。他引用約翰．穆勒和馬克．史都華（Mark G. Stewart）在《國際安全》上的一篇文件。這兩位作者針對美國的五十件「伊斯蘭恐怖份子陰謀」來分析，得到的結論竟是「實際上，所有的歹徒都『無能、無效率、無智慧、愚蠢、無知、沒有組織、缺乏指導、胡塗、業餘、遲鈍、不實際、低能、不理性、笨』」。穆勒和史都華引述前任主管跨國威脅的副國家情報官格林．卡勒（Glenn Carle）的話，卡勒說：「我們必須把聖戰士當做會致命、分崩離析的小型對手。」而且兩位作者指出，凱達組織「能力遠遜於所期待的」。

問題在於有太多利益團體可以從害怕恐怖主義之中得到好處：政府要為行動找理論根據；偵監及軍火武器工業要爭取公家注資；華府常駐的權力派系則不需要真有威脅、就要訂定其優先目標。史帝芬・瓦特因此說：

> 穆勒和史都華估計，自從九一一事件以來，花在國內本土安全項下的經費（並不計入伊拉克或阿富汗戰爭經費）已增加逾一兆美元，即使每年死於國內恐怖攻擊的風險是三百五十萬分之一。採用保守的假設和傳統的風險評估法，要讓這些費用合乎成本效益，「他們必須每年防止、破獲或保護三百三十三起非常大型的攻擊」。最後，他們擔心此一過分誇大的危險意識現在已經「內化」：即使政客和「恐怖主義專家」不覺得有憂慮的必要，但民眾仍然覺得隨時隨地會發生極大的危險。

盡力操作恐怖主義的可怕之後，允許國家大規模祕密偵監這種已經證明存在的危險，就可以大大地降低遭受批評的聲浪。

即使恐怖主義的威脅處於政府所謂的層級，還是不足以合理化國安局的偵監計畫。身體安全之外的價值有時更不重要。這層認識自從建國以來即深植在美國政治文化中，在其他國家的重要性也不低。國家和個人一再在抉擇，把隱私以及自由的價值放在其他目標（如實質安全）之上。的確，美國憲法第四條修正案的目的就是禁止若干警察行動，即使這些行動可能降低犯罪。如果警察能夠無需法庭許可就衝進任何房舍，可能更容易逮捕殺人犯、強姦犯或綁票匪徒。如果獲准國家在我們家裡安裝監視器，刑事犯罪可能大幅下降（闖空門肯定會大降，可是絕大多數人一定對這種想法深惡痛絕）。如果聯邦調查局獲准監聽我們的對話、掌握我們的通訊，許多刑案會被防止和破獲。

對這類監控行動設限，或許犯罪率增加；但是我們還是寧可設限，讓自身曝露在更大程度的危險下，那是因為追求絕對的實質安全從來不是我們單一的最大優先。

高於我們實質的福祉，有一種核心價值是不讓國家進入我們的私領域，用憲法第四條修正案的說法，即是我們的「人身、住家、文件及財物」。我們之所以如此做，是因為私領域攸關到與品質生活有關的許多特質，例如創意、探索和親密。

放棄隱私以追求絕對安全，不僅有害個人的心理、生活健康，也不利於健全的政治文化。對個人而言，重視絕對安全，代表著絕不踏進任何一輛汽車或飛機、絕不參與具有風險的活動、對生活重量不重質，或願意支付任何代價以避免危險。

恐懼行銷是當局最愛的伎倆，因為恐懼會合理化權力擴張和權利限縮。打從反恐戰爭一開始，美國人就經常被告知，如果他們希望避免大禍，就必須放棄他們的核心政治權利。例如，參議院情報委員會主席派特・羅伯茲（Pat Roberts）說：「我強烈支持憲法第一條修正案、第四條修正案，以及公民自由。但是如果你死了，還談什麼公民自由。」共和黨參議員約翰・柯寧（John Cornyn）在德克薩斯州競選連任，推出一捲錄影帶，畫面中頭戴牛仔帽的他宣稱：「死了以後，公民自由算什麼！」

電台談話秀主持人拉許・林霸（Rush Limbaugh）也顯露對歷史的無知，問起他的廣大聽眾：「你最近一次聽到總統以我們必須保衛我們的公民自由而宣戰，是什麼時候？我想不起來耶……如果我們死了，公民自由還值什麼錢！如果你死了，躺在棺木裡吸土，你曉得你的公民自由值幾個錢？零！」

一個民族、一個國家，置實質安全高於其他所有價值，最後終將放棄其自由，准許任何權力被當局搶走，以換取承諾絕對安全，而且姑且不論這是多麼虛幻。然而，絕對的安全本身就有如鏡花水月，盡力追求卻永遠得不到。

國家操作大規模祕密偵監系統所構成的危險，比起歷史上任何時候，此刻顯得更為不祥。當政府透過偵監，越來越清楚公民在幹什麼，而老百姓卻因為有一堵祕密高牆擋著，越來越不清楚政府在幹什麼。

我們無法再強調這種情形會如何激烈推翻健全的社會界定動能，或是會如何徹底改變對國家權力的均勢。邊沁的圓形監獄概念意在將無可挑戰的大權交付在當局手中，根據的正是這種倒轉，他寫說，「其精髓在於檢查人員位居中心位置」，再加上「可以監視別人、卻無須擔心此一最精妙設計被人看見」。

在健全的民主國家，相反過來的情況才是正確的。民主國家講究責信，以及被統治者的同意；而唯有公民清楚政府以他們名義幹了什麼事，才可能談得上同意。假設前提是：在大部分的形況下，公民的確看得到他們的政治官員在幹什麼，這也是為什麼官員被稱為公僕，公僕在公部門服務、為公家機關做事。反之，在大部分的形況下，假設政府不會知道奉公守法的公民的種種細節。要求透明的對象是執行公職、行使公權力的人；隱私則歸於其他所有公民。

第五章　揭密之後

媒體聯合抹黑

有一個龐大的體制，表面上專注在監視、制衡國家濫權，那就是政治媒體。「第四階級」（fourth estate）理論旨在確保政府透明度，以及對濫權提供制衡——祕密監聽全國民眾肯定是最激烈的濫權行為。但是唯有新聞工作者對於握有政治權力者採取對應動作，制衡才會有效。不料，美國媒體竟然經常自毀立場，順服政府的利益，甚至擴大、而非檢視政府的訊息，助紂為虐。

在這個脈絡下，我曉得媒體敵視我報導史諾登揭祕事件乃是不可避免的。六月六日，即《衛報》登出第一篇美國國家安全局監聽新聞的次日，《紐約時報》即提到刑事調查的可能性。《紐約時報》在一篇有關我這個人的人物側寫中宣稱：「多年來勤於、甚至迷戀於報導政府監聽及起訴新聞工作者之後，格林華德突然將自己直接置身於這兩大議題的交叉點，或許還會遭到政府檢察官的調查。」文章又說，我報導國安局的行為「預料會吸引積極追查洩密者的司法部之調查」。側寫還引述哈德遜研究所（the Hudson Institute）新保守派份子蓋布瑞·熊斐德（Gabriel Schoenfeld）批評我的話，指我是「對於任何反美行為，不論有多麼極端，都是高度專業的辯護者」。熊斐德長期以來主張起訴揭發機密資訊的新聞工作者。

《紐約時報》居心昭然若揭，證據就是同一篇側寫引述新聞工作者安德魯·蘇立文（Andrew Sullivan）的話：「你一旦和他（格林華德）起了辯論，可能就沒完沒了。」又說：「我認為他對於如何治理國家或管理戰爭有點執著。」安德魯覺得他的話遭到斷章取義，後來把他和《紐約時報》記者李斯利·考夫曼（Leslie Kaufman）的通信全文寄給我，裡面稱讚我表現的部分，《紐約時報》刻意略過不提。讓人更清楚的是，考夫曼傳給他的原始問題是：

◎他顯然有強烈的意見，但是他做為新聞工作者的表現如何？可靠嗎？誠實嗎？精確引述你的話嗎？精確描述你的立場嗎？或者是比新聞工作者更擁護（某些特定事項）？

◎他說你是他朋友，是嗎？我有個感覺，他像隻孤鳥，抱持毫不妥協的意見，很難交朋友。但我可能說得不對。

就某種意義來講，第二個問題指稱我「像隻孤鳥」、很難交朋友，比第一個問題更明顯。隔山打牛，藉抹黑傳話人以抹黑訊息的可信度，是打擊揭密的老伎倆，而且經常是管用的一招。

當我收到《紐約每日新聞》（*New York Daily News*）一位記者的電子郵件時，就更清楚有人蓄意要抹黑我個人了。他說，他正在調查我過去的方方面面，譬如債務、是否欠稅，以及八年前我擁有一家經銷成人錄影帶公司的股份。由於《每日新聞》是家經常挖人隱私的八卦報紙，我覺得沒有必要作答、徒增風波。

同一天我又收到《紐約時報》記者麥可・史密特（Michael Schmidt）的電子郵件，也有意報導我過去欠稅的新聞。這兩家報紙怎麼會同時得知如此隱密的內情，著實神祕難解，但《紐約時報》顯然認為我過去欠稅具有新聞價值，即使報社不肯說明推論根據。

這其實是無關緊要的枝節小事，並且意在抹黑。後來《紐約時報》沒登這則消息，《每日新聞》則不然，甚至還報導十年前我違反所住的〈社區住戶公約〉養了一隻大型狗、與社區爭吵的往事。

抹黑我，是預料得到的事，否定我做為新聞記者的資格，卻是我想都想不到的事，這會帶來極強烈的影響。抹黑是由《紐約時報》所發動，而且就是六月六日同一篇側寫開了第一槍。《紐時》的標題逾越地派給我非新聞工作者的頭銜：「專注監聽的部落客，成為辯論核心」。這個標題已經夠嗆辣，而網路版新聞原標題更不友善，逕指稱：「反監聽活躍份子居於新聞洩漏的核心」。

《紐時》的公共編輯瑪格麗特·蘇立文（Margaret Sullivan）批評這個標題，認為「具有貶意」。她說：「當然，身為部落客沒什麼不好，我自己就是一個部落客，但是當主流媒體用這個字詞時，似乎就在說：『你不是我們這一行的。』」

這篇側寫一再避稱我是「新聞工作者」或「記者」，指稱我是「律師及長期的部落客」（我不當律師已有六年，而且多年來在主要媒體寫專欄，還出版了四本書）。又說，「做為一個新聞工作者」，我的經歷「不尋常」，不僅因為我有「清晰的意見」，還因為我「罕於向編輯報告」。

媒體界開始辯論起我是否是真正的「新聞工作者」。送給我最常見的頭銜是「活躍份子」。沒有人花精神力氣去界定這些字詞的含義，只靠一些界定不清的陳腐概念就人云亦云，這是媒體的通病，尤其是要妖魔化一個對象的話。此後，這個空洞、平淡的標籤就被各界套用了。

字詞定義在若干層面上關係重大。譬如，拿掉「新聞工作者」的標籤會減低報導的合法性。甚且，把我歸類為「活躍份子」會有法律後果——可以入我於罪。新聞工作者享有正式以及不成文的法律保障，這是別人所沒有的。譬如，一般認為新聞記者發布政府機密是合法的，但若是以其他任何身份揭密則未必合法。

姑且不論是有心還是無意，主張我不是新聞工作者的人——儘管事實上我替西方世界一家歷史悠久的大報撰稿——會使得政府更容易把我的報導視為犯罪行為。《紐約時報》宣稱我是「活躍份子」之後，公共編輯瑪格麗特．蘇立文承認，「這些問題在現今氣氛下有極大的影響，對格林華德先生影響重大。」

所謂「現今氣氛」指的是政府處理新聞記者而在華府鬧得沸沸揚揚的兩項重大爭議。第一項是聯邦司法部祕密取得美聯社記者和編輯的電話和電子郵件記錄，想找出他們一則報導的消息來源。

第二個事例更極端，涉及到聯邦司法部想查出另一個透露機密資訊的消息來源之身份。司法部向聯邦法院遞狀，要求准予閱讀福斯新聞網（Fox News）華府分社社長詹姆斯・羅申（James Rosen）的電子郵件。

申請許可令時，政府律師指控羅申是消息來源罪行的「共謀」，因為他取得了機密文件。這份訴狀驚動天下，《紐約時報》就說：「從來不曾有過美國新聞工作者因取得及發表機密資訊遭到起訴，因此其用字引起一種可能性：歐巴馬政府將把打擊洩密升高到新水平。」

司法部指控羅申構成「共謀」罪名的行為——與消息來源合作取得文件、建立「祕密通訊計畫」避免遭到偵察、「運用奉承手法和利用（消息人士）虛榮心及自我意識」說服他洩密——全都是從事調查採訪的記者經常會做的事。

華府的資深記者奧立佛・諾克斯（Olivier Knox）說，司法部「控訴羅申違反反間諜法的行為——見於司法部之訴狀——都在傳統新聞採訪的範疇內」。把羅申的行為視為犯罪，即是把新聞業當做犯罪行為。

鑒於歐巴馬政府大肆打擊吹哨者和消息來源的動作，這一舉動其實並不足奇。二〇一一年，《紐約時報》透露，司法部為了找出吉姆・萊生（Jim Risen）撰寫的一則報導的消息來源，取得「他的電話、財務和出差史等廣泛資料」，包括「他的『信用卡及銀行紀錄，以及他搭飛機旅行的某些紀錄』，以及有關他財務狀況的三份信用報告」。

司法部也試圖強迫萊生透露他的消息來源身份，若是不從、恐有牢獄之災。全國記者因為萊生受此對待大為寒慄：如果最有成就、且有大報庇蔭的一位調查記者都會受到政府如此凶猛打擊，任何記者豈不都難以倖免？

新聞界人人自危。《今日美國報》（*USA Today*）出現一篇典型的文章：「歐巴馬總統發現身陷其政府對新聞工作者宣戰的指控風波。」文章引述《洛杉磯時報》跑國家安全線的前任記者約書．梅耶（Josh Meyer）一句話：「有一道紅線其他政府從未跨越，歐巴馬政府卻排撻直入。」普受尊敬的《紐約客》（*New Yorker*）調查記者珍．馬耶爾（Jane Mayer）在《新共和》（*The New Republic*）雜誌上提出警告說，歐巴馬的司法部針對吹哨者的查察等同於向新聞界發動攻擊：「這是對採訪報導的巨大障礙，令人寒慄還不足以形容其厲害，應該說是政府把整個過程冰凍、僵滯了。」

「保護新聞記者委員會」（The Committee to Protect Journalists）是個監督國家機關箝制新聞自由的國際組織，有感於情勢嚴重，針對美國發表有史以來第一份報告。這份報告由《華盛頓郵報》前任總編輯李奧納德．唐尼（Leonard Downie, Jr.）執筆，發表於二〇一三年十月，報告的結論是：

（歐巴馬）政府對洩密宣戰以及控制資訊的其他作法是……自尼克森政府以來……最強悍者。接受本報告所訪談的……三十位來自不同新聞機構的華府資深記者……不記得有過任何前例。

有位新聞機構分社主任認為，情勢超越國家安全，涉及到「阻礙對政府機關的問責報導」。

美國新聞界多年來一面倒地憐愛歐巴馬，現在大多以下列的字眼描繪他：對新聞自由最嚴重的威脅、就新聞自由而言，是尼克森總統以來最高壓的領袖。對於誓言建立「美國史上最透明的政府」而掌握權柄的一個政客而言，這個反差未免也太大了吧！

歐巴馬看到勢頭不妙、深怕醜聞擴大，命令司法部長艾瑞克．霍德（Eric Holder）與媒體界代表會談，檢討司法部對待新聞記者的準則。歐巴馬聲稱「對於調查洩密可能對追查政府責信的調查報導造成寒蟬效應，甚為不安」——彷彿他和過去五年政府箝制新聞業調查報導的作法毫不相干。

二〇一三年六月六日（即《衛報》登出第一篇國安局監控作業新聞的次日），霍德在參議院聽證會上保證，司法部絕不會起訴「執行任務的任何記者」。他又說，司法部只想要「找出、並起訴違背誓言、傷害國家安全的政府官員，並非針對新聞從業人員、或阻礙他們執行重要工作」。

就某個層面而言，這是可喜的發展：政府明顯感受到強大的反彈，至少營造尊重新聞自由的表象。但是霍德的保證有個極大的破綻：在福斯新聞網羅申的個案上，政府認定與消息來源合作「竊取」機密資訊超乎「記者工作」範疇。因此霍德的保證還得看司法部如何認定新聞工作、以及什麼是超乎合法報導界限而定。

在這個背景下，某些新聞界人士把我擠出新聞圈之外，堅稱我是「活躍份子」、不是記者，置我於十分危險的境地。

開第一槍、明白主張起訴我的是紐約州共和黨籍聯邦眾議員彼得．金恩（Peter King）。金恩是眾議院恐怖主義小組委員會主席，曾經召開麥加錫主義式的聽證會，討論美國穆斯林社群「從國內」構成的恐怖威脅（挺諷刺的是，金恩長期支持愛爾蘭共和軍）。金恩向CNN有線電視新聞網的安德生．古柏（Anderson Cooper）證實，追國安局新聞的記者「若明知這是機密資訊……尤其是這麼重要的事」，就該受起訴。他又說：「我相信該有道義以及法律責任，不得洩漏如此嚴重損及國家安全的事情。」金恩後來又在福斯新聞網上澄清，他指的就是我：

我講的就是格林華德……他不僅透露這些資訊，他還說他掌握全世界各地中央情報局探員及資產（assets）的姓名。他們還威脅著要揭露這些資訊。上次有人這麼做，造成中情局站長在希臘遭到狙殺……我認為（起訴記者）應該鎖定特定對象、非常有選擇性，並且肯定是罕有的例外狀況。但是，在這個個案上，有人洩漏這樣的機密，還威脅要洩漏更多機密，肯定要將他繩之以法。

說我威脅要揭露中央情報局探員和資產的姓名，根本是金恩編造出來的一派謊言。縱使如此，他這番話打開閘門，各路評論家蜂擁而上、拳腳交加。《華盛頓郵報》的馬克．泰生（Marc Thiessen）曾經擔任小布希總統的講稿撰寫人，出過一本書替美國的刑求作法辯護。他以「是的，發布國安局機密是犯罪行為」為標題替金恩辯護。他指控我「觸犯美國刑法第十八章七九八條，發布機密資訊、洩漏政府密碼或通信情資罪」，又說：「格林華德明顯觸犯這項法律」。（那麼《華盛頓郵報》報導國安局「稜鏡計畫」機密內容，豈不也是？）

艾倫．德紹維茨（Alan Dershowitz）上CNN有線電視新聞網，宣稱：「依我看法，格林華德明顯犯了重刑罪。」德紹維茨是個著名的民權自由和新聞自由的捍衛者，卻鐵口直斷我的報導「不是走在犯罪邊緣，而是位於犯罪中心地帶」。

於小布希總統任內先後擔任國家安全局和中央情報局局長的麥克．海登將軍，是執行國安局未經許可、非法竊聽的主官，也加進來抨擊我。他在CNN.com上撰文說：「愛德華．史諾登可能是我國有史以來令國家付出最高代價的洩密者。」接著他又說：「格林華德遠比福斯的詹姆斯．羅中更該被司法部列為共謀者追訴。」

批評者起先局限於右翼人士，他們把這類揭密報導視為犯罪是預料得到的事。但是在現在已經名揚天下的一場《會見新聞界》（*Meet the Press*）訪談之後，主張起訴之聲浪大為增高。

白宮本身曾經稱許《會見新聞界》是個華府政治人物和其他精英可以放心的地方，上這個節目發表意見不虞遭到太多挑戰。NBC國家廣播公司每週一次的這個節目，曾經被前任副總統狄克．錢尼（Dick Cheney）的新聞主任凱薩琳．馬汀（Catherine Martin）稱許為「我們最棒的論壇」，因為錢尼可以「掌握（要發表的）訊息」。她說，安排副總統上《會見新聞界》是「我們經常採用的戰術」。有一捲錄影帶顯示，《會見新聞界》的節目主持人大衛．葛瑞格利（David Gregory）參加白宮記者晚餐會，在舞台上跟在小布希的親信策士卡爾．羅夫（Karl Rove）背後笨拙、但興高彩烈地載歌載舞，這一幕就已經鮮明地顯示這個節目的本質：這是政治權力被擴大、奉承的地方，最古板的傳統智慧發聲、最狹隘的觀點發表的地方。

節目在最後一分鐘，迫於需要，邀請我接受訪談。節目播出前幾個鐘頭，新聞傳出史諾登已經離開香港、搭上了前往莫斯科的飛機，這是事件的極其重大轉折，勢必主宰下一波新聞週期。《會見新聞界》別無選擇，為了領先這則新聞，而我又是極少數和史諾登有聯繫的人之一，只好邀請我以主賓身份上節目。

我多年來曾經嚴厲批評葛瑞格利，因此已有心理準備必定會唇槍舌劍交鋒一番。但是我可沒料到葛瑞格利會提問：「你已經教唆史諾登到了這個地步，為什麼你、格林華德先生，不該遭到刑事起訴呢？」這個問題包含太多的錯誤，我還真訝異他會這樣提問。最昭著的問題在於這項提問藏著許許多多毫無根據的假設。說「你已經教唆史諾登到了這個地步」，不啻是說「葛瑞格利先生已經謀殺他的鄰居到這個地步……」。這是典型的「你什麼時候才不再毆打老婆？」的論述法。

但是除了言詞謬誤之外，一個電視台新聞記者肯定其他記者進行新聞工作可以、也應該受到起訴的概念，還真是前所未聞的驚天之論。

葛瑞格利這項提問暗示，美國每個調查記者與消息來源合作、取得機密資訊，就是罪犯。正是因為有這種理論和氛圍才使得調查報導變得十分危險。可想而知，葛瑞格利一再把我描繪成種種別的人物，但絕不是「新聞工作者」。他在某一道問題前面加了一段話：「你來這裡辯論，你有你的觀點，你是個專欄作者。」然後他宣布：「就你所作所為而論，誰是記者這個問題有待辯論。」

葛瑞格利並不是唯一提出此一論述的人。應邀上《會見新聞界》節目討論我和葛瑞格利對話的來賓，並沒有人反對記者和消息來源合作可以受到起訴的概念。NBC國家廣播公司的恰克．陶德（Chuck Todd）不祥地就他所謂的我在「這項陰謀」的「角色」提出「問題」，強化了這項理論。他問說：

> 格林華德……他在這項陰謀涉入有多深？……他除了單純收受資訊之外，還有別的角色嗎？……他必須回答這些問題嗎？你也曉得，這裡、這裡，涉及到法律觀點。

CNN有線電視新聞網的節目辯論這個題目時，螢幕上出現一個畫面，斗大的字：

「格林華德應該被起訴嗎？」

《華盛頓郵報》的華德．平克斯（Walter Pincus）曾在一九六〇年代揭露美國學生在海外替中央情報局工作的消息。他寫了一則方塊文章強烈暗示蘿拉、我和史諾登是維基解密創辦人阿桑傑祕密策劃的一項陰謀中的棋子。這篇文章充滿了不符事實的錯誤我為此以公開信向平克斯一一糾正，《華盛頓郵報》被迫罕見地登出三段長、兩百字的更正啟事，承認有許多錯誤。

《紐約時報》財經專欄作家安德魯．羅斯．索爾金（Andrew Ross Sorkin）在他自己的CNBC電視節目中說：

我覺得，第一，我們搞砸了，甚至讓（史諾登）得以到俄羅斯去。第二，顯然中國人也氣我們，才讓他離境……我會逮捕他，現在我也幾乎會逮捕格林華德，這位記者似乎想要幫助他前往厄瓜多。

《紐約時報》當年一路上訴到聯邦最高法院，拚死也要發表五角大廈文件，現在報社記者卻主張我應該被捕，充分顯示許多主流媒體記者向美國政府效忠的跡象：將調查採訪視為刑事犯起訴這種動作對《紐約時報》會有十分嚴重的衝擊。索爾金後來向我道歉，但是上述這段話顯示這種理論受到注意的速度與容易程度。

幸好，這個觀點在美國新聞界根本沒有獲得一致支持。採訪報導竟有觸犯刑事犯罪之虞？這促成許多記者嗆聲支持我，在許多主流電視節目上，主持人關注揭密內容仍大於關注妖魔化涉及的人士。葛瑞格利訪問我之後一個星期，各方對他的撻伐紛至沓來。《哈芬頓郵報》（*Huffington Post*）說：「我們還是不敢相信大衛・葛瑞格利會這樣問格林華德。」英國《星期日泰晤士報》（*Sunday Times*）華府分社主任托比・哈恩登（Toby Harnden）在推特上說：「我因為從事新聞採訪，遭穆加比（Mugabe）的辛巴威抓去坐牢。難道大衛・葛瑞格利是說，歐巴馬的美國也該如此做？」《紐約時報》、《華盛頓郵報》和其他地方許多記者和專欄作家紛紛在公、私場合聲援我。但是再多的支持也掩蓋不了一個事實：竟然有記者同意採訪工作會有遭法律起訴之虞。

律師和其他顧問都認為我若回到美國，恐有被捕之虞。我想找個我信得過他的判斷的人告訴我，被捕的風險不存在、司法部會起訴我的說法不可信，可是都沒有人肯這樣說。一般的看法是，司法部不會明白衝著我的報導採取對付我的行動，以免授人口實說它修理新聞記者。大家關心的反而是政府會構造一個理論，說我犯的罪行並非新聞領域內的工作。

和《華盛頓郵報》的巴東．季爾曼不同的是，我在報導之前到香港去見史諾登；他到了俄羅斯之後，我經常和他通話；我以自由撰稿人身份在全球報紙發表有關國安局的新聞。司法部可以試圖主張，我「教唆」史諾登洩密，或協助「逃犯」逃避司法；或我替外國報紙撰稿構成某種間諜行為。

何況我對國安局和美國政府的評論又十分凶猛。政府肯定恨之入骨，極欲懲罰號稱美國史上傷害最大的洩密案之罪魁禍首；這不能紓緩整個機關的怒火，至少也要嚇阻別人效尤。既然頭號罪魁禍首已安全地住在莫斯科、獲得政治庇護，蘿拉和我當然是退而求其次的目標。

一連好幾個月，與司法部高層有接觸的幾位律師試圖取得非官式保證，不會起訴我。十月間，也就是第一則新聞見報之後五個月，國會眾議員艾倫．葛瑞生（Alan Grayson）致函司法部長霍德，指出有些知名政治人物主張將我逮捕，而我因為擔心遭到起訴，不肯受邀到眾議院出席有關國安會的聽證會、提供證詞。他在信函末尾說：

我認為此事殊為遺憾，因為（一）新聞工作並非犯罪行為；（二）新聞工作反而受到憲法第一條修正案的保障；（三）格林華德先生關於這些主題的報導，事實上使我和國會其他議員以及一般民眾，了解到政府官員嚴重、普遍違犯了法律和憲法權利。

這封信明白問司法部是否打算起訴我，如果我要入境美國，「司法部、國土安全部或聯邦政府其他任何機關，是否打算拘留、盤問、逮捕或起訴」我。但是，葛瑞生老家的報紙《奧蘭多哨兵報》（*Orlando Sentinel*）十二月間報導，葛瑞生這封信石沉大海，一直沒收到回信。

二〇一三年底、二〇一四年初，起訴的威脅有增無減。政府官員提出更清楚的攻擊，企圖將我的工作套上刑事罪名。十月底，國安局長基斯・亞歷山大，明確指出我在全世界報紙自由撰稿報導，他抱怨說，「那個記者握有那麼多文件、五萬件——不管他有什麼，到處出售」，然後他令人寒慄地要求「我們」——指的是政府——「必須想辦法制止」。眾議院情報委員會主席麥可・羅傑斯（Mike Rogers）於一月間的聽證會上一再告訴聯邦調查局局長詹姆斯・柯梅（James Comey），有些記者「出售偷來的財物」，像個「贓物商」或「竊賊」；然後他挑明了說，他講的就是我。當我開始報導加拿大情治機關監控加拿大廣播公司時，史蒂芬・哈珀（Stephen Harper）總理的右翼政府譴責我是「色情間諜」，並指控加拿大廣播公司向我購買失竊文件。美國方面，國家情報總監詹姆斯・克拉彼開始使用刑法名詞「幫助犯」來稱呼報導國安局監控新聞的記者。

我相信礙於形象、忌憚引爆全球爭議，我回到美國會被逮捕的機率應該低於五成。我認為，歐巴馬可不想背負第一個起訴新聞記者執行工作的總統的罵名，這一點應該足以讓他住手。但是最近的事例若可做為殷鑑，美國政府似乎願意不顧國際形象、以國家安全為名義做出種種親痛仇快的動作。如果猜錯了，那就是手銬上身、遭間諜罪起訴、由一個已經證明願意無恥地順從華府當局意旨的聯邦司法機構審判，這後果非同小可，不容掉以輕心。我決心要回到美國，但得要清楚了解箇中風險才行。同時，我在美國的話也接觸不了我的家庭、朋友以及種種重要工作機會。

律師們和一位國會議員認為風險極大，這一點已經強烈地凸顯新聞自由受到侵蝕。新聞同業附和、認為我的新聞報導構成刑事犯罪，足證政府的宣傳奏效，政府竟然可以依賴專業人士替它幹活，把不利於政府的調查報導批臭為犯罪行為。

人身攻擊

對史諾登的攻訐當然更加狠毒。很詭異的是，攻擊的重點竟然雷同。知名的評論家根本就不知道史諾登是何許人，卻立即採用相同的陳腐劇本貶抑他。才剛知道他的姓氏不到幾小時，他們已經大舉進軍詆毀他的人格和動機。他們異口同聲說他不是出於信念，而是出於「追求出名的自戀狂」。

哥倫比亞廣播公司新聞網（CBS News）主播鮑布・薛佛（Bob Schieffer）譴責史諾登是個「自戀的年輕人」，以為「他比別人都更聰明」。《紐約客》的傑佛瑞・托賓（Jeffrey Toobin）判斷他是「虛浮的自戀狂、應該送去坐牢」。《華盛頓郵報》的李察・柯恩（Richard Cohen）從新聞報導說史諾登拿毛毯遮蓋、以防密碼被頭頂上的攝影機拍到，就宣稱史諾登「不是偏執狂，他只是自戀狂」。柯恩又很奇怪地加了一句，史諾登「會被歷史記住是個男扮女裝的小紅帽」，他想要成名一定「不會得逞」。

種種鐵口直斷的評論其實十分可笑。史諾登決心隱身、不接受任何訪談。他曉得媒體喜歡把每則新聞都往人身上扯，而他希望焦點能放在國安局濫權監聽上，而不是他個人身上。史諾登言出必行，拒絕一切媒體的邀訪。一連好幾個月，我每天會收到幾乎美國每個電視節目、電視新聞主播及著名記者的電話和電子郵件，拜託能有機會和史諾登談話。《今日秀》（*Today Show*）主持人麥特．勞爾（Matt Lauer）每天打好幾次電話；《六十分鐘》纏得我受不了，不再接他們電話；布萊安．威廉斯（Brian Williams）派出好幾路說客來央求。史諾登若是肯答應，那他可以晝夜不停上盡一切最有影響力的電視節目，讓全世界看著他。

但是他不為所動。我轉達各方的邀約，他一概謝絕，避免注意失焦。如果說他是追求出名的自戀狂，那也未免太奇怪了吧！

對史諾登的人身攻擊也紛至沓來。《紐約時報》專欄作家大衛．布洛克斯（David Brooks）訕笑他「連社區學院都畢不了業」。布洛克斯宣告史諾登是個「最不用心的人」，「新世代不信任、社會組織敗壞浪潮的代表人物；也是新世代只講個人主義、不了解如何團結、不追求共同福祉的代表人物」。Politico的羅傑．西蒙（Roger Simon）認為史諾登是個「輸家」、「高中中輟生」。民主黨籍的國會眾議員黛比．瓦瑟曼-舒茲（Debbie Wasserman-Schultz）也是民主黨全國委員會主席，痛批史諾登是個「懦夫」——他才剛自毀前程、揭露國安局濫權監聽耶！

無可避免地，史諾登是否愛國，也受到質疑。由於他前往香港，有人一口咬定他極可能是替中國政府效勞的間諜。共和黨資深的競選顧問馬克．麥考維克（Mark Mackowiak）宣稱，「不難想像史諾登是中國的雙面間諜，很快就會叛逃」。

當史諾登離開香港，預備取道俄羅斯、前往拉丁美洲時，給他戴的帽子又無縫接軌地由中國間諜變成俄羅斯間諜。國會眾議員麥可．羅傑斯等人毫無證據就如此胡亂指控，也不想想史諾登之所以滯留俄羅斯，明明是因為美國將他的護照作廢，又恫嚇古巴等國家取消原本答應他安全過境的許可。甚且，哪一種俄羅斯間諜會跑到香港，和新聞記者合作，還公開亮相，而不是拿著他的戰利品直奔莫斯科的主子？這些說法根本沒有道理，毫無一絲一毫事實根據，但是謠言照樣四處流竄。

針對史諾登最不負責任、最無根據的含沙射影謠言，來自《紐約時報》，聲稱史諾登之能夠離開香港是得到中國政府准許，而不是香港當局准許，然後再加上一段惡毒的臆測：「兩位替主要政府諜報機關服務的西方情報專家說，他們相信中國政府已設法榨光史諾登先生帶到香港的四部手提電腦中之內容。」

《紐約時報》根本沒有證據可說中國政府能取得史諾登的國安局資料。但是兩名匿名「專家」說他們「相信」有這麼一回事，就會引導讀者認定是如此。

這則新聞冒出來的時候，史諾登正困在莫斯科機場，無法上網。他一重新露面，立刻透過我在《衛報》發表的一篇文章強烈否認曾把任何資料交給中國或俄羅斯。他說：「我從來沒有給予他們任何資訊，他們也從來沒有從我的手提電腦取走任何東西。」

史諾登的否認見報後次日，瑪格麗特·蘇立文批評《紐約時報》這篇報導。她訪問《紐約時報》的國外新聞主編約瑟夫·坎恩（Joseph Kahn），他還宣稱：「重要的是從這段話去讀它要表達的意思：根據專家的看法，探討可能發生的狀況，專家並沒有聲稱直接知情。」蘇立文評論說：「《紐約時報》在一篇涉及如此敏感議題的文章中出現兩句話——雖然可能不是重點——卻有移轉討論或傷害名譽的力量。」她的結語認同一位讀者的抱怨。這位讀者說：「我在別的地方就可以讀到種種臆測，而我讀《紐約時報》是為了知道真相。」

《紐約時報》總編輯吉兒·艾布蘭生（Till Abramson）在一次會議中試圖說服《衛報》在國安局新聞上能夠合作，她透過珍妮·吉卜生遞話：「請轉告格林華德，我個人完全認同他的看法，我們根本不應該刊載中國『榨光』史諾登手提電腦那種說法。那是不負責任的說法。」

吉卜生似乎預期我會高興，其實我一點也不高興：怎麼會有一家大報的總編輯認為一則明顯有傷害的報導是不負責任的、並不應該發表，可是她又不收回文章、或至少登一則編者啟事呢？

除了缺乏證據之外，說史諾登的手提電腦被「榨光」，根本就不通至極。多年來，人們並不利用手提電腦來運送大量資料。即使在手提電腦普及之前，大量文件會儲存在磁碟片裡；現在則是儲存在隨身碟裡。沒錯，史諾登在香港有四部手提電腦，各有各的保密目的，但這和他攜帶的文件數量無關。文件都透過精密的加密方法處理、儲存在隨身碟裡。身為國安局的駭客，史諾登曉得國安局破譯不了文件，中、俄情報機關就更不用說了。

拿史諾登有幾部手提電腦做文章，是誤導視聽的手法，玩弄人們的無知和恐懼——他偷走那麼多文件，需要四部手提電腦才夠全部儲存起來！其實，中國人即使榨光這四部手提電腦，也得不到任何有價值的東西。

同樣荒謬的就是指說，史諾登為了自保、交出監聽機密。他才剛放棄安逸生活、賭上可能在牢中度餘生的風險，昭告全世界，他相信必須制止一個祕密監聽系統。要說他會逆轉立場，協助中國或俄羅斯改進他們的監聽能力，來避免牢獄之災，恐怕也太扯了吧。

這些說法固然荒謬，造成的傷害卻如預期中的嚴重。每一家電視台討論到國安局，無可避免就會有人宣稱（而且沒人出來反駁），中國現在透過史諾登已擁有美國最敏感的機密。《紐約客》有篇文章標題是〈中國為何放走史諾登〉，告訴讀者說：「他的用處幾乎已經耗完。《紐約時報》引述的情報專家相信中國政府『已設法榨光史諾登先生說他帶到香港的四部手提電腦中的內容』。」

任何人只要挑戰政治權力，就把他人格妖魔化，這是華府、包括媒體界在內，常用的伎倆。使用這個伎倆最早、最鮮明的一個事例，就是當年尼克森政府對待五角大廈文件吹哨者丹尼爾．艾斯伯格：包括派人潛入艾斯伯格心理醫生的辦公室、偷走艾斯伯格的檔案、查看他的性生活歷史。乍聽之下，這種伎倆荒謬——掀爆某人難堪的往事經歷，又與反制政府欺騙的證據何干？——但是艾斯伯格最清楚：人們不想和被公開羞辱、批臭的人扯在一起。

阿桑傑被瑞典兩女子控訴性侵之前，早已飽嘗人格遭抹黑的苦頭。最令人矚目的是，攻擊阿桑傑的竟然就是和他合作的報紙。阿桑傑和維基解密促成雀兒喜．曼寧（Chelsea Manning）揭密，這些報紙受惠良多。

當《紐約時報》刊載所謂的「伊拉克戰爭日誌」——詳述美軍及其伊拉克盟友在戰爭期間的暴行之數千頁文件——時，在頭版也以同樣顯著位置登出支持戰爭的記者約翰．伯恩斯（John Burns）的文章。伯恩斯的文章內容貧乏，只是要告訴大家，阿桑傑是個怪人、偏執、脫離現實。

這篇文章描述阿桑傑「用化名住旅館、染髮、睡沙發和地上、捨信用卡只用現金、經常向朋友借錢」。文章指出他「怪異、專橫的行為」和「狂妄自大」，傳稱詆毀阿桑傑的人「指控他報復美國」。最後再加上一段維基解密某個不滿的義工的心理評斷：「他心智不正常。」

把阿桑傑描寫成瘋狂、譫妄，是美國整個新聞界、尤其是《紐約時報》最常見的手法。比爾．凱勒的一篇文章引述《紐約時報》一個記者的話，描繪阿桑傑「蓬頭散髮，像個乞丐婆走在街上，穿一件破舊的淺色便裝外套和工作褲、髒兮兮的白襯衫、破鞋子和鬆垮在腳踝的臭白襪。聞起來就像好幾天沒洗澡」。

《紐約時報》也領先報導雀兒喜．曼寧（當時還未改名，即布萊德雷．曼寧）的消息，堅稱曼寧之所以會揭密、爆料，不是出於信念或良知，而是人格失序和心理不穩定所致。許多文章毫無根據地胡亂臆測，有人說他性別錯亂、有人說他在軍中遭到反同性戀的霸凌、也有人說曼寧和父親不合，這都是造成他爆料洩密的主要動機。

把異議說成人格失序可不是美國人首創。蘇聯的異議份子經常被關進精神病醫院。中國的異議份子今天還經常被強迫接受精神病治療。有很多理由對批評現狀的人發動攻擊。如前所述，如此可以降低批評者的批評力道：很少有人願意和瘋子或怪物扯上關係。還有一個作用是嚇阻：異議份子被社會隔離、被貶抑為情緒失衡，別人會有強烈的誘因不願淪於同樣狀況。

主要動機是邏輯上的必要性。就捍衛現狀的人而言，現有的秩序及其主導的體制沒有什麼不好，被認為合乎公道。因此另倡異議者——尤其還被此一信念鼓動到採取激烈行動者——依照定義，肯定是情緒不穩定、心理上有毛病的人。

換句話說，廣義而言，人有兩種抉擇：服從體制權威，或激烈唱反調。唯有後者是瘋狂、不正當的，前者才會是理智、有用的抉擇。就捍衛現況的人而言，只說精神有問題和激烈反對現有正統彼此互有關聯，並不夠。激烈的異議即是人格嚴重失序的證明。

在這種說法的核心是一種本質上的不實：違逆體制權威的異議涉及道德或意識型態的抉擇，服從則不然。由於錯誤的假設前提，社會十分注意異議者的動機、卻罕於注意服從體制的人（這些人或許以種種方法掩飾自己的行為）。服從權威被暗中視為常態。

事實上，遵守或打破規矩都涉及道德選擇，這兩種行動路徑透露出個人覺得什麼是重要的。與一般接受的假設前提——激進的異議顯示人格失序——相反，反過來才是對的：面對嚴重的不義，不肯異議反而是性格瑕疵或道德失敗的表徵。

哲學教授彼得．路德藍（Peter Ludlam）在《紐約時報》撰文討論他所謂的「困擾美國軍方、民間及政府情報界的洩密、吹哨和駭客現象」——他所謂的「W世代」的活動，以史諾登和曼寧為代表人物。他說：

媒體想要對W世代成員做心理分析，其實很自然。他們想知道這批人為何會有此行為，而企業媒體的成員卻不會……如果吹哨、洩密和駭客行為有心理動機，向系統內的權力結構靠攏，應該也有其心理動機，以這個案例來講，企業媒體在這個系統裡扮演重要角色。同理，系統也有可能生病，即使組織內的主角是依據組織的成規行動、也尊重內部的信賴連結。

體制權威最渴望避開這種討論。這種反射性地將吹哨者妖魔化，正是美國主流媒體保護有權者利益的一種方法。如此卑躬屈膝，以致於新聞界的許多規則是被訂來、或用來促進政府的訊息。以洩漏機密資訊是有害或犯罪行為這個概念為例子。

把這個觀點套用在史諾登或我身上的華府記者，並不厭棄揭露祕密資訊，只厭棄令政府不爽或傷害到政府的爆料。

其實，華府天天有人在爆料、洩密。華府最著名、最受尊重的記者，如鮑布·伍華德（Bob Woodward），之所以有今天的地位，正是因為他們不斷從高階層消息來源得到機密資料，並把它們寫出來。歐巴馬政府官員一再前往《紐約時報》，送上有關無人機殺人和狙殺賓拉登的機密消息。前任國防部長李昂・潘內達（Leon Panetta）和中情局官員把機密消息餵給電影《00:30 凌晨密令》（*Zero Dark Thirty*）的導演，希望這部電影能把歐巴馬最大的政治戰果轟轟烈烈昭告世人（可是同一時間，司法部的律師卻向聯邦法院陳報，為了保護國家安全，他們不能發布狙殺賓拉登的資訊）。

沒有任何一個主流媒體記者會提議起訴洩漏這些資訊的官員、或是得到這些資訊並據以撰稿的記者。如果有人說伍華德——他這些年來不都是一直揭露絕密資料嗎？——及其高階層的政府消息來源是罪犯，他們一定笑壞了。

這是因為這些爆料是華府所許可的、也吻合美國政府的利益，因而被認為合適、可接受。華府媒體會抨擊的洩密，指的是含有官方極力避免曝光的資訊。

我們把場景再拉回大衛・葛瑞格利在《會見新聞界》表示我應該為報導國安局監聽事件被逮捕之前幾分鐘。節目一開始，我提到二〇一一年外國情報監視法法庭曾有一項絕密裁定，認為國安局相當大一部分的國內監聽作業違憲、也違反管理間諜作業的法令。我之所以曉得有此一裁定，是因為從史諾登給我的國安局文件中讀到它。我在《會見新聞界》節目中呼籲將之公布出來。

可是，葛瑞格利極力辯說外國情報監視法法庭的意見不是這樣說。他認為：

關於外國情報監視法法庭的意見，並非如此。根據和我談話人士的說法，外國情報監視法法庭依據政府的要求，說：「好吧，你可以這樣，但是你不可以那樣。那會超過你獲准的範圍。」也就是說要求被更動或否決，那才是政府的重點，也就是說那是司法評審、不是濫權。

這裡的重點不在外國情報監視法法庭的意見究竟是什麼（雖然八個星期之後公布出來，情形就很清楚，確認定國安局的作業違法）。更重要的是，葛瑞格利聲稱他曉得裁示，是因為他的消息來源告訴他，而他向全世界嚷著廣播訊息。

好了，葛瑞格利提到我因報導可能被逮捕的前一刻，他自己卻洩漏來自政府消息來源的絕密資訊。但是沒有人會說葛瑞格利應該遭到刑事起訴。把同樣的思維用在《會見新聞界》主持人及其消息來源身上，會被認為很荒唐。

葛瑞格利可能沒辦法理解他的爆料和我的爆料差不了多少，只不過他是政府為了辯護和合理化其行為，而要他出來說話，我卻是違背官府的意志、說出拂逆政府的話。

這當然和新聞自由的意旨背道而馳。「第四階級」的概念是，擁有最大權力的人需要被相對的力量挑戰，而且必須堅持透明化；媒體的職責是揭發當權者為了保護自己所散布的虛假。沒有這種新聞媒體，濫權勢所不免。沒有人需要美國憲法去保障新聞自由，以便記者交好、擴大和歌頌政治領袖；新聞記者需要保障去做與之相反的事。

碰到「新聞客觀性」這個不成文的規定時，刊登機密資訊的雙重標準就更加深刻。所謂違反這個規定，使我成為「活躍份子」、而不是「新聞工作者」。我們一再被告知，新聞記者不表示意見；新聞記者只據實報導。

這明顯是虛假、是一種專業的「膨風」。人類的知覺和表述天生是主觀的。每一則新聞報導都是各種高度主觀的文化、民族和政治想像設定的產品。所有的新聞只服務某一部分的利益。

真正的區分不是一類有意見的記者、另一類是無意見的記者。應該是一類坦白透露其意見的記者，另一類是隱藏意見、假裝沒有意見的記者。記者不應該有意見這種想法其實偏離長久以來對專業的要求；這是相當新的主張，造成新聞工作受限。

「客觀」的真相

路透社的媒體專欄作家傑克．夏飛（Jack Shafer）認為，美國近年來這個觀點反映的是「悲慘地專注在新聞業該是如何符合企業理想」，以及「痛苦地缺乏歷史的了解」。從美國建國以來，最好、最重要的新聞事業經常涉及前鋒型的記者、致力於打擊不公不義。沒有意見、沒有顏色、沒有靈魂的企業新聞機構已失去最有價值的特性，使得主流媒體淪亡，不再有任何一家媒體強大有力。

但是除了客觀報導這個天生的謬誤之外，這個規則幾乎從未被相信這件事的人持續地奉行。主流媒體記者一再在許多領域的爭議性議題上表示意見，也沒有遭人否定他們的專業地位。但是如果他們表示的意見得到華府官方的認可，就被認為具有正當性。

國安局監聽風波鬧得沸沸揚揚，《面對全國》的主持人鮑布．薛佛從頭到尾都譴責史諾登、替國安局的監聽辯護。《紐約客》和CNN有線電視新聞網主跑法律線的記者傑佛瑞．托賓也是。《紐約時報》採訪過伊拉克戰爭的記者約翰．伯恩斯，承認他支持美軍打入伊拉克，甚至形容美軍是「我的解放者」和「及時雨天使」。CNN有線電視新聞網的克莉絲妲．安曼波（Christiane Amanpour）二〇一三年整個夏天一直在鼓吹美軍介入敘利亞。可是這些立場都沒有因為大家主張客觀至上而被譴責是「活躍份子」的論調，因為實際上根本沒人限制新聞記者有意見。

就和所謂不應洩密的規則一樣，根本沒有客觀這一「規則」、只有促進主宰的政治階級利益這一回事。因此，「國安局監聽是合法的、有必要的」、或「伊拉克戰爭是對的」、或「美國應攻打那個國家」都是可以接受的意見、讓記者去表達，而新聞記者也一直勇於表白意見。

「客觀」指的是反映華府當權派的偏好、為他們的利益效勞。意見會成為問題，純因為意見偏離華府正統可接受的範圍。

對史諾登懷有敵意，並不難解釋。對爆料的記者——譬如我——有敵意，或許就相當複雜。一部分是競爭，一部分是報復我多年來對美國媒體明星的專業批判，我相信還有憤怒、甚至對於唱反調的新聞所掀爆的真相感到慚愧等等因素作祟：激怒政府的報導其實反而揭露受到華府推重的記者之真正角色——他們只會替權力搖旗吶喊。

但是，敵意最重要的原因是主流媒體人物已甘於充當政治權力盡責任的發言人，尤其是涉及到國家安全的話。接下來若有人挑戰或破壞華府的權力中心，他們就像政治人物一樣反而去蔑視他們。

過去令人崇拜的偶像記者肯定是個站在權力之外的圈外人。許多人不僅是意識型態使然，也因為性格和習性使然，加入這一行，他們傾向於反對權力、而非為權力服務。選擇新聞工作為事業，肯定永遠居於圈外人地位：記者賺不了幾個錢，這個行業名望也不高，大體上是默默無聞。

現在可變了。新聞事業被世界最大企業蒐購，大部分媒體明星是財團十分高薪的員工，與別的企業員工沒什麼太大差別。他們不賣金融商品或財務工具，他們代表企業販售媒體產品給民眾。他們的事業前程受到和一般企業同樣的尺度所評比：要以他們討好企業老闆及促進公司利益的程度多大而定。

能在大型企業結構內冒出頭的人，往往善於討好、而非敗壞體制力量。能在新聞企業體之內成功的人，也懂得適應權力。他們認同體制權威、擅長為體制權威服務、而非與之作戰。

證據非常豐富。我們曉得《紐約時報》在白宮吩咐下，於二〇〇四年願意壓制詹姆斯．萊生揭露國安局非法監聽的計畫；《紐時》當時的公共編輯形容報社壓下新聞的藉口「很悲哀的不恰當」。類似情形也發生在《洛杉磯時報》，吹哨者馬克．柯連（Mark Klein）二〇〇六年提供許多文件透露美國電話電報公司（AT&T）和國安局祕密合作。這家電信公司在舊金山興建一個密室，讓國安局裝置設備，把客戶電話與網路通訊導入國安局的儲藏設施。可是，報社的主編狄恩．巴奎特（Dean Baquet）把這則新聞封殺了。

套用柯連的話，這些文件顯示國安局「高歌歡唱，穿越數百萬美國人的私生活」。柯連在二〇〇七年告訴美國廣播公司（ＡＢＣ）新聞網，巴奎特「應當時全國情報總監約翰．尼格羅龐提（John Negroponte）和當時國安局局長麥可．海登將軍的要求」，擋下這則新聞見報。不久之後，巴奎特轉任《紐約時報》華府分社主任，接著又晉升為副總編輯。

《紐約時報》會提升一個如此樂於替政府利益效勞的編輯，其實並不足奇。《紐時》現任公共編輯瑪格麗特．蘇立文指出，《紐約時報》或許應該照照鏡子檢討，為什麼揭露重大國家安全故事的消息來源，如雀兒喜．曼寧和愛德華．史諾登等人，不覺得可以安全地將消息交付給它。沒錯，《紐約時報》和維基解密配合，刊出許多機密文件，但是過後不久，當時的總編輯比爾．凱勒就刻意與夥伴保持距離：他公開拿歐巴馬政府生維基解密的氣，和它欣賞《紐約時報》報導「負責任」做對比。

凱勒也在別的場合誇耀《紐約時報》與華府的關係。二〇一〇年接受英國廣播公司（ＢＢＣ）訪問，討論《紐約時報》從維基解密取得的機密電報時，凱勒說明《紐時》如何接受美國政府的指示決定什麼該登、什麼不該登。英國廣播公司的主持人不敢置信地問：

「你的意思是說，你事先跑去向政府說：『這是什麼、那是什麼，我這樣做行嗎？我那樣做行嗎？』然後取得核可囉？」另一位來賓前英國外交官卡尼・羅斯（Carne Ross）說，聽凱勒這一說，他覺得若持有這些機密電報，根本就不應該去找《紐約時報》。「《紐約時報》要先徵求美國政府同意如何報導，未免太扯了吧！」

但是媒體如此和華府當局配合，並不稀奇。記者在處理美國和外國對手的爭議時，往往都會採取美國官方立場，也會依據政府定義的、最符合「美國之利益」來做編務決定。小布希政府的司法部官員傑克・高德史密斯（Jack Goldsmith）稱讚他所謂的「被人忽視的現象：美國新聞界的愛國主義」，也就是說國內媒體往往表現效忠政府的立場。他引述小布希政府的中情局和國安局局長麥可・海登將軍的話；海登認為美國記者展現「樂意與我們合作」，至於外國媒體，他說：「那就很難搞了。」

主流媒體之所以認同政府有許多因素，其中之一即是社會經濟的因素。美國現在許多有影響力的新聞工作者是百萬富翁。他們和政治人物、財金精英住在相同的社區。他們出席相同的聚會，他們有相同圈子的朋友，他們的子女上同樣的精英私立學校。這也是新聞記者和政府官員可以無縫接軌互換工作的原因之一。媒體人物通過旋轉門出任高階的華府工作，政府官員卸任時也經常得到豐沃的媒體合同。《時代》雜誌的傑・卡尼（Jay

Carney）和李察．史丹傑（Richard Stengel）現在擔任政府公職，而歐巴馬的親信助理大衛．艾塞爾洛德（David Axelrod）和羅伯．吉布斯（Robert Gibbs）則是MSNBC的評論員。這是側身換個工作而已、並非事業大更動：如此換差事已經流線化作業，因為這些人還是替同樣的利益效勞。

美國主流媒體什麼都是，只有一種不是：它不是圈外人勢力，它已經完全整合進國家最高的政治權力。文化上、情感上和社會經濟上，他們是二而一的東西。富有、出名的圈內記者並不希望推翻讓他們肥滋滋的現狀。他們和國王的廷臣一樣，急欲捍衛給予他們特權的制度，輕蔑挑戰制度的人。

這距離完全認同政治官員的需求只剩一步之差。透明化因而不可取，唱反調的新聞報導是惡毒的，甚至構成犯罪。政治領導人應該可以在黑暗中運作權力。

二〇一三年九月，西謨．赫許（Seymour Hersh）接受《衛報》訪問時就把這些強力表達出來。赫許是個知名的記者，曾因揭發美萊村屠殺事件（My Lai massacre）和阿布格萊布（Abu Ghraib）醜聞榮獲普立茲新聞獎（譯註：赫許在一九六九年報導一九六八年發生在越南美萊村數百名越南百姓遭美軍濫殺事件，一九七〇年得到普立茲國際採訪獎。這一事件使和平反戰運動聲勢大張。二〇〇三年底至二〇〇四年初伊拉克戰爭時期，美、英聯軍在巴格達阿布格萊布監獄對穆斯林囚犯多所凌虐，遭到赫許在二〇〇四年於《紐約客》揭露，掀起軒然大波）。赫許反對他所謂的「新聞記者的怯懦：不敢挑戰白宮、不敢當傳遞真相的烏鴉。」他說，《紐約時報》花太多時間「替歐巴馬提水」。他又說，政府有系統地說謊，「可是美國媒體界的巨獸，不論是電視網、還是大報，都沒人提出挑戰」。

赫許對「如何矯正新聞事業」提出的藥方是：「關掉NBC國家廣播公司新聞網和ABC美國廣播公司新聞網的華府分社，裁掉平面媒體九成的編輯，回復到新聞記者的基本工作」，也就是做為圈外人。赫許主張「開始晉升你控制不來的編輯，晉升搗蛋的人。」他說，「狗屎編輯」和記者毀了這一行，是因為他們心態上不敢做為圈外人。

清算

新聞記者一旦被貼上「活躍份子」標籤，他們的工作被抹黑為犯罪行為，他們被推出記者的保護圈之外，他們恐就無力抵抗受到刑事犯之待遇。國安局濫權監聽消息曝光之後，我更清楚箇中滋味。

我從香港回到里約熱內盧的家才幾分鐘，大衛就告訴我，他的手提電腦不見了。他懷疑電腦不見和我在外地時我們兩人一次通話有關，他提醒我，我曾經透過 Skype 和他談到我打算透過電子方式傳送一大筆加密文件給他。我說，他若收到，要立刻把它放到安全的地方。史諾登認為，非常有必要，我應該讓我絕對相信的某人也留有一套完整的文件，以防我手上的檔案遺失、受損或失竊。

他說：「我可能不會和你在一起太久。你也不會曉得你和蘿拉的工作關係會怎麼演變。某人應該替你保管一套，這樣你才不虞有何意外，都能掌握到這些文件。」

大衛是不二人選。但是我一直沒有送出檔案文件。我在香港忙得死去活來，根本沒時間去做。

大衛說：「你和我通話之後不到四十八小時，我的手提電腦就從家裡被偷了。」我不肯相信電腦失竊和我們用 Skype 通話有關聯。我告訴大衛，我們不能那樣神經兮兮，把生活裡每件無從解釋的事情都怪罪到中央情報局搞鬼。或許手提電腦丟了，或是有人拿走，或是純粹失竊，與我們目前處理的新聞毫不相干。大衛逐一駁斥我的推論：第一，他從來沒把他的手提電腦帶出門；第二，他翻遍了屋子，找不到電腦；第三，家裡別的東西完好、沒被偷、也沒被亂翻。他覺得我不肯接受唯一可能的解釋，這樣太不理性。

這個時候，許多記者已經注意到，國安局根本搞不清楚史諾登拿了什麼或給了我什麼，不但不清楚丟了那些確切的文件、也不清楚丟了的文件數量。美國政府（或許甚至其他國家的政府）有理由急欲知道我握有什麼文件。如果拿了大衛的手提電腦可以得到這些資訊，他們哪有不偷的道理？

這時候我也曉得，透過Skype與大衛通話，絕對不安全，就和其他任何形式的通訊一樣，逃不過國安局的監控。因此，政府有能力聽到我打算傳送文件給大衛，也有強烈的動機去取得他的手提電腦。

我也從《衛報》的媒體律師大衛．舒茲（David Schultz）那裡聽來，有理由相信大衛的失竊理論。他從他在美國情報界的友人聽來，中情局在里約熱內盧的布建比起全世界絕大多數地方還更綿密，並且中情局里約站站長是「出了名的追到底的人」。根據這些情資，舒茲告訴我，「你應該假定你所說、所做的一切，以及所至之處無不受到嚴密監視」。

我接受我的通訊能力今後將嚴重受限。除了談最含糊、瑣細的小事，我不再使用電話。我只透過繁雜的加密系統收、發電子郵件。我和蘿拉、史諾登和幾個消息來源的討論都只用加密的線上即時通軟體。我和《衛報》編輯及其他記者的撰稿寫作，都是讓他們到里約熱內盧來和我面對面商談。我甚至和大衛在我們家或汽車上講話都很小心。手提電腦失竊讓我警惕，連最私密的空間都有可能受到監視。

如果我還需要什麼證據證明我現在的工作處境十分艱難，可以史帝夫．克里蒙斯（Steve Clemons）偶然聽到的一段對話來做例子。克里蒙斯是在華府人脈極廣、頗受敬重的政策分析專家，也是《大西洋月刊》的特約編輯。

六月八日，克里蒙斯正好在杜勒斯機場的聯合航空貴賓室候機；他提到他湊巧聽到四個美國情報官員高談闊論，說洩漏國安局文件的人和寫這些新聞的記者，應該「消失」。他說，他以電話錄下片段談話。克里蒙斯認為這段談話有點像吹牛皮，但是還是決定刊登。

雖然克里蒙斯是相當可信的人，我沒把這則報導看得太嚴重。但是主流人物在閒談聊天就大言皇皇史諾登——以及和他配合的記者——應該「消失」，未免也太囂張了吧！

後來幾個月，報導國安局事件有可能遭到刑事起訴，從抽象概念變成事實。這個巨變是由英國政府起動。

我透過加密的線上聊天，從珍妮．吉卜生聽來，七月中旬《衛報》倫敦總社發生一件大事。她說，過去幾週《衛報》和「政府通訊總部」（GCHQ, Government Communications Headquarters，譯按：相當於美國國安局，專司電子情報偵蒐的英國情報機關）之間對話的語調現在出現「激烈變化」。原本對《衛報》的報導，政府通訊總部還保持「相當文明的對話」，現在卻淪為越來越吵吵嚷嚷的要求、甚至直率的威脅。

吉卜生告訴我，接下來有點突兀，政府通訊總部宣布它不再「允許」《衛報》繼續根據絕密文件發表報導。他們要求《衛報》倫敦總社交出從史諾登取得的所有檔案文件。如果《衛報》不從，將由法院下令不准繼續報導。

這個威脅可不能等閒看待。英國並沒有什麼憲法保障新聞自由。英國法院非常順從政府對媒體所要求的「事先節制」，也就是說任何事情只要政府宣稱事涉國家安全，媒體會事先被禁止報導。

一九七〇年代，記者們發現、並報導有政府通訊總部這個情報機關的存在，鄧肯．坎貝爾（Duncan Campbell）就被捕、遭到起訴。在英國，法院可以隨時下令查封《衛報》、扣押它一切材料和設備。珍妮說：「（政府）提出要求的話，沒有哪一個法官會說不。我們知道這一點，他們也曉得我們知道。」

《衛報》所持有的文件只是史諾登在香港交出來的眾多文件中之一部分。史諾登強烈認為，涉及到政府通訊總部的報導應該由英國記者來寫比較好，因此他在離開香港前幾天，把一些文件交給了艾文．麥卡斯奇。

吉卜生告訴我，她和總編輯艾倫．魯斯布里吉爾（Alan Rusbridger）、以及幾個同仁在上一個週末，於倫敦郊外某地。他們突然聽說政府通訊總部人員即將前往《衛報》倫敦總社，打算扣押文件所儲存的硬碟。魯斯布里吉爾後來告訴她，官員們告訴他：「你已經玩夠了，現在我們要把東西拿回去。」他們一群人才來到鄉下不到兩個半小時，就接到政府通訊總部的通知。珍妮說：「我們必須衝回倫敦去保衛報社。真是間不容髮呀！」

政府通訊總部要求《衛報》交出一切檔案。如果政府把這些文件拼組起來，就可以曉得史諾登交給《衛報》什麼資料，他的法律地位一定會受到傷害。幾經交涉，《衛報》同意在政府通訊總部官員監視下，銷毀所有相關的硬碟，確保他們滿意銷毀工作。套用珍妮的話來說，那是「一段拖延、外交、偷渡、然後合作進行『可證明的銷毀』」的拉鋸戰。

「可證明的銷毀」是政府通訊總部新發明的詞彙。官員陪著《衛報》總編輯等一批人來到編輯部地下室，盯著他們搗毀硬碟，甚至要求某些部分再加把勁，魯斯布里吉爾說，這是為了防止「中國特務會從金屬片中再找出任何東西」。他說，當《衛報》同仁「清掃一部 Mac Book Pro 手提電腦殘骸」時，有個安全人員開玩笑說：「這樣我們就不用出動黑色直昇機了。」

政府派情治人員進入報館、強迫搗毀其電腦，這一幕還真是駭人，我們西方人一再被告知，這種事只會發生在中國、伊朗和俄羅斯這類國家。但是一樣令人震驚的是，一家受人尊敬的大報會自願、柔順地服從這種命令。

如果政府威脅要查封報館，為什麼不直斥政府在唬人、逼迫它亮出招數，讓威脅曝光呢？史諾登說，當他聽到這件事時，覺得唯一正確的回答是：「放馬過來，查封啊！」一自願祕密聽從只會使得政府隱藏真正性格、不為世界所知：國家機器竟然凶暴地制止記者報導事涉公共利益的最重要的一則故事。

更糟的是，銷毀一位消息人士冒失去自由、甚至性命之險所提供的材料，絕對不符新聞事業的宗旨。

除了有必要揭露這種專制行為之外，毫無疑問，政府闖進報社、強迫報館銷毀其資訊，也非常具有新聞價值。但是《衛報》顯然打算保持緘默，這可就十分強烈地凸顯新聞自由在英國是如何地岌岌可危。

吉卜生向我擔保，放心啦，《衛報》還有一份檔案存放在紐約分社。然後她告訴我另一個驚人的消息：魯斯布里吉爾把另一份備份給了《紐約時報》總編輯姬兒・艾布蘭生，以防萬一英國法院試圖強迫《衛報》美國分社也銷毀其資料時，至少另一份大報仍保有這些檔案。

這也不是好消息。《衛報》不僅悄悄地同意銷毀本身握有的文件，還沒有事先和史諾登或我協商、或甚至照會一聲，就把文件交給史諾登所排斥在外的《紐約時報》，因為這家報社和美國政府有親密的、聽話的關係。

從《衛報》的觀點來看，面對英國政府的威脅，報社不能太逞英雄，因為既無憲法明文規定保護新聞自由，還得保護數百名員工以及百年大報。並且銷毀電腦，總比把文件交給政府通訊總部好得多。但是我還是對報社順從政府的要求感到懊惱，尤其不爽他們顯然已決定不再刊登國安局濫權監聽的消息了。

不過，在銷毀硬碟之前和之後，《衛報》仍然很積極、勇敢報導史諾登的爆料新聞——就篇幅大小及顯著版面而言，都勝過其他任何報紙。儘管當局搞恫嚇伎倆，反而激使編輯們更加強陸續報導有關美國國安局和英國政府通訊總部的新聞，這一點殊為不易。

但是蘿拉和史諾登都很生氣，《衛報》竟然屈從政府這種霸凌行為！事後《衛報》又噤不作聲，加上又把有關政府通訊總部的檔案交給了《紐約時報》。史諾登覺得《衛報》違背彼此之間的協議、也違反了他只希望英國記者處理英國文件的意願；特別是《紐約時報》又拿到文件。後來，蘿拉的反應造成重大後果。

從我們一開始報導起，蘿拉和《衛報》的關係就不平順，現在全面爆發了。我們在里約熱內盧工作了一星期之後，發現史諾登在香港給我的一份國安局檔案（他來不及給蘿拉）受損。蘿拉在里約熱內盧無法修復檔案，但是認為她回到柏林後應該可以修好。

蘿拉回到柏林一個星期後，告訴我檔案修好了，可以還給我。我們已經有好幾次是安排《衛報》一名同仁飛到柏林，拿到檔案後再帶到里約熱內盧給我。但是顯然是在政府通訊總部上門之後嚇壞了，《衛報》卻告訴蘿拉不用把檔案交給其同仁，請她直接用聯邦快遞寄給我就行了。

我從來沒看過蘿拉如此生氣。她問我：「你看到他們在玩什麼把戲嗎？他們希望能夠說：『我們跟運送文件無關，都是格林和蘿拉自己相互傳送。』她又說，用聯邦快遞飛越大半個地球寄送絕密文件——她從柏林寄到里約熱內盧給我，等於是向有興趣的各方面發出霓虹燈號——根本就嚴重違背她能想像的作業安全。

她說：「我以後再也不能信賴他們。」

我仍然需要這份檔案。裡面有我正在撰寫的故事之相關重要文件，也有許多仍待發表的其他文件。

珍妮堅稱這是一場誤會，底下人誤解上級的話，以為倫敦的主管對於在蘿拉和我之間傳送文件感到猶豫。她說，沒有問題。包在她身上。當天《衛報》就會有人從倫敦飛到柏林去取檔案。

但是，太遲了。蘿拉說：「我絕對不會把文件交給《衛報》。我從今以後絕對不會相信他們。」這份檔案很大又很敏感，蘿拉不願透過電子方式傳送。非得靠我們都能信賴的某人親自傳交不可。這個某人就是大衛。他一聽到我們遇上困難，立刻自告奮勇到柏林。我們都認為這是最完美的方案。大衛對故事的來龍去脈如數家珍，而蘿拉認識他、也信任他；而且他原本就打算去拜訪她，商量可能合作的新計畫。珍妮欣然同意，答應由《衛報》支付大衛的差旅費。

《衛報》的總務人員替大衛訂了英航的機票，用電子郵件把時程表通知他。我們腦子裡從來沒有過他的旅行會出現問題的念頭。撰寫史諾登檔案新聞的《衛報》記者，還有來回遞送文件的同仁，多次進出希斯洛機場都沒有遭遇問題。蘿拉本人就在幾個星期前也飛到倫敦。怎麼會有人料想得到大衛這樣一個更是周邊的人物會有風險呢？

大衛在八月十一日啟程前往柏林，預計一個星期後帶著蘿拉給他的檔案回來。但是在他預定回來的當天上午一大早，我被一通電話吵醒。電話那一頭的男子以濃重的英國腔告訴我，他是「希斯洛機場的安全官」，問我是否認識大衛・米蘭達。他說：「我們要通知你，我們以涉嫌二〇〇〇年恐怖主義法第八章的罪名，扣留米蘭達先生。」

我當時腦子一片混亂，「恐怖主義」這個字詞當下還沒進到我腦子。我第一個問題就問，他已經被扣留多久了？我聽到大衛已被扣留三個小時，就曉得這不是例行的移民官檢查。這位安全官說明，英國政府「依法有權」扣留他最高九個小時，屆時法院有權裁示延長羈押。或者裁示逕予逮捕。他說：「我們還不知道打算怎麼做。」

美國和英國都已經很明白地做出來，一旦亮出反恐怖主義旗號，就不受倫理、法律或政治之局限。現在大衛被扣上違反恐怖主義法的大帽子，遭到拘留。他根本還沒打算入境英國；他只是從機場過境轉機。英國當局卻把手伸進技術上而言還不是英國領土的範圍，逮住他，還祭出最令人心驚膽跳、但根據力又含糊的罪名。

《衛報》的律師和巴西的外交官立刻動員起來，試圖爭取大衛獲釋。我不太擔心大衛會如何應對拘留。他自幼是個孤兒，在里約熱內盧最貧窮的一個社區經歷千辛萬苦長大成人，早已練就強悍的生存之道。我曉得他會了解究竟這是怎麼一回事，也相信他至少會讓問訊的官員傷透腦筋。但是，《衛報》的律師還是很驚訝，很少人會被扣留這麼久。

我後來研究英國此一恐怖主義法，發現只有千分之三的人被攔下來，而且百分之九十七的問訊都不到一個小時。只有萬分之六的人被扣留超過六個小時。看來大衛頗有可能在九個小時拘留時限一屆，就被逮捕。

恐怖主義法明訂的任務是偵查人們和恐怖主義是否有關聯。英國政府聲稱拘留權是用來「判定某人是否或曾否涉及到委託、準備或煽動恐怖活動」。要拿這個罪名拘留大衛，根本就是子虛烏有的事。除非我的相關報導已經和恐怖主義拉上等號。

時間一小時又一小時流逝，情勢似乎越來越黯淡。我只知道巴西外交官和《衛報》律師跑到機場，想找到大衛的下落、和他見面，卻一直找不到人。但是距九小時拘留時限還有兩分鐘，我收到珍妮的電子郵件，只有一個字詞：「釋放了。」

大衛無端遭到拘留，這是無賴的恫嚇手法，立即引來全世界痛批。路透社一則報導證實英國政府的用心的確如此：「有位美國安全官員告訴路透，扣留、盤問米蘭達的主要目的之一……就是要向拿到史諾登材料的人，包括《衛報》在內，傳達一個訊息：英國政府很認真試圖堵住洩密。」

我對守在里約熱內盧機場、等候大衛回來的一大群記者宣布，英國政府的恫嚇手法阻礙不了我的報導。我甚至更加壯膽。英國政府已經顯示本身濫權至極；我認為，唯一最合適的回應就是施加更大壓力，要求增加透明度和責信。這是新聞業的首要功能。有人問我大家對這件事會有什麼看法，我說我認為英國政府會後悔他們的所作所為，因為他們讓大家看到它的高壓和胡作妄為面貌。

我用葡萄牙語發言，路透一名譯員卻扭曲、誤譯我的評論說是針對他們如此對待大衛，我表示今後將發表原先決定不寫的有關英國的文件。由於路透廣發通訊稿，這則扭曲之言立刻傳遍全世界。

接下來兩天，媒體大肆報導我誓言進行「報復報導」。其實這是荒謬的胡言亂語：我說的是英國的濫權行為只會使我更堅決要挺下去。但是我早已有經驗，聲稱你的評論被記者斷章取義，並不能制止媒體持續說下去。

姑不論是否報導錯誤，對我評論的反應相當強烈：英國和美國多年來都像個地痞流氓，針對任何挑戰都回敬威脅。英國政府最近才強迫《衛報》銷毀電腦，還援引恐怖主義法拘留我的夥伴。吹哨者遭到起訴，記者也遭到恫嚇要抓他們去坐牢。可是，即使對政府過當行為有強力反彈，也會遭到效忠國家機關、為之辯護的人痛斥：天啊！他還揚言要報復吶！軟弱地順從官方的恫嚇，被當做是責任；不服從反而被責備是不聽長官命令。

大衛和我終於避開攝影機，可以談話。他告訴我在那九小時期間，他一直抗爭，但是他也承認其實被嚇到了。

他顯然事先就被盯上了。同機旅客奉指示要把護照交給守在機艙門口的官員檢查。當他們看到他的護照時，立刻祭出恐怖主義法扣留他。大衛說，「從頭一分鐘到最後一分鐘，不斷地威脅」，恐嚇他若不「完全配合」、就要坐牢。他們拿走他所有的電子設備，包括他的手機（儲存了私人照片、他的通訊錄及與友人的線上聊天），並以送去坐牢威脅，強迫他交出手機密碼。他說：「我覺得像是他們侵入我整個生活，好像把我剝光了衣服似的。」

他不斷地想到美國和英國在過去十年，以反恐作戰名義幹了什麼勾當。大衛說：「他們綁架人，不起訴、不讓接觸律師就關起來，把他們搞失蹤、關進關塔那（Guantanamo），甚至殺掉。的確沒有比被這兩個政府戴上恐怖份子帽子更可怕的事。」他告訴我絕大多數美國或英國公民想都沒想過的事：「你發現，他們可以對你為所欲為。」

大衛被扣押的爭議鬧了好幾個星期，一連多天佔據巴西新聞重要版面，巴西人民幾乎一致表示憤慨。巴西政客要求修訂恐怖主義法。當然，人們意識到英國的行為逾越濫權，足堪告慰。可是，我們也必須承認多年來這項法令已是醜聞，但大部分用來對付穆斯林，因此罕有人關心它。照理來講，不需要因為扣押了一個高知名度、白人、西方國家新聞記者的配偶，才引起大家注意到這種濫權行徑。

不幸，事實就是如此。不足為奇，後來發現，英國政府在扣留大衛之前，已經和華府討論過。白宮發言人在記者會上被問到時，他說：「事先有交換意見……這是我們表示希望發生的事。」白宮不肯譴責扣押大衛，又承認自己沒有採取措施制止或勸阻這件事的發生。

大部分新聞記者都了解這裡頭的危險。瑞秋・馬道（Rachel Maddow）在她的MSNBC節目上憤怒地表示：「新聞採訪不是恐怖活動。」一句話鞭闢入裡，直接切入問題核心。可惜，不是人人有相同的見解。傑佛瑞・托賓在電視黃金時段稱讚英國政府，把大衛的行為比擬為毒販的「馬伕」。托賓還說，大衛應該謝天謝地，沒被抓起來、沒被起訴。

當英國政府宣布就大衛所攜帶的文件正式展開刑事調查時，情勢似乎稍有可取之處（大衛向英國當局提出告訴，主張他遭到不法拘押，因為他根本不涉及被拘押的法令所要調查的行為）。但是當著名的新聞記者把基於公共利益所做的重要報導比擬為毒販的不法行為時，也就難怪當局會如此膽大妄為了。

眾所推重的越戰時期明星記者大衛・哈伯斯坦（David Halberstam）在二〇〇五年去世前不久，向哥倫比亞大學新聞學院學生演講。他告訴他們，他當記者最驕傲的一刻是，越南美軍司令威脅說，要叫他的《紐約時報》上司把他調走、不讓他採訪越戰新聞。哈伯斯坦說，原因是他「發了一些對戰局悲觀的電訊，觸怒華府和西貢」。由於他打斷美軍司令部的記者會，指控他們說謊，美軍司令還把他當做「敵人」。

對於哈伯斯坦來講，觸怒政府是驕傲的源頭、是新聞工作的真正使命。他曉得身為記者就必須冒風險，要對抗、而不是屈服於濫權。

今天，新聞業這一行有許多人以被政府稱讚為「負責任的報導」為榮：接受政府指導，何者該見報、何者不該見報。從這裡我們就看到美國新聞界的墮落！

結語

我第一次和愛德華．史諾登透過網路通話，他就告訴我，他對出面爆料唯一的擔心就是：雖然他挺身揭弊，大眾卻冷漠以待、不以為意，這將代表他甘冒坐牢風險，卻毫無效果。要說他這一擔心已不會實現，恐怕太低估了情勢。

的確，這個故事方興未艾，遠比我們推想，來得更壯觀、更持久、範圍更大。這個故事讓全世界聚焦在國家偵監無所不在、政府機密黑幕重重；激發了全球首次辯論數位時代個人隱私的價值，也促成對美國獨霸對網路的控制之挑戰。這個故事改變了世人對美國官員發言誠信的看法，也影響到國際關係；激烈地改變了人們對於新聞工作與政府權力相對關係的思維。在美國國內，也促成意識型態不同、跨黨派的同盟，力推對國家偵監作業進行有意義的改革。

史諾登揭弊造成重大改變，有一個實例。我在《衛報》就史諾登提供的資料揭露國安局大肆蒐集元資料見報之後不到幾星期，兩位國會議員聯署提案取消國安局偵監作業的預算經費。更值得注意的是兩位聯署人，約翰・康耶爾（John Conyers）是在眾議院蟬聯十二屆的資深議員、底特律地區的自由派；而賈斯汀・阿瑪許（Justin A mash）是保守派茶黨、只是第二任的議員。我們很難想像會有這樣兩個思想、立場南轅北轍的議員聯手反對國安局的國內偵監作業。他們的提案立即得到數十位不同政治立場的同僚聯署，從最自由派到最保守派皆有，這在華府的確相當罕見。

法案要表決時，C-SPAN 電視全程轉播辯論，我一邊看著電視，一邊與人在莫斯科的史諾登網上交談，他也在看 C-SPAN 的實況轉播。我們對眼前所見景象都覺得十分意外。我認為這是他第一次真正感受到他所作所為起了極大作用。一個又一個眾議員起立發言，痛批國安局胡作非為，也抨擊蒐集每一個美國人通訊資料是對付恐怖主義所必要這個主張。這是九一一攻擊事件以來國會對國家偵監作業最凶猛的挑戰。

直到史諾登爆料之前，任何企圖限制重大國安計畫的立法，能在國會得到少許票數支持就不錯了。但是康耶爾和阿馬許提案最後得票數震撼華府政壇：以二〇五票贊成、二一七票反對的些微差距落敗。支持者來自兩黨：民主黨票、共和黨九十四票。我和史諾登都非常振奮。這是摒棄傳統政黨界線的決定，一致認為必須節制國安局。華府政壇一向依賴僵固的黨派戰爭所產生的盲目部落精神在運作。如果民主黨和共和黨陣營對峙架構可以受到侵蝕、甚至推翻，我們就有更大的希望期許會出現以全民利益為基礎的決策。

接下來幾個月在全世界各地紛紛爆出愈來愈多的國安局醜聞。許多名嘴、政論家預測群眾會對這個問題失去興趣。其實，討論偵監作業的興趣，不僅在美國國內、就是在國外也日益增強。二〇一三年十二月——離我在《衛報》開第一槍、首次報導，已逾半年，僅僅一個星期內發生的事件就令人目不暇給，證明史諾登揭弊效應持續發展，國安局備受攻擊。

這個星期以美國聯邦法官理查·李昂（Richard Leon）發表的意見開始。他裁定，國安局蒐集元資料作業有可能違反美國憲法第四條修正案。他譴責國安局偵監的規模可以直追「歐威爾模式」。而且，由小布希總統任命的這位聯邦法官還明白指出：「政府舉不出有哪個案件是因為分析國安局大舉蒐集元資料，而實際制止了迫在眉睫的恐怖攻擊。」兩天之後，國安局醜聞爆發之後，由歐巴馬總統任命組成的顧問委員會，就本案提出一份厚達三百零八頁的報告。這份報告也肯定地摒斥國安局關於其偵監作業十分重要的說法。委員會的報告說：「我們的審查認為，援引愛國法案二一五條規定蒐集電信元資料，並不是防止恐怖攻擊的基本要素。國安局舉不出實例可以說，若無二一五條蒐集到的電信元資料，結果會大不相同。」

與此同時，國安局在美國國外的日子也不好過。聯合國大會無異議一致通過一項由德國和巴西倡議的決議案，確認網路隱私是基本人權。有位專家認為，「這是給美國一個強烈訊息，告訴它應該改弦更張，停止國安局的大肆監聽。」同一天，巴西宣布取消談判多時的四十五億美元向美國波音公司購買飛機合同，改向瑞典商紳寶（Saab）公司下訂單。巴西對國安局監聽其領導人、公司及公民的行徑大為不滿，顯然是此一決定的主要原因。有位巴西政府官員告訴路透社說：「國安局把美國這筆生意搞砸了。」

這一切並不代表戰爭已經贏了。國家偵監體系已經強大到無法想像的地步，說不定比我們民選產生的最高官員還更強大，而且它有許多有勢力的效忠者願意不惜代價捍衛它。因此，它偶爾也有些勝利成果，並不足奇。李昂法官裁定之後兩天，另一位聯邦法官在另一個個案仍然擺脫不了九一一事件的記憶，裁示國安局監聽合乎美國憲法。歐洲盟國也不再對美國那麼生氣。美國民眾的支持也不一致。民調顯示，大多數美國人雖然反對史諾登所揭發的國安局監聽行為，卻也樂見他因洩密罪遭到起訴。美國高級官員也開始主張，不僅史諾登本人、就連與他合作的某些記者，包括我在內，也應訴被起訴、坐牢。可是，支持國安局的人士明顯已經受挫，他們反對改革的論述愈來愈薄弱。例如，替普遍偵監辯護的人經常堅稱某種程度的偵監一直都有必要。但是這個主張似是而非。沒有人不同意這個說法。但是大規模偵監的替代方案，不是完全取消偵監。而是要有目標才偵監，只針對已有實質證據認為他們已涉不法行為的人才進行偵監。鎖定目標才偵監的作法，肯定比目前這種鋪天蓋地、資訊統統蒐集起來的作法，更能制止恐怖陰謀。因為目前的作法讓情報機關淹沒在眾多資料之中，分析師無從有效地過濾、清查。而且，鎖定目標才偵監，也吻合美國憲法精神及西方對正義的基本概念。

事實上，也就是邱池委員會在一九七〇年代發現偵監浮濫醜聞之後，才有這個原則：政府在偵聽某人通話之前，必須提供證據證明他可能涉及不法、或具外國特務身份，這導致成立外國情報監視法庭。不幸的是，這個法庭成了橡皮圖章，對政府申請偵監沒有盡到有意義的司法評審的責任。但是，基本概念相當堅實，並沒有問題。把外國情報監視法庭改為真正的司法評審制度，不再像目前只由政府單方面提出申請、即可進行偵監作業，應該是可行的改革。

國內立法改變本身還不足以解決偵監的問題，因為國家安全體系經常會誘導本意是監督他們的實體，反過來和他們配合。例如，我們已經看到，國會兩院情報委員會已經完全被他們掌握。但是，立法改革至少可以強調下列原則：無差別的大肆偵監在憲法保障隱私之下的民主國家是不容許存在的。

還有一些其他措施也可以保障網路隱私、限制國家偵監。德國和巴西現在已經帶頭想建立全新的互聯網架構，讓大部分的網路通信不必一定非經由美國傳輸不可。如果這樣做能成功，即可鬆弛美國對網路的控制。個人也可以盡一分力量，爭回他們在網路上的隱私。拒絕使用和國安局及其盟友合作的科技公司之服務，可以對這些公司形成壓力，逼他們不再和國安局合作，這也可以促使其競爭者投入保護隱私。有些歐洲科技公司已在推廣他們的電郵和聊天服務，宣稱比谷歌和臉書更棒，而且他們不會提供用戶資料給國安局。

另外，為了防止政府侵入個人通訊和網路使用，所有的使用人應採用加密及匿名瀏覽工具。對於在敏感領域工作的人士，如記者、律師及人權活動者而言，這一點尤其重要。科技界也應該繼續開發更有效、更易使用的匿名及加密軟體。

凡此種種，有許多方面仍有待各方努力。但是距我在香港首次和史諾登會面還不到一年，他的揭密毫無疑問已在許多國家、許多領域促成根本的、無法逆轉的改變。除了國安局必須改革之外，史諾登的行動已經大大推動了政府的透明化及普遍改革。他建立一個典範啟迪來者，未來的活躍份子很可能效法他、精進他的奮鬥。

歐巴馬政府起訴洩密者絕不手軟，案例已超過歷任總統加總起來的件數。它想要製造恐懼的氛圍，嚇阻吹哨人揭弊。但是史諾登壞了他的好事。史諾登設法保住自由，躲在美國勢力抓不到他的地方；而且他拒絕躲躲藏藏，驕傲地挺身承認好漢做事、好漢擔。因此，公眾心目中的他不是個身穿橘色囚衣、上了手銬的罪犯，而是一個可以侃侃而談說明他為何要這麼做的獨立的人。美國政府不可能只靠抹黑他，就迴避掉主題。未來的吹哨人從這裡學到一個強而有力的教訓：說出事實真相未必會摧毀你的生活。

對我們其他人而言，史諾登的啟示效應同樣十分深刻。他提醒我們，任何人都有特殊的能力改變世界。從外表看來，他就是一介平凡小子，由不是有權有錢的父母養大、高中都沒畢業，只是大型公司裡的無名小卒職員，但是透過單純的良知行動，他改變了歷史的進程。

即使最堅決的活躍份子往往也會陷入失敗主義。現有的體制似乎太強大、難以挑戰；正統似乎根深柢固、難以撼動；似乎有許多既得利益者努力要維持現狀。但是，能夠決定我們要住在什麼樣的世界的，不是靠一小群菁英黑箱作業決定、而是由我們人類集體來決定。推進人類思考、做決定的能力，乃是吹哨揭弊、政治採訪報導、積極活動的目的。感謝愛德華·史諾登的揭弊，我們正朝著此一方向努力。

謝辭

近年來，西方政府想向自己的公民隱瞞他們最傲慢自大的行動之努力，一再因勇敢的吹哨人一系列最不平凡的揭弊爆料而受挫。一連多次，在美國及其盟國政府機關或軍事體制內服務的人士，發現嚴重弊端後，決定他們不能再默不作聲。他們站出來，揭露官方的不當行為，有時候還不惜明顯違犯法令而揭弊，付出重大的個人代價：危及他們的前途、他們的個人關係，以及他們的自由。住在民主國家的每個人、珍視透明與責信的每個人，都應向這些吹哨人致上最大敬意。

啟迪愛德華・史諾登的一系列前賢先進，可以上溯到揭露五角大廈文件的丹尼爾・艾斯伯格，他也是我個人長期崇拜的英雄，現在更是我的朋友及同儕，我希望我的一切行為都能以他為典範。其他忍受迫害、將重大真相公諸於世的勇敢吹哨人，包括雀兒喜・曼寧、傑西琳・拉達克（Jesselyn Radack）和湯瑪斯・坦姆（Thomas Tamm），以及國安局前任官員湯瑪斯．德拉克（Thomas Drake）和比爾．賓奈（Bill Binney）。他們在啟發史諾登方面扮演了重大角色。

揭露美國及其盟國祕密建構無所不包的偵監系統，是史諾登本身基於良知的自我犧牲行為。眼看著原本是一位平凡的二十九歲青年，為了原則寧願冒坐牢之險，跳出來捍衛基本人權，的確令人動容。史諾登的無畏無懼和無可撼動的平靜，植基於深信自己為所當為，這信念驅使我對這則新聞全心全力報導，也將深刻影響我下半輩子。

沒有我無可比擬勇敢、睿智的新聞工作夥伴及好友蘿拉．波伊特拉，這則新聞不可能有這麼大的衝擊。儘管多年來因為她製作的影片，備受美國政府騷擾，她從來不曾猶豫，依然積極挖這則新聞。她堅持個人隱私，她迴避公眾聚光燈，有時候令人忽略掉她對我們的成就之貢獻。但是，她的專業、她的策略天分、她的判斷、她的勇氣，是我們今天成就的核心與靈魂。我們幾乎每天都對話，也和衷共濟做出每個重大決定。我再也不可能冀求更完美的夥伴或更有啟發的朋友。

果如蘿拉和我所預知，史諾登的勇氣有傳染力。無數的新聞工作者無畏地追這條新聞，包括《衛報》的編輯群珍妮．吉卜生、史都華．米拉和艾倫．魯斯布里吉爾，以及以艾文．麥卡斯奇為首的其他記者。史諾頓之能夠維持自由，因而能夠參與他所掀起的辯論，是因為得到維基解密及其幹部莎拉·哈里森（Sarah Harrison）的鼎力支援，哈里森幫助他離開香港、並在莫斯科陪伴他好幾個月，不惜犧牲本身安返祖國英國的能力。

無數的朋友和同僚在許多艱困的情勢下，提供給我非常睿智的建言和支持，他們包括美國公民自由聯盟的賓·魏澤納（Ben Wizner）和賈米爾·賈菲（Jameel Jaffer）；我的長期摯友諾曼·佛烈雪（Norman Fleisher）；全世界最勇敢、最佳的調查記者傑瑞米·史卡希爾（Jeremy Scahill）；以及新聞自由基金會執行長屈渥·提姆（Trevor Timm）。我的雙親、我的兄長馬克、我的嫂子克莉絲婷，一直為我擔心（只有家人會如此），但是仍然堅定支持我（也只有家人會如此）。

這不是一本容易寫的書，特別是在當前的狀況下；這也是為什麼我衷心感謝大都會叢書：感謝康諾·蓋（Connor Guy）的有效管理；感謝葛里戈瑞·托北斯（Grigory Tovbis）的編輯貢獻和技術純熟，尤其感謝里娃·何契曼（Riva Hocherman）的聰明才智和高度標準使她成為最適合本書的編輯。這是我和非常慧智、極富創意的莎拉·柏瑟黛（Sara Bershtel）合作的第二本書，我無法想像會在沒有她協助下寫另一本書。我的出版經紀人唐·康納威（Don Conaway）再次全程提供穩定和智慧的建議。我要深深感謝黛樂·巴奈斯（Taylor Barnes）將本書整合起來的重大協助；她的研究才能及求知精力證明未來前程無量。

和往常一樣，居於我一切作為的核心是我的生活夥伴、我九年來的丈夫、我的心靈伴侶大衛・米蘭達。在報導過程中他所遭遇的經驗十分醜陋、令人憤慨，但是好處是全世界也因此見識到他是一位非凡的人。一路走來，他灌輸給我無畏精神、強化我的決心、指引我的選擇、提供見解使事實更明朗，而且毫不畏縮地以無條件的支持和愛力支持我。像這樣的夥伴關係無比的珍貴，它能消滅恐懼、打破局限，讓事事皆為可能。

REVOL ⑫

政府正在監控你

No Place to Hide: Edward Snowden, the NSA, and the U.S. Surveillance State

作者—格倫・格林華德（Glenn Greenwald）
譯者—林添貴
主編—李筱婷
美術設計—林庭欣
執行企劃—劉凱瑛
董事長—趙政岷
總經理—趙政岷
總編輯—余宜芳
出版者—時報文化出版企業股份有限公司
10803台北市和平西路三段二四〇號三樓
發行專線—（〇二）二三〇六六八四二
讀者服務專線—〇八〇〇二三一七〇五
（〇二）二三〇四七一〇三
讀者服務傳真—（〇二）二三〇四六八五八
郵撥—一九三四四七二四時報文化出版公司
信箱—台北郵政七九～九九信箱
時報悅讀網—http://www.readingtimes.com.tw
電子郵箱—history@readingtimes.com.tw
法律顧問—理律法律事務所 陳長文律師、李念祖律師
印刷—盈昌印刷有限公司
初版一刷—二〇一四年五月十三日
定價—新台幣三五〇元

行政院新聞局局版北市業字第八〇號

國家圖書館出版品預行編目資料

政府正在監控你 / 格倫・格林華德（Glenn Greenwald）作；林添貴譯. -- 初版. -- 臺北市：時報文化, 2014.05
320面；14.8 x 21公分. --（Revol）
譯自：No place to hide : Edward Snowden, the NSA, and the U.S. Surveillance State

ISBN 978-957-13-5965-6（平裝）

1.國家安全 2.網路安全 3.美國

599.952 103008459

ISBN 978-957-13-5965-6
Printed in Taiwan

時報出版 15事

做值得做的書，非只為暢銷而做書。
燃動生命與熱情，尊重智慧與創意，

誕生 1975 — 1月由一代報人**余紀忠創辦**，為華文圖書出版的領導品牌。

漫畫 1989 — 敖幼祥《烏龍院》、《蔡志忠漫畫經典》、朱德庸《雙響炮》，華人原創漫畫三連發。

高手 1994 — 戴晨志《說話高手》破30萬冊銷售，迄今作品集累積達350萬冊。

EQ 1996 — 出版丹尼爾．高曼《EQ》熱賣85萬冊，一夕爆紅，人手一冊。

風潮 1997 — 引進村上春樹《挪威的森林》，從此**「村上熱」**發燒蔓延至今。

心靈 1997 — 保羅．科爾曼《牧羊少年奇幻之旅》，銷售45萬冊，引導無數讀者心靈。

激勵 1997 — 出版理查．卡爾森《別為小事抓狂》，系列迄今突破60萬冊。

現象 1998 — 出版卡爾維諾《看不見的城市》掀起業界「城市書寫」現象。

上櫃 1999 — 年底股票上櫃，台灣出版界第一家也是迄今唯一，**屬文創類股**。

女孩 2000 — 《蛋白質女孩》紅遍兩岸三地，王文華儼然為城市愛情最佳代言人。

密碼 2004 — 丹．布朗的**《達文西密碼》**創下台灣銷售100萬冊新高紀錄。

野火 2006 — 龍應台《請用文明來說服我》，再度燃起台灣「野火」潮。

自主 2008 — 11月，中時媒體集團被旺旺集團收購，**時報出版是唯一未交易的公司**，余建新先生仍為最大股東，經營穩健、品牌形象佳。

人權 2012 — ～2013，陸續推出《王丹回憶錄》、《反抗的畫筆》、《看見：十年中國的見與思》等，自由與基本人權我們始終堅持！

榮光 2013～ — 再推村上春樹**《沒有色彩的多崎作和他的巡禮之年》**與丹．布朗**《地獄》**，不僅再登出版高峰，也為沉寂的書市注入強心針。